U0326120

中国环境与发展国际合作委员会
环境与发展政策研究报告

顾问委员会

编辑委员会

中国环境与发展国际合作委员会
环境与发展政策研究报告

区域平衡与绿色发展

REGIONAL BALANCE AND GREEN DEVELOPMENT

2012

中国环境出版社·北京

图书在版编目（CIP）数据

中国环境与发展国际合作委员会环境与发展政策研究
报告.2012：区域平衡与绿色发展／中国环境与发展国际
合作委员会秘书处编．— 北京：中国环境出版社，2013.5
ISBN 978-7-5111-1415-0

Ⅰ．①中… Ⅱ．①中… Ⅲ．①环境保护－研究报告－
中国－2012②区域经济发展－研究报告－中国－2012③生
态环境－可持续性发展－研究报告－中国－2012 Ⅳ.
① X-12 ② F127

中国版本图书馆 CIP 数据核字（2013）第 067183 号

出 版 人　王新程
责任编辑　黄　颖
责任校对　尹　芳
装帧设计　宋　瑞

出版发行　**中国环境出版社**
　　　　　（100062　北京市东城区广渠门内大街16号）
　　　　　网　　址：http://www.cesp.com.cn
　　　　　电子邮箱：bjgl@cesp.com.cn
　　　　　联系电话：010-67112765（编辑管理部）
　　　　　　　　　　010-67175507（科技标准图书出版中心）
　　　　　发行热线：010-67125803，010-67113405（传真）
印　　刷　北京中科印刷有限公司
经　　销　各地新华书店
版　　次　2013年5月第1版
印　　次　2013年5月第1次印刷
开　　本　787×1092　1／16
印　　张　17.25
字　　数　370千字
定　　价　62.00元

出版说明

　　2012 年，是中国历史发展进程中具有重要意义的一年。中国共产党第十八次代表大会召开，选举产生了新一届中央领导人，确立了科学发展观的长期指导思想地位，把生态文明建设与经济、政治、文化和社会建设作为现代化建设五个并重的有机组成部分，为整个国家的绿色繁荣和美丽中国建设描绘了一幅宏伟蓝图。

　　在这样的背景下，中国环境与发展国际合作委员会（国合会）召开了 2012 年年会。会议以"区域平衡与绿色发展"为主题，着重探讨推动东部地区进一步优化发展方式、西部地区如何避免走先污染后治理的老路从而实现环境与发展的协调并进，回顾和分析了过去十五年中国的环境与发展道路，谋划治污减排的中长期战略，并针对重大溢油事故管理和区域空气质量改善等问题进行研讨，提出推进中国实现科学发展、平衡发展和绿色发展的政策建议。

　　时任国务院副总理、国合会主席李克强在国合会 2012 年年会发言中指出，中国将进一步树立尊重自然、顺应自然、保护自然的生态文明理念，把生态文明建设融入到整个现代化建设之中，实现发展经济、改善民生、保护生态共赢。他强调，中国今后将从转型发展、惠及民生、拓展市场、深化改革、加强合作五个方面进一步付诸努力，把生态保护作为对外开放的重要领域，继续加强与其他国家、国际组织的环境合作，引进并吸收先进理念、治理技术、管理模式和先进经验。

　　国合会委员认为，中国战略转型的方向是绿色转型，绿色"十二五"规划的制定与实施和探索中国环境保护新道路就是重要的标志。绿色转型不仅对中国至关重要，对世界的绿色发展也意义非凡。中国的绿色转型当前已进入攻坚期，要完成 2020 年既定的战略目标，实现绿色发展，仍面临空前的压力和挑战，发展中不平衡、不协调、不可持续问题依然突出，资源环境约束继续加强。

国合会委员特别指出，中国落实科学发展观和建设生态文明在统一认识上和局部实践上都取得了重要成效，但全面实践情况远不能令人满意。其中一个重要的原因是制度和政策保障问题，这也是实现区域平衡协调和可持续发展的障碍所在。为此，中国新一届政府必须高度关注和统筹解决这一重大问题。

本环境与发展政策研究报告综合了国合会 2012 年政策研究成果、国合会 2012 年年会给中国政府的政策建议、中国环境与发展重要政策进展（2011—2012）和国合会政策建议影响，供国内各级决策者、专家、学者和公众参考。

建设一个生态文明的现代化中国 ①

（代序一）

李克强　国务院副总理　国合会主席

很高兴同大家见面。我多次参加中国环境与发展国际合作委员会年会，每次都能见到老朋友、结识新朋友。前不久闭幕的中共十八大，勾画了中国未来发展的宏伟蓝图，把生态文明建设放在国家现代化建设更加突出的位置。这次年会以"区域平衡与绿色发展"为主题，围绕中国生态文明建设的重要领域进行探讨，很有意义。

生态文明源于对发展的反思，也是对发展的提升。人类发展史就是一部文明进步史，也是一部人与自然的关系史。历史上，一些古代文明因生态良好而兴盛，也有的文明因生态恶化而衰败。近 300 年来，人类在工业化中创造了巨大的物质财富，但也付出了沉重的资源环境代价。20 世纪下半叶后，国际社会开始思考"增长的极限"、"只有一个地球"等问题，提出了循环经济、绿色发展、生态文明等理念。联合国先后召开四次环境与发展大会，达成了促进可持续发展、应对气候变化等共识，并逐步转化为各国的行动。可以说，生态文明是对农业文明、工业文明的继承和创新，符合人类文明发展的方向。

中国自古以来就有"道法自然"、"天人合一"等生态思想，这些智慧对今天的发展仍有启示。从 20 世纪 70 年代起，中国就注重加强污染防治，并积极参与世界环境与发展事业。改革开放 30 多年来，中国推进现代化建设，实行节约资源、保护环境的基本国策，采取了一系列有效措施，使生态环境恶化的趋势有所减缓。但我们清醒地看到，中国面临的生态环境形势依然严峻。资源相对不足、环境容量有限，已经成为新的基本国情，成为发展的"短板"。我们大力推进生态文明建设，正是要打破这一"瓶颈"制约。

朝着生态文明的现代化中国迈进，是摆在我们面前的一项全新课题，是全面建

---

① 本文为时任国务院副总理李克强 2012 年 12 月 12 日在中国环境与发展国际合作委员会 2012 年年会开幕式上的讲话摘编。

成小康社会的应有之义。我们既要继续发展工业文明，又要大力弘扬生态文明。在中国这样一个13亿多人口的大国实现现代化，人类历史上没有先例可循。在广阔的国土上保护生态环境，也是世界性难题。我们面临前所未有的发展机遇和风险挑战，既要有"走钢丝"的忧患意识，也要有"登高峰"的必胜信心。发达国家几百年里逐步实现的工业化、城镇化，在我国正加快推进；发达国家上百年间逐步出现的资源环境矛盾，在我国也集中显现。借鉴国际上的成功经验，汲取一些失败的教训，发挥新兴国家的后发优势，可以避免重复"先污染、后治理"的老路，探索出一条新的发展路径。中国将进一步树立尊重自然、顺应自然、保护自然的生态文明理念，把生态文明建设融入整个现代化建设之中，加快转变经济发展方式，在发展中保护、在保护中发展，通过转型发展，实现发展经济、改善民生、保护生态共赢。

建设生态文明的现代化中国，重点需要从以下几个方面加大努力。

一是转型发展。中国作为世界上最大的发展中国家，推动经济社会发展是第一要务。环境问题说到底是在发展中产生的，也应在发展中加以解决。同时，发展应是可持续发展、科学发展，要走生态文明的现代化道路。良好的生态环境是买不来、借不到的财富。山清水秀但贫穷落后不行，殷实小康但环境退化也不行。我们将优化国土空间开发格局，形成合理的生产空间、生活空间、生态空间。我们将推进重大生态工程、环保工程、节能工程建设，"十二五"期间中国生态环保投入将达到3.4万亿元。我们将以节能减排作为结构调整和创新转型的重要突破口，到2015年使单位国内生产总值二氧化碳排放比2010年降低17%。只有把发展建立在资源可接续、环境可承载的基础之上，才能过好今天、不忧明天，在转型中实现国家的永续发展。

二是惠及民生。无论是推进现代化，还是建设生态文明，都是为了人、为了人的全面发展。随着生活水平的提高，人们对良好生态环境的需求更加迫切。环境问题已成为重要的民生问题。人民希望安居、乐业、增收，也希望天蓝、地绿、水净。作为政府，有责任调动各方面力量加大污染防治力度，不欠新账、多还旧账，在充分提供物质产品、文化产品的同时，更多提供生态产品。从今年开始，中国在京津冀、长三角、珠三角区域及直辖市、省会城市开展$PM_{2.5}$监测并公布信息，同时采取针对性措施加强治理，力争经过一段时期的努力，逐步使空气质量有所改善。保护生态环境，有利于民族和社会，也有利于个人和子孙后代。生态环境美好的家园是人民共同的家园，也需要人民共同来建设。全社会都要增强生态意识、营造良好氛围，每个人从自己做起、从身边事做起，点点滴滴的保护行动就可以汇成蓬蓬勃勃的生态文明建设力量。

三是拓展市场。扩大国内需求是中国发展的战略基点，同步推进工业化、城镇化、信息化、农业现代化，蕴藏着巨大的内需潜能。我们要实现的新型工业化、城镇化，必然是生态文明的工业化、城镇化。它孕育着前景无限的市场空间，催生着规模庞大的生态产业。无论是可再生能源应用，还是建筑节能改造，或是污水垃圾处理，都会形成新的经济增长点。以光伏电池为例，目前国内安装总量不到年产量的10%，开拓国内市场的潜力很大。我们将结合城镇化建设，采取鼓励太阳能发电设备应用、支持分布式发电并网等措施，在国内开拓更大市场，促进光伏产业持续健康发展。预计2020年，中国太阳能发电装机将达到5 000万千瓦。如果说绿色环境是难以估值的宝地，生态产业就是挖掘不尽的宝藏。我们需要巩固农业、做强制造业、做大服务业，形成发展新优势；也需要大力发展循环经济、节能环保产业、绿色低碳产业，抢占经济新高地。

四是深化改革。改革开放是发展特别是转型发展的必由之路，是现代化的强大动力。推进生态文明建设，需要物质支撑、精神驱动，更需要改革和制度创新。节能环保是生产生活方式的深刻变革，涉及理念的更新和利益的调整，必须发挥体制机制这一杠杆的撬动作用，摆脱对传统发展路径的依赖。这就需要加快价格、财税、金融、行政管理以及企业等改革，完善资源有偿使用、环境损害赔偿、生态补偿等制度，健全评价考核、行为奖惩、责任追究等机制，加强资源环境领域法制建设，以体制激励和约束企业，用法律调节和规范行为，使改革这个最大"红利"更多地体现在生态文明建设上，体现在科学发展、转型发展上。

五是加强合作。环境与发展问题是全球面临的共同挑战，促进绿色发展是各国利益汇合点。中国作为一个幅员辽阔的经济大国，解决好这方面问题，是对全人类的一大贡献。我们将把生态环保作为对外开放的重要领域，继续加强同其他国家、国际组织的环境合作，引进并吸收先进理念、治理技术、管理模式和有益经验。我们的市场是开放的市场、公平竞争的市场，欢迎国外企业来华发展生态产业。中国是一个负责任的国家，我们将深入推进国际环境公约的履约工作，按照共同但有区别的责任原则、公平原则、各自能力原则，承担自己应尽的国际义务，共同应对全球气候变化，共同推动人类环境与发展事业。

环境保护是生态文明建设的主阵地。希望环境保护、发展改革等有关部门同各地方密切协作，促进区域协调发展，做生态文明建设的引领者、推动者、实践者，抓紧制定生态文明建设的目标体系和推进办法，完善体制机制和政策措施，为国家发展和民生改善做出新贡献。

国合会已经走过 20 年历程，参与并见证了中国环发事业的发展进步，针对中国环境与发展中的现实问题进行了大量研究，在生态补偿、循环经济、清洁发展、低碳发展等方面提出了许多好的政策建议，促进了中国相关工作的开展，取得了积极成效。

中国环境与发展国际合作委员会年会的召开，标志着新一届国合会扬帆起航。希望各位委员、专家进一步发挥环境国际合作的桥梁与纽带作用，不断拓展研究领域，更加注重成果分享，造福中国和全世界的可持续发展事业。

推进生态文明 建设美丽中国 ①
（代序二）

周生贤 环境保护部部长 国合会执行副主席

刚刚胜利闭幕的中国共产党第十八次全国代表大会，受到国内外的广泛关注。这次大会的一个突出亮点，就是把生态文明建设纳入中国特色社会主义事业五位一体的总体布局，强调树立尊重自然、顺应自然、保护自然的生态文明理念，把生态文明建设融入经济建设、政治建设、文化建设、社会建设各方面和全过程，努力建设美丽中国，实现中华民族永续发展，为全球生态安全作出贡献。刚才，李克强副总理在国合会 2012 年年会开幕式上发表重要讲话，指出要建设一个生态文明的现代化中国，重点需要从转型发展、惠及民生、拓展市场、深化改革、加强合作等五个方面付诸努力。这昭示着，大力推进生态文明，建设美丽中国，是当代中国环保人新的时代责任。广大环保工作者要做推进生态文明、建设美丽中国的引领者、推动者、实践者，当好表率、走在前列。

生态文明是人类为保护和建设美好生态环境而取得的物质成果、精神成果和制度成果的总和，是一种人与自然、人与人、人与社会和谐相处的社会形态，是贯穿于经济建设、政治建设、文化建设、社会建设各方面和全过程的系统工程。建设生态文明，以尊重自然规律为前提，以人与自然、环境与经济、人与社会和谐共生为宗旨，以资源环境承载力为基础，以建立节约环保的空间格局、产业结构、生产方式、生活方式以及增强永续发展能力为着眼点，以建设资源节约型、环境友好型社会为本质要求。

建设美丽中国作为全新的理念，伴随我国把生态文明建设摆上重要议事日程应运而生，标志着中国共产党对执政规律的把握更加科学、对执政理念的认识更加深化、对执政能力的建设更加重视，承载着一代又一代中国共产党人对未来发展的美

① 本文为环境保护部部长周生贤 2012 年 12 月 12 日在中国环境与发展国际合作委员会 2012 年年会开幕式上的讲话摘编。

好愿景，承续着"青春中国"、"可爱中国"、"新中国"、"富强民主文明中国"、"和谐中国"、"中华民族伟大复兴"的中国梦，描绘了生态文明建设的美好前景。

美丽中国，是时代之美、社会之美、生活之美、百姓之美、环境之美的总和。经济持续健康发展是重要前提，人民民主不断扩大是根本要求，文化软实力日益增强是强大支撑，和谐社会人人共享是基本特征，生态环境优美宜居是显著标志。应当说，这些方面是建设美丽中国的必备条件，缺少任一要件都是不美丽的。其中，优美宜居的生态环境最为重要。优美的生态环境，有利于增强人民群众的幸福感，有利于增进社会的和谐度，有利于拓展发展空间提升发展质量，从而实现国家的永续发展和民族的伟大复兴。

美丽中国是科学发展的中国。作为一个发展中国家，发展仍是我们的首要任务。推进生态文明建设和美丽中国建设，应当全面落实节约资源和保护环境的基本国策，在资源可接续、环境能承载的前提下，推动发展和现代化建设走上以人为本、全面协调可持续的科学发展轨道。用人民群众的话来讲，美丽中国就是既有金山银山、又有绿水青山。我们相信，坚持不懈推动科学发展，大力推进生态文明建设，美丽中国的绚丽画卷将会逐步展现在世人面前。

美丽中国是社会和谐的中国。建设美丽中国，改善环境质量，增强生态系统服务功能，提供更多更优的生态产品，满足人民群众享有良好生态环境的新期待，可以为构建和谐社会注入新的动力。中华民族传统的太极图告诉人们，任何一个事物都包含两个对立的方面，对立才能统一。两个对立面协调、融合，共同组成一个和谐整体。人类本身是大自然的一员，人类生存于自然、发展于自然，人与自然存在着对立统一的整体关系。人与人的社会和谐依赖于人与自然的和谐。人类社会系统与自然生态系统的协调发展、和谐共处、互惠共存，有利于推动建成和谐社会人人共享的美丽中国。

美丽中国是生态文明的中国。美丽中国是生态文明建设的目标指向，建设生态文明是实现美丽中国的必由之路。建设生态文明，先进的生态伦理观念是价值取向，发达的生态经济是物质基础，完善的生态文明制度是激励约束机制，可靠的生态安全是必保底线，改善的生态环境质量是根本目的。建设美丽中国与建设生态文明主要方向一致、进程基本同步。美丽中国的最根本标志就是生态文明建设取得显著成效。

美丽中国是可持续发展的中国。自 20 世纪六七十年代人类生态环境意识开始觉醒以来，人类对生态环境问题的认识，以 1972 年联合国首次人类环境会议、1992 年联合国环境与发展大会、2002 年可持续发展世界首脑会议以及 2012 年 6 月的联合国可持续发展大会为标志，发生了四次历史性飞跃。这也为我国推进美丽中国建设提供了新鲜观念和学习借鉴。

当今世界，以绿色经济、低碳技术为代表的新一轮产业和科技变革方兴未艾，可持续发展已成为时代潮流，绿色、循环、低碳发展正成为新的趋向。与此紧密联系、高度契合，我国政府提出建设生态文明和美丽中国的战略构想，要求从文明进步的新高度来把握和统筹解决资源环境等一系列问题，从经济、政治、文化、社会、科技等领域全方位着眼着力，在更高层次上实现人与自然、环境与经济、人与社会的和谐，为增强可持续发展能力、实现中华民族永续发展提供了更为科学的理念和方法论指导。

建设美丽中国，不仅涉及社会的各阶层、各方面、各行业，而且不同时期有不同目标、内容和要求；既要搞好顶层设计，明确方向、目标和任务，又要采取有效措施，扎实推进。核心是按照生态文明要求，通过形成资源节约和环境保护的空间格局、产业结构、生产方式、生活方式，构建全社会共同参与大格局，加快推进资源节约型、环境友好型社会建设，实现经济繁荣、生态良好、人民幸福，给自然留下更多修复空间，给农业留下更多良田，给子孙后代留下天蓝、地绿、水净的美好家园。

中国政府一直高度重视环境保护，特别是近年来，把环境保护摆上更加突出的战略位置，将主要污染物减排作为经济社会发展的约束性指标，提出建设生态文明、推进环境保护历史性转变、积极探索环境保护新道路等战略思想，着力解决影响科学发展和损害群众健康的突出环境问题，推动我国生态环境保护领域从认识到实践发生重要变化。在"十一五"环境保护取得显著成绩的基础上，今年以来环保工作又取得新的成效。

一是主要污染物减排工作扎实推进。以"六厂（场）一车"（火电厂、钢铁厂、水泥厂、造纸厂、城镇污水处理厂、畜禽养殖场和机动车）为重点，严格落实减排任务。核查核算的结果显示，2012 年上半年与 2011 年同期相比，我国化学需氧量排放量下降 2.11%，氨氮下降 1.98%，二氧化硫下降 2.72%，氮氧化物下降 0.24%。

二是环境保护优化经济发展的作用得到进一步发挥。严格建设项目环评审批，对"两高一资"项目执行严格的环境准入条件，对满足环保准入条件的民生工程、基础设施、生态环境建设等项目，加快审批，为稳增长调结构贡献力量。2012 年截至 11 月，我们按程序和条件批复项目环评 197 个，总投资 11 200 多亿元。对不符合要求的 21 个项目暂缓审批、退回报告书或不予批复，涉及总投资 940 亿元。当前，我国环境影响评价工作面临不少新情况、新问题，需要加大改革创新力度，加强完善环境影响评价制度。我们正在实行最重要的四项措施。第一，依法依规加强环评工作。第二，扩大公众参与范围和有效性。第三，最大限度地实行政务信息公开。实行项目受理情况和报告书简本、项目审批情况和政府承诺公开、项目环评批复和验收文件"三公开"。第四，重大建设项目必须同步开展社会风险评估。

三是民生环境问题综合整治成效显现。国务院常务会议审议通过并发布新修订的《环境空气质量标准》，增加 $PM_{2.5}$、臭氧 (O_3)8 小时平均浓度等监测指标。我们已在京津冀、长三角、珠三角等重点区域以及直辖市和省会城市开展监测并公布信息。重金属、化学品、持久性有机物等领域的污染防治深入推进。开展 $PM_{2.5}$ 监测，公布信息，并着手进行综合防治，标志着中国污染防治已从单纯防治一次污染的阶段，过渡到既防治一次污染又防治二次污染的新阶段。

四是重点流域区域污染防治取得新进展。根据《重点流域水污染防治规划(2011—2015 年)》，对长江流域中下游 8 省(区、市)水污染防治规划实施情况开展全面考核，推进松花江等江河湖泊休养生息。国务院批准重点区域大气污染防治"十二五"规划，要求加快调整产业结构和能源消费结构，实施多污染物协同控制，开展多污染源管理，加强区域联防联控。

五是农村环境保护和生态保护得到切实强化。印发《全国农村环境综合整治"十二五"规划》，明确总体目标、主要任务和保障措施。国务院成立中国生物多样性保护国家委员会，审议通过《关于实施〈中国生物多样性保护战略与行动计划(2011—2030 年)〉的任务分工》和《联合国生物多样性十年中国行动方案》，把生物多样性保护提升为国家的战略行动。

环境保护是生态文明建设的主阵地和根本措施，是建设美丽中国的主干线、大舞台和着力点。推进绿色、循环、低碳发展，加快生态文明建设步伐，为人民创造良好生产生活环境，关键要在环境保护上取得突破性进展。环境保护取得的任何成效，都是对建设生态文明和美丽中国的积极贡献。

一是积极探索在发展中保护、在保护中发展的中国环保新道路。我国正处于并将长期处于社会主义初级阶段，发展不足和保护不够的问题同时存在。忽视资源环境保护，经济建设难以搞上去，即使一时搞上去最终也要付出沉重代价。顺应这一形势，应当探索走出一条在发展中保护、在保护中发展的环境保护新道路，这也是通往建成美丽中国的一个路标。探索环保新道路，需要坚持在发展中保护、在保护中发展的指导思想，遵循代价小、效益好、排放低、可持续的基本要求，加快构建与我国国情相适应的环境保护宏观战略体系、全面高效的污染防治体系、健全的环境质量评价体系、完善的环境保护法规政策和科技标准体系、完备的环境管理和执法监督体系、全民参与的社会行动体系。

二是形成节约环保的空间格局、产业结构、生产方式、生活方式。国土空间开发布局对生态环境保护具有战略意义，进一步凸显了生态环境在国家经济社会发展顶层设计的基础性、前提性地位。按照人口资源环境相均衡、经济社会生态效益相统一的原则，控制开发强度，调整空间结构，促进生产空间集约高效、生活空间宜居适度、生态空间山清水秀。加快实施主体功能区战略和环境功能区划，在重要生态功能区、陆地和海洋生态环境敏感区、脆弱区，划定并严守生态红线，推动各地区严格按照主体功能定位发展，构建科学合理的城镇化格局、农业发展格局、生态安全格局。

三是全力完成主要污染物减排任务。按照"十二五"节能减排综合性工作方案，强化结构减排，细化工程减排，实化监管减排。在实现总量控制的同时，积极探索新的改革办法，既要兼顾总量减排任务，又要考虑持久推进，既要考虑防治各种污染因子，又要考虑改善环境质量，更要防范环境风险。将重点减排工程项目和保障措施落实到"六厂（场）一车"，全面提升城镇污水处理水平，加大造纸等重点行业水污染治理力度。持续推进电力行业污染减排，加快钢铁、水泥等非电重点行业脱硫脱硝进程，加强机动车氮氧化物排放控制。强化污染减排目标责任考核，实行严格的责任追究。

四是着力解决影响科学发展和损害群众健康的突出环境问题。环境保护既要为科学发展固本强基，又要为人民健康增添保障。保障和改善环境质量是环境保护工作的永恒主题，也是根本出发点和落脚点。在当前经济形势下，我们更要密切关注和从严控制"两高一资"、低水平重复建设和产能过剩项目，决不放松环境保护要求。继续深入开展整治违法排污企业保障群众健康环保专项行动，严厉查处各类环境违法行为。全力做好突发环境事件应急处置工作，减少人民群众生命财产损失和生态环境损害。

享有良好的生态环境是人民群众的基本权利，是政府应当提供的基本公共服务。必须确保人民群众饮水安全，集中力量解决重金属、化学品、危险废物、细颗粒物和持久性有机污染物等关系民生的环境问题。这里，我专门强调一下细颗粒物($PM_{2.5}$)污染综合防治问题。2012 年以来，按照国务院同意新修订的《环境空气质量标准》分三步走的实施方案，第一步在京津冀、长三角、珠三角等重点区域以及直辖市和省会城市开展 $PM_{2.5}$ 与 O_3 监测并公布数据。2012 年 9 月底国务院批复了《重点区域大气污染防治"十二五"规划》，明确提出"协同、综合、联动"的"一揽子"防治政策措施，治理以 $PM_{2.5}$ 为特征的灰霾污染。第一，明确防治目标。到 2015 年，重点区域 $PM_{2.5}$ 年均下降 5%，对京津冀、长三角、珠三角区域提出更高要求，年均浓度下降 6%。第二，采取综合措施。统筹区域环境资源、优化产业结构与布局。加强能源清洁利用，控制区域煤炭消费总量。实施多污染物协同控制，既注重防治一次污染，又注重防治二次污染。在开展二氧化硫、氮氧化物总量控制的基础上，新增烟粉尘与挥发性有机污染物(VOCs)的控制要求，并提出八大减排工程，共计 1.3 万个减排项目，将有效削减各项污染物排放量。第三，完善联防联控。健全"统一规划、统一监测、统一监管、统一评估、统一协调"的区域大气污染联防联控工作机制，全面提升重点区域大气污染联防联控管理能力。

五是深入推进生态示范创建。2000 年以来，我国组织开展了生态省、市、县创建活动。目前，已有 15 个省(区、市)开展生态省建设，13 个省颁布生态省建设规划纲要，1 000 多个县(市、区)开展生态县建设。坚持典型引路、试点示范，因地制宜、循序渐进，全面开展生态省(市、县)、环境保护模范城市、环境优美乡村、环境友好企业、绿色社区等创建活动，着力打造生态文明建设的细胞工程，形成全社会共同推进建设生态文明和美丽中国的良好局面。

六是加快建立有利于生态文明建设的体制机制。保护生态环境必须依靠制度。建立和完善职能有机统一、运转协调高效的生态环境保护综合管理体制。以建设生态文明为导向，建立健全法律法规体系，加强规划和政策引导，综合运用财税、价格等经济杠杆，建立健全生态补偿机制，深化资源性产品价格改革，完善资源环境经济配套政策。2011 年，我国氮氧化物排放总量不降反升。通过实施每度电补贴 8 厘钱的脱硝电价优惠政策，到 2012 年上半年，氮氧化物排放总量首次呈现下降态势。实践再次证明，正确的经济政策就是正确的环境政策。加强环境监管，健全生态环境保护责任追究制度和环境损害赔偿制度。抓紧制定实施生态文明建设目标指标体系和推进办法，纳入地方各级政府绩效考核。

雄关漫道真如铁，而今迈步从头越。我们通过了第五届国合会章程，正式启动新一届国合会工作。希望新一届国合会立足全球与中国的多重视角，承续优良传统，发挥智力优势，集众家之长，建务实之言，谋创新之策，为中国环发事业作出新的更大贡献！

目录

第一章
区域平衡与绿色发展 ①

一、引言

中国正致力于实现 2020 年全民达到中等富裕水平的目标，致力于建设成为一个人与自然和谐相处的社会，一个通过对外投资、贸易和制造业以及积极参与气候变化、消除贫困和可持续海洋利用等全球事务而在国际舞台上发挥重要作用的国家。

然而，正如温家宝总理所言，中国目前仍然面临着发展"不均衡、不协调和不可持续"的问题 ②。近来很多研究都试图探求中国如何能在 2030 年，即未来 17 年内，从根本上扭转这一局面的途径 ③。从过去 30 年的经济发展经验上看，中国可以做到在较短时间内实现局面的快速改善。但是，如果没有对环境与发展关系的重新认识并给予更多的重视和投入，这一根本转变是无法实现的。这种新型的环境与发展关系在世界上任何国家都是前所未见的。

中国长期的发展愿景就是实现"生态文明"。这一理念在 2012 年 11 月召开的中国共产党第十八次代表大会上得到了进一步的强化，被摆到与经济、政治、社会和文化同等高度，成为整个社会发展的驱动因素之一。

"要大力推进生态文明建设，树立尊重自然、顺应自然、保护自然的生态文明理念，把生态文明建设融入经济建设、政治建设、文化建设、社会建设各方面和全过程，加大自然生态系统和环境保护力度，努力建设美丽中国，实现中华民族永续发展。" ④

在里约 +20 峰会上，温家宝总理提出了期待"绿色繁荣的世界"的呼吁。

---

① 本报告为中国环境与发展国际合作委员会自 2002 年起的第十一个关注问题报告。报告由国合会首席顾问汉森博士和沈国舫院士撰写，首席顾问支持专家组成员提供了技术支持。特别是张世秋博士关于中国区域发展的研究报告，为本报告提供了大量的素材。本关注问题报告的观点仅代表作者本人。
② 温家宝总理在斯德哥尔摩＋40 可持续发展伙伴论坛上的讲话。瑞典，2012 年 4 月。
③ 见世界银行和国务院发展研究中心报告，2012.China 2030.Building a Modern, Harmonious, and Creative High-Income Society. 448 pp., including Chapter 5. Seizing the Opportunity of Green Development; Asian Development Bank. 2012. Toward an Environmentally Sustainable Future – Country Environmental Analysis of People's Republic of China. ADB, Manila. 199 pp.
④ 新华网，2012 年 11 月 14 日，中共十八大关于十七届中央委员会报告的决议。Http://news.xinhuanet.com/english/special/18cpcnc/2012-11/14/c_131973742.htm.

（一）探索均衡、协调和可持续发展道路

国合会深刻理解当今中国和亚洲，乃至全球的环境与发展形势的紧迫性。因此，在进入第五届（2012—2016）之际，国合会需要考虑中国的区域均衡发展、协调需求以及可持续发展实施政策的完善问题。此外，国合会还要考虑中国环境与发展对全球的影响。这一点已经在 2012 年 6 月里约 +20 峰会得到了充分体现。显而易见，中国的努力将影响未来全球绿色增长、绿色经济和绿色发展的成败[1]。对中国国内来说，此刻正值新一届政府换届，因此也是强化绿色发展政策和行动的最佳时机。

可喜的是中国已经开展了很多必要的基础工作，特别是"十二五"规划贯彻了科学发展观，着力于缩小区域发展差距，应对污染恶化形势（如氮氧化物和土壤污染等），更加关注城市和农村居民生活质量的改善。但是，环境与发展不协调这一根本性问题仍然是中国所面临的众多难题中的核心问题。

当前，中国东部的经济发展模式正逐步向其他地区（特别是西部地区）转移，出现了新开发地区重复东部过去高污染、高能耗发展模式的苗头，甚至随着中国企业的海外投资，这种过去的不当做法被带到海外。目前，中国西部地区的 GDP 增长速度已经领先东部地区，但恐怕难以完成节能减排目标。

中国需要一个更加"绿色"、更加注重国内消费、注重"以人为本"的新的发展模式。当然，世上没有适用于一切情况的"灵丹妙药"，这也正是平衡区域发展、制定公平可行的差异化监管和激励体系的困难所在。

（二）2012 年年会和第五届国合会关注主题

今年的国合会年会关注的主题是"区域平衡与绿色发展"，这个提法是经过审慎考虑的。可以说当前中国各地区存在着各种发展不平衡的情况，但是最终所有的地区都必须转向环境、社会和经济可持续的发展模式。实现这一转变需要各省和地区采取各自不同的行动，也需要区域间的互动（例如生态补偿转移支付等）以及基于综合管理需求（如中国海洋和沿海地区）的新型监管框架。

自从里约 +20 峰会上关于绿色增长的广泛讨论之后，绿色发展在全球范围内赢得了更多的关注。2008 年金融危机以来，绿色增长这一概念赢得了广泛的政治支持，这主要得益于 OECD 的推动以及 UNEP 对绿色经济的研究探索。绿色经济在里约 +20 峰会上得到了众多国家的支持，这一说法在中国受到推崇。实际上，在对绿色发展概念以及其他诸如低碳经济、循环经济等概念的理解上面，中国并不落后于任何发达国家。但是，所有国家（包括中国）在国家和地方层面推动这些理念的实施方面都存在着严重不足。

---

[1] 中国可持续发展的进展情况以及未来愿景见《中华人民共和国可持续发展国家报告》第 100 页，北京，2012 年。

因此，我们建议将绿色发展作为贯穿第五届国合会的核心议题。国合会有必要关注中国如何在近期和长期（特别是关键的 2020—2030 这一时间段）更加有效地在各个地区推进和实践绿色发展。而中国的"十二五"规划则是迈向绿色发展的第一大步。

（三）2012 年国合会开展的研究工作

在 2012 年年会上，国合会将有五个围绕区域和绿色发展这个主题的政策研究报告和政策建议，包括：

（1）实现"十二五"环境保护目标机制与政策课题组　研究了实现"十二五"规划约束性指标的实施机制需求以及一些区域差异化的监管需求，同时针对将来的较长时期若干五年规划（特别是"十三五"、"十四五"和"十五五"规划）提出了可能的环境保护战略。这个长期的展望指出了中国全面控制复杂的环境污染问题所需要的时间。该课题组为其他研究项目提供了一个综合的视角，在这个视角统领下，其他项目针对与区域均衡的绿色发展有关的一些具体问题进行了研究。摘自课题组报告的图 1—1 表明，中国要在实现经济增长的同时实现环境质量的修复，就必须实现资源消耗和经济增长的明显脱钩。否则，中国的环境仍将进一步恶化。

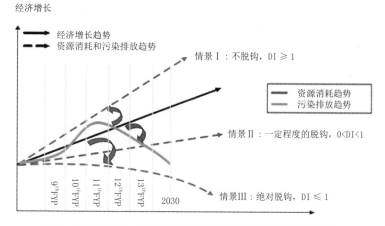

图 1—1 GDP 增速、能源消费和污染物排放中长期情景分析

（2）西部地区环境与发展战略课题组　提出了西部地区绿色发展的路线图。西部地区生态环境复杂，民族文化多样，大量贫困人口集中，占据了全国大部分沙漠化和荒漠化土地，同时西部地区也是中国主要河流的发源地，拥有中国最丰富的生物多样性和脆弱的生态系统。随着 1999 年西部大开发战略的实施，大量的投资涌入（特别是矿产行业），城市化进程加快，产业开始从其他地区向西部转移。生态保护、绿色工业化、农业和能源矿产资源的可持续资源管理、可持续城市化和农村发展成为绿色发展的重要需求。此外，还需要进一步推进这一广大地区的气候变化减缓行动。课题组担心地方政府对 GDP 增长的片面追求将有可能破坏西部地区的生态系统和社会和谐。在总体功能区划中，西部地区占据着重要的地位，其土地和流域被划分成不同的保护和开发用途。这一区划体系的实施目前尚处于初级阶段，但是已经暴露出了一些困难，因为限制开发确实会产生较大的社会和经济影响。

（3）东部地区发展转型中的战略与对策专题政策研究项目组　研究了相对富裕的东部沿海地区如何实现绿色发展。长三角、珠三角和北京等地区正在构建后工业化经济，即服务业占 GDP 的比重超过 50%。该专题研究重点关注了先进的能源和环境保护机制、高质量的城市生活方式、可持续消费、绿色就业以及更多依赖市场手段实现绿色发展等方面的问题。同时，项目组还关注了如何避免高污染企业从富裕城市向其他地区的转移，如何分享这些东部地区的环境与发展经验，例如北京奥运会和上海世博会这样的一些大型活动经验。图 1—2 以七种主要商品为例说明了1996—2010 年北京家庭消费的增长情况。显然，一些商品是生活必需品；一些商品可能对可持续发展有正贡献，如手机；而另一些商品则会带来环境问题，如私家车和空调。将这一趋势放大到全国 600 多座城市就可以看出快速城市化发展问题的严重性，特别是随着拥有较高可支配收入水平的中产阶级的不断扩大，这种不可持续的消费方式问题将会愈演愈烈。

（4）区域大气污染综合控制专题政策研究项目组（PM$_{2.5}$专题研究组）　重点关注了新出现的空气污染问题。虽然"十一五"期间二氧化硫等污染物排放量下降，

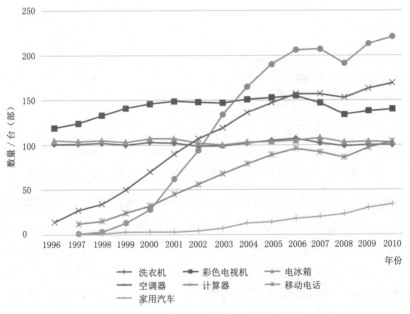

图 1—2　北京市每百户城市家庭年耐用消费品持有量（1996—2010）

然而光化学烟雾和臭氧正在成为严重的污染问题。这些新问题非常复杂，因为涉及化学转化和新化合物的生成，并通常是形成细颗粒物悬浮在大气中。过去的一年间，关于$PM_{2.5}$问题社会上发生了很多争论。这种细小颗粒物对呼吸系统的威胁尤其严重，而且也是造成很多城市官方公布的所谓"蓝天日"实际上却是公众看到的"灰霾日"的原因。更为重要的是，没有哪个城市能够独立地控制住烟雾问题，因为空气流域涵盖了广大的地区。因此，中国严重的空气质量问题需要区域性的战略和政策，以应对诸如$PM_{2.5}$和地面臭氧污染控制之类的复杂问题。这些新生问题还在不断发展，对于大城市区域来说，控制和解决这些问题将需要数十年的时间。这一点可以从专题研究报告中的图1—3看出，多数城市的空气质量超过标准，即使对于相对容易控制的PM_{10}来说都是如此。虽然制定目标非常重要，但是还需要完善的区域监测信息来证明实际环境质量是否在改善。

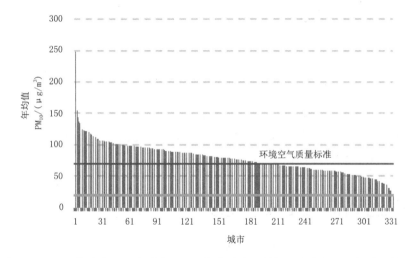

图1—3 2010年中国333个城市PM_{10}年均浓度及其与环境空气质量标准的差距

（5）以渤海溢油为案例的海洋管理管理机制专题政策研究项目组　分析了2011年渤海溢油案例。该事故引发了众多资源使用者（如水产养殖户）的激烈反应，导致了数额巨大的污染清理和赔偿费用。项目组认为，如果没有良好的环境规划、管理和监测机制，没有产业和资源使用着的通力合作，渤海的前景十分堪忧。特别是目前的灾害应急反应战略还有待完善。该研究针对这些问题提出了具体的指导建议，也是对2011年国合会针对这片深具经济和生态重要性海域健康状况提出警告的具体跟踪和落实。专题研究项目组通过图1—4说明了综合规划、管理和应急反应体系。

上述五项研究为如何转向均衡、协调的发展提供了丰富的参考资料。2011年国合会主要是在国家层面和针对具体领域开展了研究。2012年的工作内容则是在这些研究的基础上，同时也借鉴了其他相关的研究工作而确定的。

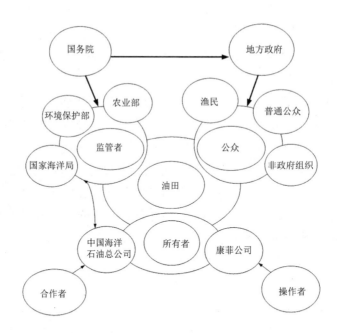

图 1—4 综合规划、管理和应急反应体系

本关注问题报告简要分析了过去一年里影响全球经济和环境的一些因素，概述了中国区域发展战略的进程，以及针对中国四大地区如何实施绿色发展战略的分析，并归纳总结出几点需要克服的关键挑战。

二、国际经济危机和绿色发展

2008 开始的金融危机仍在世界范围内继续反弹，其影响甚至威胁到了欧盟，也使美国和一些其他国家的经济复苏比预期要缓慢得多，对中国的影响也很严重。经济增长同比降至 7.5%，制造业失业率增加，国际贸易额降低。人们期望中国能够扮演救世主的角色帮助那些寻求重启经济增长的国家，或为这些国家注入新的投资资本。虽然这一期望可能有些错位，但是很清楚的是中国将通过目前已经很完善的"走出去"战略继续扩大境外投资[1]。此外，中国已经在亚洲、亚太区域和其他地区拓展了双边和多边投资和贸易协议的数量[2]。这种拓展巩固了已有的贸易关系，同时也开创了新的机遇。然而，这些协议并没有直接针对绿色发展，也没有系统地考虑环境因素。

---

① 2011 年国合会投资、贸易与环境课题组对本专题进行了专门的研究。Going Global Going Green. http://www.iisd.org/publications/pub.aspx?pno=1615; 又见：http://www.ecfr.eu/page/-/China_Analysis_Facing_the_Risks_of_the_Going_Out_Strategy_January2012.pdf。
② 例如，中国自有贸易区服务网 http://fta.mofcom.gov.cn/topic/enpacific.shtml，以及中国－东盟投资协议 (2009) http://www.aseansec.org/Fact%20Sheet/AEC/2009-AEC-031.pdf。

当中国开展上述工作的时候，世界上很多其他国家还继续被经济衰退的阴影所笼罩。一种普遍的担忧是中国迟早会经历低速增长，进而导致世界范围内的恶性循环。这是对复杂形式的一种简单判断，并没有完全考虑所有方面的因素。很显然，中国在继续促进国内消费，虽然采用的不是 2009 年和 2010 年那种全面刺激消费的方式。而且这种担忧也没有考虑到中国为增加其出口产品的附加值而进行的大力投资，以及为拓展新兴产业所做的创新努力。这些新兴产业符合国家的优先发展领域（如清洁能源），同时也适应新兴市场需求，例如投资太阳能和风能以及电池技术。

但很显然的是，其他国家的经济衰退和中国在一些新技术市场份额的提升正导致一些问题的产生，对某些新兴产业造成了威胁。最近发生的世贸组织针对中国生产并销往国外的太阳能和风能产品的投诉就是这样典型案例[1]。作为应对，中国也针对欧盟对太阳能板的补贴以及美国的做法向 WTO 提出了抱怨。此外，压力还来自其他一些问题，如欧盟要求进入欧盟的航班要加入欧盟排放交易体系。这一行动由于美国、中国、印度和俄罗斯等很多大国的反对而暂时中断[2]。

关于绿色增长相关新技术贸易争端的升级也让人感到沮丧。显然，任何人都不希望看到环保产品（如目前争端涉及的产品）的快速商业化受到阻碍。降低这类产品价格，使其对高碳能源形成竞争力是非常重要的，而要形成这样的局面，市场规模是首要的考虑因素。多哈谈判在环境产品的关税减免上的进展缓慢同样也令人沮丧[3]。因此，回顾过去一年，可以预见有些灰色地带将来还会引起争端。

尽管存在着围绕可再生能源技术和其他绿色贸易问题的争端，近几个月来APEC（亚太经合组织）在预计对环境商品达成最多削减 5% 关税上取得了进展[4]。这被看作是体现了"追求绿色增长目标的决心，应对气候变化和确保可持续的经济发展"。

在"十二五"规划中，虽然一些省份实际 GDP 增长仍保持在两位数的水平，但是中国降低了国家 GDP 增长的目标。GDP 增长率的降低是在国际经济衰退影响下的合理估计，但是在中国，这种目标的降低还被中国政府理解为更加注重发展的质量，包括污染削减、能效提升和保护生态系统服务功能。然而，有一点必须注意，如果增长率大幅度降低，就会带来就业机会的减少。如果税收减少，保护环境所必需的资金投入就很可能难以筹措，企业也可能不愿意合作。

中国领导人反复强调不会忽视环境保护和绿色发展的必要性。这是一个重要的承诺，而且有证据表明它正在被贯彻和落实，包括"十二五"规划在这方面所作出

---

① US will place tariffs on Chinese Solar Panels. 11 October 2012　New York http://www.nytimes.com/2012/10/11/business/global/us-sets-tariffs-on-chinese-solar-panels.html?_r=0&pagewanted=print , http://ictsd.org/i/news/bridgesweekly/134029/ China-US sparring over renewable energy intensifies.
② http://ictsd.org/i/news/biores/150032/ 欧盟宣布暂时终止航空排放法。
③ G. Balineau and J. de Melo. 2011. Stalemate at the negotiations on goods and services at the Doha
④ http://www.apec.org/Meeting-Papers/Leaders-Declarations/2012/2012_aelm/2012_aelm_annexC.aspx.

的承诺。然而，如果未来几年出现更为严重的全球经济衰退，对中国贸易产生重大的影响，中国在刺激计划中安排的环保投入（如饮用水和污水处理设施）不太可能达到2009—2010年刺激计划的水平。事实上，李克强副总理曾说过："我们应坚持在发展中保护，在保护中发展，积极探索代价小、效益好、排放低、可持续的环保新道路"。[1] 在考虑绿色发展相关问题与政策时必须牢记这一注重实效的观点。特别重要的是要更加关注实际效果，因为实现污染控制目标或其他环保目标并不会自动带来周边环境条件的改善或降低人类健康和生态系统的风险，而这些才是我们期待的最终目标。

很多人都担忧全球和国家经济衰退的延续将导致对环境监管和标准的逐渐放松。这种观点在里约+20峰会上也有所显现，导致大会成果未能对绿色经济作出本该更为有力的承诺。此外，还有一种担忧是投资可再生能源和新型可持续发展技术商业化的热情将会因为非传统化石燃料的大力开发（如通过压裂技术开采的页岩气[2]）或其他原因（如生物技术公司已经找到更先进的生物燃料）而减缓。

在这种形势下，中国可能更具有优势，因为中国可以比其他国家更多地加大对科技研发的投入，而且具有更大的潜在国内市场。中国创新能力也正在提高，这可以通过专利注册得到证实。有理由相信，中国在推进可持续绿色技术方面具有巨大的优势，即使其他一些方面可能会在还要持续几年的经济衰退期中有所落后。这一点事关中国各地的区域发展（包括西部地区），因为绿色发展包含很多因素，比如农业就可能是那些欠发达地区的经济发展机会。

对于很多国家（包括中国）来说，最重要的任务是创造就业机会和消除贫困。而在关于绿色增长战略和绿色经济究竟能产生多大程度的就业净效益方面，国际上还存在着不同的观点。显然，UNEP的观点是最乐观的[3]。而OECD认为绿色增长并不是创造就业机会的主要动力，而是在于环境效益，以及产业和能源领域的转型，进而带动产业生态的根本转型[4]。当然，具体的情况会因为国家、地区和行业的不同而有所差异。里约+20成果文件[5]的背景研究表明，绿色发展创造净就业效益是可能的。中国很有可能成为通过绿色发展实现就业净增长以及消除贫困的成功范例之一。显然，绿色发展将成为调整第二、第三产业结构的主要驱动力，未来第三产业将提供最大份额的工作机会。这种转变需要对投资战略采取审慎的态度，特别是重工业的投资战略，几乎所有有关中国经济的战略分析和研究都提出了这一观点。

---

① 2011年12月20日，李克强副总理在第七届全国环境保护大会上的讲话。http://www.gov.cn/ldhd/2011-12/20/content_2025219.htm.

② http://news.nationalgeographic.com/news/energy/2012/08/120808-china-shale-gas/.

③ 见 UNEP. June 2012. Building an Inclusive Green Economy for All. http://www.unep.org/newscentre/default.aspx?DocumentID=2688&ArticleID=9169.

④ Green Growth and Sustainable Development OECD and Rio+20 http://www.oecd.org/greengrowth/oecdandrio20.htm.

⑤ 美国，2012年7月，The Future We Want. Rio+20 outcome document。

三、中国的区域发展 [①]

中国各个地区迥异的地理、环境、资源和文化差异体现出不同的区域社会经济发展历史格局。同时，中国在过去的 60 多年中经历了多次的经济体制改革以及发展政策的变化，特别是东部地区的对外开放。近年来，因发展不均衡所带来的种种社会矛盾和冲突已经对社会稳定、经济增长、环境和生态保护、社会正义与公正造成了影响。解决这些全国性和区域性的问题催生了西部大开发以及振兴东北战略的出台。然而，这些努力并没能有效地探索出一个真正可持续的发展模式，有些地区的收入差距还在继续扩大，尤其是城市和农村人口之间的收入差距。

（一）区域格局的历史演变

当今中国不均衡的区域发展演化始于 1935 年著名的"胡焕庸线"。这条线划定的人口分布格局至今依然有效，变化不大。同时，这条线也与生态环境过渡带或称脆弱带紧密相关。在胡焕庸线附近，滑坡、泥石流等地貌灾害分布集中。中段是包含黄土高原在内的重点产沙区，黄河的泥沙多源于此。它也代表了西北的无涝区向东南的洪涝区过渡。这种二分格局一直延续到 20 世纪 80 年代。

"七五"计划（1986—1990）时期，中央政府把巨大的内陆地区区分为中部和西部，使中国区域发展呈现出清晰的东部沿海、中部内陆、西部地区梯度结构。这一时期，东部沿海地区快速发展，各具特色：辽宁省依靠重工业推动地区经济的发展；江浙地区依靠民营经济的快速发展；广东依靠开放导向型的政策。

随着 1999—2000 年期间西部大开发战略的实施，三大地带覆盖的地域范围有所变化，广西和内蒙古被划入西部地带，但三个地带的格局并未改变。获得先发优势的东部地区继续维持着较快的发展速度，而且直到最近，其增长速度仍普遍高于中部和西部地区，区域之间的发展差距继续扩大。从区域基本建设投资来源看，发达地区的资金动员能力主要来自市场，欠发达地区来自市场机制的资金相对较少。

西部大开发战略是中央政府正式实施的第一个区域发展国家战略。随后，为解决资源型城市的经济结构转变和国有经济的制度效率问题，提出振兴东北老工业基地。之后，为平衡区域发展、避免中部塌陷而要求中部崛起和加快东部地区率先发展。因此，在"十五"期间，逐渐形成四大板块的区域格局。

"十一五"规划纲要提出的区域发展总体战略，明确表述为"推进西部大开发，振兴东北地区等老工业基地，促进中部地区的崛起，鼓励东部地区率先发展"四大

9

---

① 本部分文字是本关注问题报告背景研究报告的摘要，背景研究报告为张世秋博士所撰写，介绍了中国区域发展的复杂性。文字采取了叙述性的手法，没有包括全部的参考资料索引。

板块的区域格局。东部地区是指北京、天津、河北、上海、江苏、浙江、福建、山东、广东和海南10省市；中部地区是指山西、安徽、江西、河南、湖北和湖南6省；西部地区是指内蒙古、广西、重庆、四川、贵州、云南、西藏、陕西、甘肃、青海、宁夏和新疆12省（区、市）；东北地区是指辽宁、吉林、黑龙江3省。

"十二五"规划将重点放在了西部地区和东北地区。2012年1月国务院召开了西部地区开发领导小组会议和振兴东北地区等老工业基地领导小组会议，《中国日报》[1]对此做了如下报道：

> 根据国务院常务会议文件，中国将继续推进欠发达的西部地区和东北地区的发展……会议由国务院总理温家宝主持，讨论通过《西部大开发"十二五"规划》和《东北振兴"十二五"规划》……会议指出，西部地区仍是我国区域发展的"短板"，是全面建设小康社会的难点和重点。

> 要坚持把深入实施西部大开发战略放在区域发展战略优先位置，努力保持经济社会长期持续平稳较快发展，实现地区生产总值和城乡居民收入增速均超过全国平均水平……重点发展优先发展区的建设，根据环境特点、自然资源、发展阶段和发展潜力制定具体的发展方向。

> 国务院还重点强调了继续把基础设施建设放在优先位置、加大环境保护力度、发展特色优势产业、培育中小城市和特色鲜明的小城镇、发展教育和提升对内对外开放水平。

> 会议指出，制约东北振兴的体制性、机制性、结构性矛盾尚未得到根本解决，"十二五"时期要深化改革开放，加快转型发展。国务院要求有关地区和部门巩固发展现代农业、完善现代产业体系、优化东北各省的区域发展战略。地方政府应促进资源型城市可持续发展、改善基础设施条件加强环境保护增加就业岗位、加快保障性安居工程建设、深化国有企业改革和加快发展非公经济。

> 较发达的东中部地区要进一步提升对口支援、对口帮扶的深度和水平。

（二）全面建设小康社会的目标和区域发展不平衡的现实

过去30年来，中国实现了年均9.6%的高速增长，经济正向全面小康迈进，但各个区域之间发展极不平衡。中国区域间的差距是全方位的，既反映在基本公共服务的经济发展水平上，也反映在生态禀赋状况上。区域发展面临"强者恒强、弱者恒弱"的挑战。

10

以下从小康社会实现程度、经济发展水平、城市化、人民生活水平、区域自我发展能力、基本公共服务、污染物排放这几个方面来比较四大区域之间存在的异同

---

[1] http://www.chinadaily.com.cn/china/2012-01/10/content_14410199.htm.

点。虽然资源环境压力也与此相关，但是这里没有单独进行论述，因为无法像其他
几个方面那样用简单的数字来概括。

1. 小康社会实现程度

衡量全面建设小康社会的实现程度有六个方面的指标，分别是：经济发展、社
会和谐、生活质量、民主法制、文化教育、资源环境。这里不去讨论这些方面是如
何具体衡量的，仅仅提供一个政府看到的结果。

从图1—5可以看出各地区实现小康社会的稳定进步趋势，但是只有东部基本
接近实现小康目标。2010年，东部地区全面建设小康社会的实现程度为88.0%，东
北地区为82.3%，中部地区为77.7%，西部地区为71.4%。从2000以后10年来的
年均增长速度来看，东部地区增幅最高，西部地区最低。研究表明，随着城市全面
建设小康社会进程突破90%，今后的提升速度可能会逐渐放缓。衡量指标并没有涵
盖所有小康社会应该包括的方面。

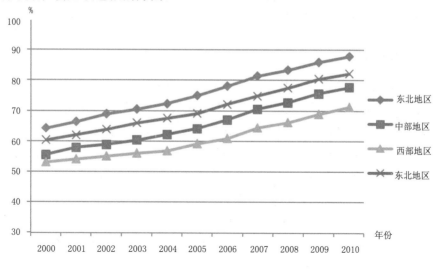

图1—5 中国四大区域全面建设小康社会的实现程度

2. 经济发展水平和产业结构

从GDP总量来看，1992—2010年东部地区均居全国首位。2010年东部GDP占
全国的比重为57.8%，中部占21.5%，西部占20.3%，东北占9.3%。从GDP增长速
度来看，2007年是一个转折点。在2007年前，经济增长最快的是东部地区，相比而言，
在绝大多数年份，东北地区的经济增速最慢。2007年之后，形势发生逆转，东北地
区成为经济增速最快的地区，东部地区为最慢。2010年经济增长最快的是中部地区，
其GDP增长率达到14.1%，而最慢的东部地区为12.9%。西部和东北依次排在第二、

第三位，分别为 13.7%、13.6%。1992—2010 年，东部人均 GDP 远远高于全国平均水平。2010 年达到 45 798.2 元，为全国平均水平的 1.53 倍。相比之下，西部地区人均 GDP 占全国平均水平的比例由 1992 年的 67% 上升到 2010 年的 75.4%。

四大区域的产业结构也存在着重大差异，即东部地区 2009 年进入工业化后期，中部和西部进入工业化的中期，东北则处于工业化中期阶段的后期。综合起来看，全国仍处于工业化中期阶段的水平。这些认识很重要，因为有很多人批评中国近年来在重工业发展上过度投资，导致了产能过剩，进而在国内和国际上寻求市场卖掉过剩的产品。同时，由于发达地区开始致力于节能减排工作，很多高污染产业很可能面临着搬迁的命运，例如在北京、上海这样的发达城市，污染企业搬迁已经是既成事实。

总体上讲，所有这四个地区都在努力优化产业结构。第一产业所占的比重都在降低，虽然东北地区降低的幅度很小。在所有四个地区中，东部地区第二产业所占比重趋于稳定，第三产业所占比重稳步增加，一些城市（如北京）已经超过了50%，处于"后工业化"阶段。

3. 城市化水平

中国从农业化社会向大多数人生活在城市中的工业化社会转型的规模是前所未有的，也是未来的发展方向。毋庸置疑，这一转型的首要任务是可持续的城市化，而这也是一个艰巨的挑战。中国共有 600 多座城市，其规划和管理所面临的挑战规模是空前的。人们相信中国城市化过程中的人口迁移远远超过历史上任何一个时期任何一个国家所经历的水平。城市是工业创新的基地，是制造业能够成功发展的枢纽，但是同时也是污染的根源，存在着与征地、交通以及其他与发展相关的问题。

中国已经迈上了城市化的道路，预计将来至少会有 70% 的人口将在城市中生活和工作。2009 年各个地区的城市化水平分别是：东部地区 56.7%，中部地区42.3%，西部地区 39.4，东北地区 56.9%。越来越多的地方开始尝试改善城市发展模式，例如通过发展生态城市、低碳城市等[1]。一些中国的城市被世界卫生组织和其他一些国际组织列入了最严重污染城市名单，而另一些城市则在环境规划和解决如水污染等环境问题方面取得了令人瞩目的成绩。

4. 人民生活水平——收入差距

与经济发展水平相适应，东部地区城镇居民收入大幅领先于其他地区（如图1—6）。2010 年东部地区城镇居民人均可支配收入 23 272 元，是全国平均水平的 1.2 倍；

---

[1]http://usatoday30.usatoday.com/news/world/story/2012-07-15/china-building-green-cities/56219286/1；见生态城市全球调查 2011. 由西敏寺大学国际生态城市行动开展的这项调查显示中国可能会成为拥有生态城市最多的国家。http://www.westminster.ac.uk/?a=119909。

中部、东北和西部差距不大，分别为 15 962 元、15 941 元和 15 806 元。2000—2010 年，四大区域中东部地区农村居民人均纯收入水平远远高于其他三个区域，由 2000 年的 3 588 元提高到 2010 年的 8 143 元。2010 年，东北地区城乡居民收入比值为 2.48:1，东部地区为 2.86:1，中部地区为 2.90:1。西部地区城乡收入差距较大，比值高达 3.58:1（如图 1—7）。

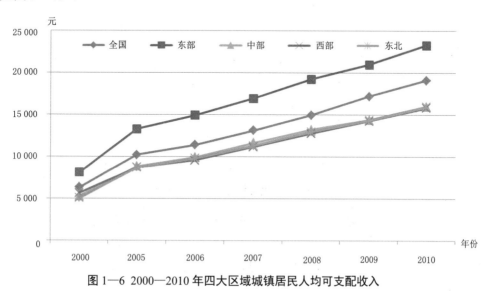

图 1—6 2000—2010 年四大区域城镇居民人均可支配收入

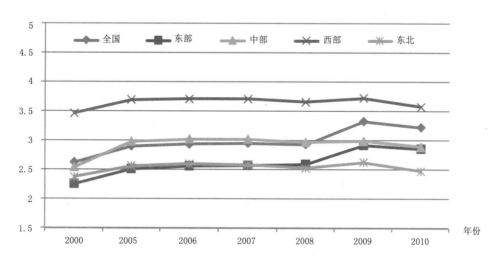

图 1—7 2000—2010 年四大区域城乡居民收入差距比值

5. 区域自我发展能力

衡量一个地区自我发展能力的一个途径是考察它提高地方财政收入的能力。这一点，显然东部做得最好（如图 1—8）。西部地区自从 2007 年以后财政收入水平明显提高。

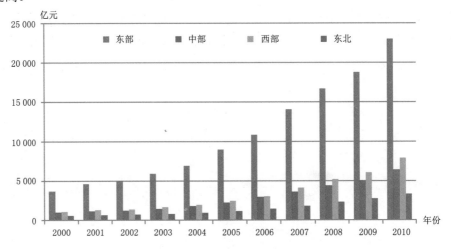

图 1—8 四大区域地方财政收入水平比较

衡量地区自我发展能力的另一个途径是考察这些地区地方财政收入与地方财政支出的比例。四大区域地方财政收入占地方财政支出比例相对比较稳定，但是地区间差异明显（如图 1—9）。2010 年，这一比例为从最高东部的 76.2% 到最低西部的 36.8%。

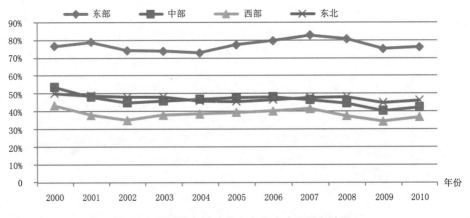

图 1—9 四大区域地方财政收入占支出水平比例变化

6. 公共服务

在过去的 20 年里，全国城乡公共服务水平有了很大的改善，尤其是过去 10 年得到了大幅度的提升，这包括 2008 年经济刺激计划在这方面的投入。在这里仅列出以下几个实例：各区域大专及以上学历所占人口比重极度不均衡，2009 年东部、中部、西部及东北分别为 9.02%、6.10%、5.60%、9.07%。事实上，2005—2009 年，地区差异越来越明显，这表明四大区域高文化素质人口差距在扩大。

2003—2010 年，四大区域在水利、环境和公共设施管理业的固定资产投资增速有显著差别。2007 年后，东部地区在水利、环境和公共设施管理业的固定资产投资增速明显快于其他三个区域（如图 1—10）。

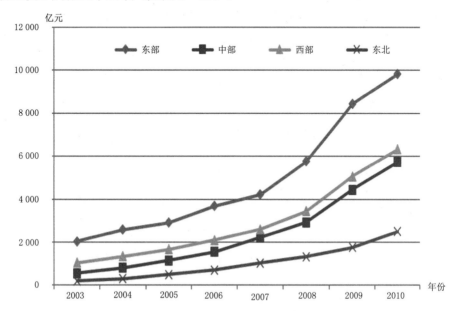

图 1—10 水利、环境和公共设施管理业固定资产投资比较

公路和铁路营运里程在过去 10 年里大幅度增加，特别是在西部地区的发展最为显著（如图 1—11 所示 2005—2010 年区域公路里程）。

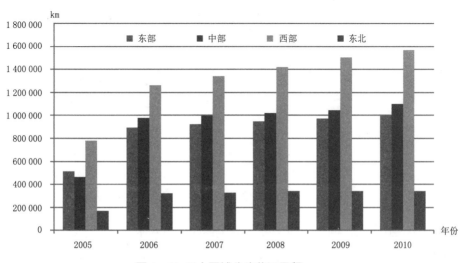

图 1—11 四大区域公路营运里程

15

7. 污染排放与突发环境事件

2002—2010 年，四大区域单位 GDP 化学需氧量（COD）的排放量处于不断下降趋势。当然，这只是指排放强度的降低而不是污染排放量的绝对下降。把各区域的排放量进行比较就会发现一个很有趣的现象，西部地区开始排放强度比其他地区高出很多，而到 2010 年其排放强度与其他地区相当接近（如图 1—12）。

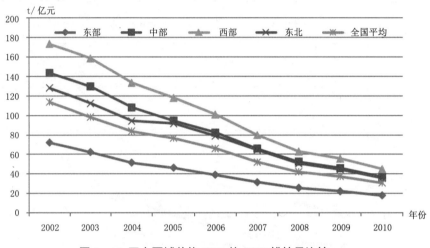

图 1—12 四大区域单位 GDP 的 COD 排放量比较

2002—2010 年，四大区域单位 GDP 的二氧化硫排放量处于不断下降趋势（如图 1—13）。

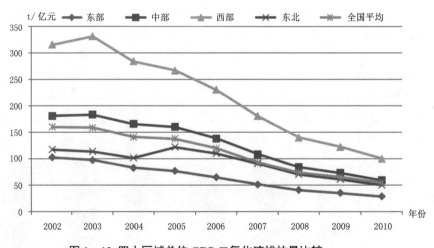

图 1—13 四大区域单位 GDP 二氧化硫排放量比较

2002—2010 年，四大区域突发环境事件的次数基本上降到了较低的水平（如图 1—14）。东北地区突发环境事件的次数一直处于较低水平，虽然有些事件很严重。

西部地区由 2002 年的 893 次下降为 2010 年的 67 次, 中部地区由 2002 年的 621 次下降为 2009 年的 53 次。而东部地区的情形与此相反, 从 2008 年开始, 其突发环境事件的次数有所上升, 由 2006 年的 172 次上升为 2009 年的 255 次。

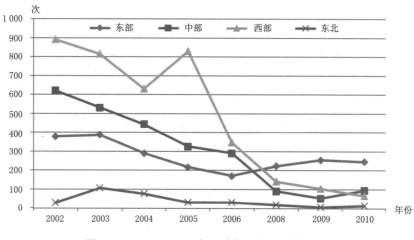

图 1—14 2002—2010 年环境突发事件比较

（三）关于区域发展不平衡评述

在中国国内关于区域发展问题存在大量的讨论, 基于讨论和各种假设条件推出了一些结论。然而, 究竟哪些结论最为重要或最为可信却没有形成共识。另外, 关于如何衡量绿色和可持续发展的问题也一直处于讨论之中。但是其中一些观点不容忽视, 它们包括:

1. 区域特点

（1）东部地区不仅经济发展水平最高, 而且社会发展水平也可能是最高的, 但这是以很高的环境成本为代价实现的。这个环境成本, 目前尚无法完全准确计量, 其中包括累积影响, 与生态服务和人类健康有关的成本以及经济生产力的降低。

中国东部地区经济实力在全国仍占绝对优势, 包括 GDP 总量及人均 GDP 大幅领先于其他地区。同时, 以服务业为代表的第三产业发展迅速, 并带动产业结构进一步优化。但近年来经济发展速度有所减缓, 外贸依存度偏高的特点使得其发展受同际环境影响较大, 世界经济变动会导致其经济大幅波动。人民生活水平在全国也处于领先地位, 城镇居民人均可支配收入、农村居民人均纯收入均居四大区域首位。此外, 东部地区基础设施也最为完善。但其城市化进程滞后于工业化进程、城乡居民收入差距呈现明显扩大趋势。从其他地区到东部或从东部本地农村进城务工人员无法得到和东部城市居民一样的全面的社会福利。

17

（2）中部地区开始崛起，但是仍存在严重的"瓶颈"。中部地区经济总量持续增加，占全国比重呈不断上升趋势。居民生活水平快速改善，农村居民人均纯收入同比增速为四大区域最高。基础设施建设发展较好。但其城市化水平提升缓慢，仍缺乏与工业化的协调。

（3）西部地区取得长足进步，但综合发展水平仍然最低。西部地区面临的主要问题是进一步消除贫困、缩小贫富差距、提升教育水平等人类发展问题，以及与生态环境的脆弱性相关的问题，特别是目前基础设施建设和矿产开发进一步加快，农业、草原放牧带来的压力越来越大，以及气候变化和其他因素对水资源和生态服务的影响愈演愈烈。企业准入条件不够完善，缺乏成熟的监测体系和标准。

西部地区经济发展明显加快，综合经济实力不断提升，但其经济发展总体仍然落后，人均GDP居于四大区域末位。工业化水平快速提高，但产业层次低，结构不合理。城镇居民人均可支配收入同比增速居四大区域首位，但城乡居民之间的收入差距全国最高，农村居民人均纯收入全国最低。

西部地区基础设施依然薄弱，社会基本公共服务水平偏低，对中央支持政策依赖性极强，自我发展能力弱，这些都严重制约了西部地区经济社会的发展。另外，西部地区的COD和二氧化硫的排放水平居四大区域首位，对生态环境破坏严重，经济发展方式亟待转变。西部地区的可持续发展是实现全中国可持续发展的先决条件，因为西部地区对下游河流流域、空气流域和土壤的影响会影响其他地区。

（4）东北地区基础较好，但经济增长速度相对较低。东北地区经济发展总体实力较强，人均GDP、工业化水平仅次于东部地区，但经济发展速度放缓。经济结构转变困难，高端工业和现代服务业发展不足，产业结构升级的任务艰巨。农村居民人均纯收入水平仅次于东部地区，城乡居民收入差距最低，且呈现不断缩小趋势。此外，东北地区教育事业发展良好，城市化水平居四大区域首位，具备经济转型的人力资源优势。但近年来以高速公路为代表的基础设施发展缓慢，城市化在一定程度上滞后于工业化。

2. 环境绩效

东部地区环境绩效高于中部和西部地区，特别是在"十一五"期间。无论是污染物排放总量、单位产值排放量还是环境质量，都呈现越来越显著的东部优于东北、中、西部的特征。然而，随着新问题的出现，特别是过去10年里大多与发展有关问题的出现，上述结论可能会有所改变。这些问题包括海洋与沿海石油泄漏和其他污染问题，土壤污染，以及发生在一些富裕城市对健康具有严重影响、并且在区域空气流域扩散的烟尘与臭氧问题。此外，由于对原材料需求快速增加，东部地区发展的生态足迹远远超过了其自身地域的范围。

3. 削减贫困和收入差距

尽管中国在实施千年发展目标上取得了非常显著的成果，但是消除贫困的任务尚未完成，地区内与地区间收入差距仍不断增加。郭腾云和徐勇根据 1995—2003 年的数据分别利用 Gini 和 GE 方法[1]，得出中国整体不均衡在逐步扩大的结论，但扩大的速度较慢，因为总的经济形势在上升。李迁等人（2006）根据 1993—2003 年的数据用 GM 指数进一步发现，从人均 GDP 的角度而言，1993 年以后中国区域发展不均衡呈现扩大的趋势，而在这种不均衡在中东部地区的贡献率超过了 50%。金相郁和郝寿义（2006）的研究表明，在中国改革开放后，特别是 1990 年以来，无论是 31 个省（市、区）之间还是东、中、西部地区之间都呈现区域发展差距扩大趋势。

对中国地区人均 GDP 差距系数的数据分析表明，人均 GDP 差距系数经历先缩小（1978—1990）、再扩大（1990—2004）、再缩小（2004—2010）的过程，区域不平衡程度呈倒 U 型。对改革开放以后 1978—2010 年的数据分析发现，我国人均 GDP 的基尼系数从 1978—1991 年下降，1991—2003 年上升，2004—2010 年又下降的趋势。

（四）区域发展不平衡的根源

区域经济学和发展经济学对区域（地区）不平衡发展的原因都有所解释。综合国内学者们的研究，造成中国地区差异的因素是多样的。这些因素包括：政府政策，宏观经济因素，地区资源禀赋，要素流动性，并且这些因素之间存在互相作用。但没有哪个单一的因素能够全面解释中国区域发展不平衡的原因。

具体来说，在造成区域发展不平衡方面，有很多因素曾经而且将继续发挥主要的作用，包括自然资源禀赋以及 60 多年来不同经济发展模式累积效应。区域发展不平衡有一定的历史渊源，主要表现在两个方面，一方面是基础设施，另一方面是社会资本。社会资本会对经济效率产生影响，包括时间效率观念，竞争意识，文化传统、教育结构等。

1. 地理和资源禀赋差异

（1）交通通达性　直接导致巨大的交易成本差异。水运特别是海运能力的提高和相对于陆运费用的节省，形成了沿海地区对外交往的优势地位。内陆西部地区相对处于对外交通不便和交易费用较高的不利地位。

（2）资源开发成本的差异　从总体看，西部地区资源的开发成本高于东部地区。蕴藏于崇山峻岭的自然资源开发加工难度较大，成本费用也较高。

19

---

[1] 关于这些方法的解释，请参见 Fernando G De Maio. 2007. Income inequality measures. J. Epidemiol Community Health. 61(10): 849–852. http://www.ncbi.nlm.nih.gov/pmc/articles/PMC2652960/。

（3）农业发展质量差异大　东部地区具有禀赋优势，靠近高度人口聚集的市场。相比之下，西部大部分土地质量和潜力较差，易于受气候变化、水土流失等环境风险的影响。

2. 中西部的生态脆弱县与贫困县呈高度正相关

在中西部被划入生态敏感地带的县份中，约有 76% 是贫困县。在被划入生态敏感地带的土地面积中，约有 43% 的土地面积在贫困县内。被划入生态敏感地带的耕地面积中，约有 68% 的耕地面积在贫困县内，占这些省区贫困县耕地总面积的74%。在划入生态敏感地带的人口中，约有 74% 的人口生活在贫困县内，占这些省区贫困县总人口的 81%。这些数字显示出，生态敏感与贫困在一些更加贫困的地区相关性更大，也更为复杂，所以也是可持续发展所不可忽视的一个重要问题。

3. 过去 60 多年发展历史的累积效应

中国的发展政策大体经历了三个阶段，包括：重点发展基础农业和重工业阶段；实施区域梯度发展策略并优先发展东部沿海、重点实施开放政策并伴随着经济及一定的金融和政治改革阶段；以及实施均衡发展策略（包括西部大开发）阶段。

经济发达地区享有优惠的政策。在改革开放之初，这种差异导致了部分城市形成更加开放的环境，而其他地区依然封闭。优先安排沿海地区的经济体制改革实验，形成了区域改革推力的差异。从实践来看，改革实验点使这些地区率先摆脱了计划体制的僵化模式，激发了经济活力，使民营经济得到较快的发展。另外，地域优势得以充分发挥，如沿海港口的便捷和廉价运输成本。

4. 不同时期的国家发展战略

1949—1972 年，政府采取的战略是向中西部内陆地区倾斜的发展政策，这一时期优先发展落后的内陆地区。在内陆地区实施重化工业，试图改变旧中国留下的区域分布东倾。但是，这个时期在中西部投资发展的工业属于增值程度较低的采掘工业和能源材料工业，而东海沿海一带则集中了加工工业。因此，中西部区域在全国的工业格局中实际上处于不利地位。1973—1978 年，中国的发展战略是优先发展沿海地区。

1981—1985（"六五"期间），政府强调依据地区比较优势来制定地区发展战略。这一阶段，发展战略为从沿海到内陆梯度发展。沿海地区优先调整产业结构，建设基础设施，参与国际贸易与投资。内陆地区则发展能源、交通和原材料产业来支持沿海地区。经济特区和对外开放政策开始实施。这些经济特区主要集中在南部沿海，即以珠江三角洲为核心，包括：珠海、汕头、厦门、海南等经济特区和 14 个对外开放城市。总的来看，东部沿海地区在财政、税收、价格、投资、信贷政策方面拥有较大自主权，制度创新空间较大。

1991—2000年（"八五"和"九五"期间），发展战略转向协调发展地区经济和缩小地区差异。国家采取了一系列政策来促进内陆地区发展，包括：加大内陆地区的基础设施建设的资金投入，吸引外资进入内陆地区，引导内陆与沿海地区合作。经济特区开始向从南部沿海（"南段"）向中部沿海和北部沿海扩展，形成以长江三角洲为中心的"中段"和以环渤海湾为中心的"北段"；同时，区域发展重点也从东部沿海向中部和西部推进，特别是由东向西的长江流域。

1999年，中央提出了"西部大开发战略"。这之后，国家试图实施均衡发展和协调发展的战略。西部开发战略试图通过改善西部的基础设施和商业环境来吸引外国投资，从而使西部能够赶上东部的发展步伐。然而，从实际效果来看，东西部的地区差异并没有显著缩小。此外，政府还推动了振兴东北老工业基地战略（2004）、中部崛起战略（2006）等政策，并加大转移支付。在"十二五"规划纲要中，政府将缩小区域差距、寻求区域协调发展作为重要目标。

5. 地区产业结构

不同地区的工业的技术含量、附加值、规模经济性不同，导致不同地区的产业结构向更高阶段产业结构转化的速率不同。西部地区的工业以初级工业原材料生产加工为主。在实施重工业优先发展策略时，中西部建设了许多国有大中型企业，它们大多数属增值程度差的采掘工业和能源、原材料工业，加工深度和加工层次低。这些工业难以与当地农村的产业结构相结合，难以促进农村乡镇企业的发展壮大。改革开放后，东部地区则利用改革开放政策，优先发展金融、贸易、信息、通讯等高附加值的产业。西部地区慢慢沦为农业和其他初级产品的提供地，由此造成在短短20余年内地区差距持续扩大。覃成林等（2011）的分析表明，工业对中国区域发展不平衡的贡献最大，其他服务业、批发零售及住宿餐饮业、金融业对中国区域发展不平衡的贡献分别位居第二、第三和第四位。

6. 地区市场化和所有制结构

目前，东部沿海地区的市场化程度相对较高，集体、私营、外资等非国有经济的贡献相对较大；而西部地区则相反。汪峰（2007）通过研究发现，人力资本、非国有经济的发展和对外开放程度上的差异是我国现阶段地区间经济发展不平衡的重要原因。王小鲁和樊纲（2004）指出，中西部地区的经济增长率与东部的差距在很大程度上是由于要素生产率低。而这主要取决于技术进步和市场化程度的差异。在市场化方面，东西部差距明显，尤其是在非国有经济的发展和要素市场发育方面差距非常突出（资本、劳动力和土地）。

长期以来，中国的资本市场和劳动力市场存在地区限制。具体而言，劳动力无法在地区间自由流动，地区投资不平衡。这些因素是造成沿海和内陆地区形成差异的重要原因。此外，技术性劳动力更趋向于在沿海地区找到报酬较高的工作。沿海和内陆地区在投资增长、融资结构、资金配置效率上存在差异，这些因素的差异对扩大地区差异有正向作用。反过来，地区发展的不平衡又促使劳动力向发展水平高的地区聚集，进一步加深地区差异性。

7. 中央财政政策

目前，中央主要采取财政转移支付、促进基本公共服务均等化等措施推动区域协调发展。为实现财政转移支付，中国将过去的分权式财政税制改革为目前的分税制财政税制。改革的结果是中央财政在全社会财政收入总结构中的比重占了大头，改变了地方财政为主的格局。中央获得了更多的财政收入，从而能更多地补贴欠发达地区。中央政府的财政政策设计不是以地方的经济发展水平、税源增长作为依据，而是以一年或前几年的财政收支平均数作为依据。这会让东部这样财政支出规模较大、经济增长潜力较高的区域更多地获益。

8. 中国经济改革政策（全球化和经济自由化）

全球化和经济自由化对扩大地区差异有正向作用。全球化通过出口和外商投资促进了经济增长；同时，先进技术也会促进经济增长和企业竞争。经济自由化通过优化资源配置促进经济增长。但与此同时，由于各地资源禀赋、经济结构、和政策等方面存在差异，全球化和自由化可能会扩大地区差距。

国家的改革开放政策对东部沿海地区实施了更加优惠的政策，包括：低税率、高财政返还、给予高新技术产业开发区较大土地使用权等。这使东部区域在利用外资发展经济方面获得了更好的优势，并更快速地从国际贸易中积累资本、引入先进技术和学习好的管理经验。在过去20年的经济改革期间，市场导向的外商直接投资以及民间资本流动使资金大量流向东部，加速了东部地区的经济增长，同时也扩大了地区差距。中西部科技成果市场化程度很低。东部与中西部之间在人力资本存量方面形成的差距是区域之间发展差异的重要因素之一。

9. 政策干预

中国自"八五"期间开始关注区域协调发展，并提出"要正确处理发挥地区优势和全国统筹规划、沿海与内地、经济发达地区与较不发达地区之间的关系，促使地区经济朝着合理分工、各展其长、优势互补、协调发展的方向前进"的区域协调发展战略。这一战略思想在 2003 年的中共十六届三中全会提出的"五个统筹"中有了更进一步的阐述，并提出了具体的措施。西部大开发、中部崛起、东北老工业基地振兴等战略，是为缩小区域发展差距、促进区域协调发展而提出的针对性措施。

五个统筹的具体内容为：

"积极推进西部大开发，振兴东北地区等老工业基地，促进中部地区崛起，鼓励东部地区率先发展，继续发挥各个地区的优势和积极性，通过健全市场机制、合作机制、互助机制、扶持机制，逐步扭转区域发展差距拉大的趋势，形成东中西相互促进、优势互补、共同发展的新格局。"

中共十六届五中全会审议通过的《中共中央关于制定国民经济和社会发展第十一个五年规划的建议》中进一步提出，促进城镇化健康发展，坚持大中小城市和小城镇协调发展，提高城镇综合承载能力；继续发挥珠江三角洲、长江三角洲、环渤海地区对内地经济发展的带动和辐射作用；继续发挥经济特区、上海浦东新区的作用，推进天津滨海新区等条件较好地区的开发开放，带动区域经济发展。

中共十六届六中全会审议通过的《中共中央关于构建社会主义和谐社会若干重大问题的决定》再次提出：

"落实区域发展总体战略，促进区域协调发展，形成分工合理、特色明显、优势互补的区域产业结构，推动各地区共同发展；加大对欠发达地区和困难地区的扶持，改善中西部地区的基础设施和教育、卫生、文化等公共服务设施，逐步缩小地区间基本公共服务差距；加大对革命老区、民族地区、边疆地区、贫困地区以及粮食主产区、矿产资源开发地区、生态保护任务较重的地区和人口较少民族的支持；支持经济发达地区加快产业结构优化升级和产业转移，扶持中西部地区优势产业项目，加快这些地区的资源优势向经济优势转变，鼓励东部地区带动和帮助中西部地区发展，扩大发达地区对欠发达地区和民族地区的对口援助，形成以政府为主导、市场为纽带、企业为主体、项目为载体的互惠互利机制，建立健全资源开发有偿使用制度和补偿机制，对资源衰退和枯竭的困难地区经济转型实行扶持措施。"

与此相适应，国家通过规划、政策、投资等措施对空间发展进行管制和调控。

对区域发展差异进行平衡和纠正的措施包括：

（1）改善土地资源管理。这是各国政府通常采用的手段。中国加强土地的规划与和管理，包括 18 亿亩耕地的红线保护。

（2）制定完善的区域政策。如当进行西部大开发、东北振兴以及促进集中连片特困区的发展时，国家会配套一系列优惠政策以扶持地区加快发展。

（3）编制总体规划。截至目前，中央政府编制的区域类规划或指导意见已有

86 个。这些规划的主要贡献是对区域的发展进行了功能定位，明确各区域在国家社会经济发展中应发挥的作用。必须优先关注规划实施的协调、规划重叠造成的目标冲突以及推进综合规划和管理。

（4）推进基础设施建设、实施重大国土整治工程。如修建青藏铁路等改善地区发展条件，促进地区发展。

2006 年的国家"十一五"规划纲要明确提出，要推进区域主体功能区规划。区域主体功能区规划指的是根据区域的资源环境承载能力、现有开发密度和发展潜力，统筹考虑未来我国人口分布、经济布局、国土利用和城镇化格局，将国土空间根据开发和保护的需要进行分类。适合未来人口和工业大规模聚集的是开发类区域，生态敏感区则被划分为保护类区域。两个类别中，再分别根据程度和敏感性划分为优化开发、重点开发，和限制开发、禁止开发 4 类主体功能区。不同的区域有不同的功能定位和不同的考核指标体系（张晓瑞和宗跃光 2010）。区域主体功能区规划有助于超越行政区划而统筹地配置资源，实现社会、经济和环境的协调发展。然而，区域主体功能区规划仍然处于起步阶段，对于指导地方土地规划来说仍需要细化。

10. 多种因素综合作用

中国的地区发展不平衡是多种因素综合作用的结果。首先，经济地理、历史等多种因素使沿海地区比内陆地区的经济发展水平更高。这是一种初期差距效应，也就是说，发展初期的人均收入水平差距或发展起点不同，对于一定阶段差距扩大具有主要作用。其次，国家的梯度发展战略和倾斜性政策，使沿海地区由于更多地参与全球化和经济自由化而从中获益，从而进一步加速了其与内陆地区的经济差距扩大的趋势。最后，在中国不同地区之间，投资模式大不相同。沿海发达地区对于人力资本的投资要显著高于中西部内陆地区。而投资于人力资本、社会资本、无形资本的收益高于投资于自然资源开发、物质资本和有形资本的收益。

四、几个关键问题

（一）中国在改善环境方面做出了积极努力但挑战依然巨大

尽管中国在污染控制以及改善环境规划与管理上取得了长足的进展（特别是"十一五"和"十二五"规划），但是快速的经济发展导致了环境压力的不断加大。目前开展的这些工作将有助于促进产业结构调整、完善监管和市场机制等经济发展模式的转型。在应对诸如非点源农业污染、光化学雾等处理难度较大的污染问题上，中国也做了大量的工作。但是，仍然存在着机构合作和协调问题、实施效率低下以及开展综合环境规划和管理的难题。这些系统性问题如果不能有效解决，将会继续妨碍中国的绿色发展。

总的来说，中国需要加大力度解决环境与经济关系的重大挑战，特别是要推进实施循环经济、低碳经济和绿色经济。当前环境不断恶化的趋势必须在"十二五"和"十三五"时期内予以遏止，以便在随后的10年内更好实现环境的改善。唯有如此，才能有望加快实现生态文明。到2030—2035年，现有环境与发展的主要问题都应已经得到解决，或者正在得到解决。而实现这一目标则是任重而道远。

中国应该清醒地认识到新的问题将会不断出现，特别是国内消费的扩张以及其后的变化对全国造成的影响。中国已经遇到了因各种因素造成的发展和资源限制，包括人们对发展的反思、食品和能源等对自然资源的大量需求、国际上贸易与投资问题以及地区和全球环境问题相关的需求。中国人民和全世界都对中国寄予厚望，期待中国能在全球绿色发展中发挥更大的作用，包括将中国的成功经验传播到其他发展中国家。

在环境、经济和发展关系的转型中也出现了新的机遇。绿色发展和可持续发展将会创造新的收入来源、就业和更好的生活质量。将这些希望转变成现实需要进一步将环境保护纳入国家和各级地方的经济社会综合决策。

2012年国合会的研究报告指出，无论是经济发达，处于后工业化阶段的地区，还是处于工业化早期阶段的西部地区，它们都面临着环境与发展的严峻挑战和机遇。另一个现实是，那些与中国合作的国家应该保持清醒的头脑，努力与中国发展和保持稳定、建设性的关系，实现各方的共赢。否则，转向绿色经济和绿色发展的进程就可能受阻，这无益于中国，也无益于世界其他国家。

（二）当前区域发展战略并不能保证区域可持续发展

过去15—20年来，区域发展政策和规划日趋完善。四大地区都不同程度地取得了发展，但同时也都经历了环境质量和经济增长之间的取舍难题，结果形成了各自不同的自然资本、人力资本和社会资本水平。富裕的东部地区经历了严重的空气和水质污染，但是现在具备了较强的管理能力，以及高素质人才、雄厚的资金和技术等应对目前已有甚至未来几年出现的严重环保问题。其他地区，特别是中西部地区，尚未完全具备应对高速增长带来的环保问题的能力。西部一些地区最近经济增长达到了两位数。但是这些地区面临着承接重工业转移步伐加大和污染扩散的可能性、资源开发的负面影响以及市场对动物蛋白的需求增长对草原和水质的影响。

交通和基础设施的发展是区域增长的重点。中国已经在这些领域进行了大量的投资，包括提高能源效率，削减贫困，保证基本的环境基础设施（水和污水处理、固体废物、应对自然灾害）。这些投资常常会带来严重的环境影响，例如大坝、引水工程、高速公路和管线工程对生态和生物多样性的影响。实际上，新的交通走廊

25

会导致地貌环境的大幅度改变。交通和基础设施对大范围内（特别是西部地区）以及区域间效应的累积影响才刚刚为人们所认识。

虽然中国在流域规划和管理、海洋和海岸带规划、区域大气污染防治领域进行了大量的探索，但是还没有取得预期的成功。区域内和区域间的目标常常发生矛盾。虽然已经尝试建立了以保护生态为目的的生态补偿机制，但是还没有形成完善的国家体系。一些问题（如雾霾）成为区域性的问题，没有哪个城市或产业区能够独立地解决这些问题，因为空气流域的污染是大范围内多种污染源造成的。非点源农业污染和海洋污染也存在同样的问题。

如果区域发展战略不能将重点放在各地区的绿色发展，不能注重区域间协调发展的问题，那么各个地区乃至整个国家的可持续发展目标就难以实现。各地区的发展是紧密相关的，因此即使个别地区实现了改善，但是这些成就也会因为其他地方情况的恶化而受到威胁。这种情况在大气、水质，甚至土壤污染污染问题上都已经得到了印证。因此，中国面临的难题是如何采取公平、有效的差异化手段实现区域发展，同时又确保国家的整体利益。

（三）差异化区域绿色发展机制仍处在初级阶段

各个地区的绿色发展目标存在差异是正常的。即便是四大地区内部每个省、自治区和直辖市的目标也存在差异。这一点已经得到了充分的体现，例如各地设定不同的环境目标，严格保护地区的生态移民，投入资金保护具有生态服务功能的林地和草原等。很多工作值得高度赞扬，因为它们能够同时兼顾环境保护和社会经济发展的双重目标。但是，困惑依然存在，有时是因为目标的多重性，以及对新的理念认识水平不足和实施能力欠缺。

（1）污染控制国家标准和实践与地方标准和实践之间存在困惑情况。虽然现实当中各地控制污染的水平有所差别，但是将来一定需要某种形式的协议或规定。所面临的问题是是否所有主要的污染排放集中地区都应该同等对待，在相同的时间达到相同的标准，或者是否那些人口稀少或出于发展早期阶段的地方可以采取更宽松的标准。

（2）西部地区的发展仍然部分基于东部地区过去的经验政策，仍然主要通过投资拉动经济增长。这种发展战略，虽然能快速地使经济增速超过 10% ～ 12%，但是它会导致高能耗、高污染的结局。如此下去，西部地区有可能重蹈其他地区"先污染、后治理"的覆辙。当然，现在看来最坏的局面有可能被避免，但是西部地区应对快速发展的能力仍然有限，在承接大批产业转移的过程中掌控力度不足。

（3）税收体系和监管措施（如排污罚款）的激励作用不足。如果没有足够的资金惩罚，或者分摊环境改善成本作为鼓励，企业主动改善环境的积极性就会不足。

地区间和各省份之间争取产业发展的竞争十分激烈，因此，为了发展工业而降低环保门槛也成为一个问题。绿色税收体系的改革进展依然缓慢。

（4）一些地区在绿色技术和创新能力方面投入不足。如果不能将人力资源与获得绿色技术进行有效的结合，那么绿色发展的潜力就会受到限制。这就让一些地方处于十分不利的地位，例如那些处于农村地区的城市和资源型的城镇。

（5）主体功能区划作为可持续绿色发展的手段尚有待完善。中国将国土面积根据生态状况、现有土地利用和特殊发展条件进行功能区域划分的工作已经开展了5年时间。但是目前还不能说取得了成功。功能区划的尺度还很粗，在具体的地方层面上还不具备可操作性，地方政府也不完全理解区域功能划分的实质含义。功能区划以及边界的划定没有邀请受影响群众和资源使用者的充分参与，这可能会在当地造成矛盾。因此，对那些可能成为解决土地和水资源以及海洋资源利用冲突的有效措施应该给予重视、完善和推广，以取得最佳的成效。根据其他国家的经验，做到这一点可能需要10年甚至更长的时间，因此应该抓紧进行。

尽管在生态补偿方面每年安排了大量的资金，但是中国还没有形成一个全面统一的生态补偿体系。中国已经开展了大量的工作，以保护那些提供生态服务功能的流域、湿地等地区。大部分资金都来自中央财政或上游地区政府。那些受益最多的地区（如河流下游城市）通常为此付出很少。而且，目前在如何使这些资金发挥最大的效益方面还没有进行评估。生态补偿是国家和地区绿色发展战略的重要组成部分，有助于以较低的成本创造更大的效益，强调那些受益地区应该分摊生态保护成本。这样，才可能较快地实现生态保护的目标。

（四）工业化和后工业化进程需要不同且相关联的绿色发展途径

当前中国正着力于重工业的产业结构调整，以减少过度投资和减轻环境影响，较快地实现平衡增长，包括扩大服务业所占的比重。随着服务业比重达到或超过50%，东部地区会出现正面的环境效应。这种假设是合理的，但是值得注意的是重工业可能会转移到其他地区，特别是中西部地区。

工业的绿色发展是多方位的，包括低污染强度的清洁生产、超低能耗和无污染生产过程、替代工艺和产品等。中国已经对这种工业生态模式进行了很多的尝试，但是还没有实现广泛的应用。我们经常会看到，很多企业整合形成大型现代企业，同时很多低效污染企业被强行关闭，这种趋势还将继续。

很快，中国的工业化就会呈现出不同的状况。第一种是在西部和中部地区的新兴工业化，这些地方希望实现高水平的清洁生产和先进技术，但是能力有限。第二种是在东北和东部地区（也包括其他地区的部分地方）的后工业化，污染企业已经转移，留下了大量的污染场地，清理这些场地需要巨额的资金。后工业化地区同时也面临着伴随服务业而产生的新的环境问题，如大型计算机数据存储设备的高能耗、金融业对贷款项目环境影响进行监测的需求，以及旅游业对生物多样性和脆弱生态系统的影响等等。因此，中国需要针对这些情况采用不同的、但同时又相互关联的绿色发展道路来支持国家绿色发展目标的需求。

对于老工业基地的绿色发展，必须抬高准入门槛，鼓励最佳实践的推广。同时，全国都必须采取严格的标准，以杜绝这些高污染、高能耗企业仅仅是拆解后而在异地重新组装投产的情况发生。应建立经验分享机制来推广成功的企业环保升级经验。很多经验都可以在东部地区找到。

一些日益发展起来的服务业也存在着挑战，包括绿色建筑设计、新商业区的设计和运营、轻工业或者高科技园区的设计，以及涉及投资、供应链、绿色发展和绿色产品的认证等绿色关系的发展。

所有这些途径的核心是企业社会责任，包括在社区内运营的许可，以及其（透明的）盈利应建立在满足具体环境和绿色发展目标基础之上。

（五）绿色发展协调机制和综合管理效果欠佳

从地方、省、地区到中央政府都存在协调机制不足的问题。这在中国这是一个普遍性的问题，但是涉及环境和绿色发展时，问题可能尤其严重。原因在于很多问题都是"溢出效应"问题，或外部性问题。此外，中国大多数资源基地都是在单一的提高产量目标驱动下进行开发的。渤海就是海洋环境管理的一个例子，无止境的需求来自于渔业、水产养殖、近岸油气开发、旅游以及包括大量围垦而导致湿地丧失的海岸带开发。缺乏综合规划和管理体系，也没有完备的应急反应系统。因此，溢油事故的发生带来了巨大的经济损失和严重的生态破坏。与此类似的是，中国城市的污染问题也需要综合管理的方法，因为不同污染源和不同地方产生的一次污染物会转化成二次污染物，例如 $PM_{2.5}$ 这种细小颗粒物，其扩散面极广，形成难以解决的区域性问题。

过去环境保护工作的成功主要体现在实现单个指标的目标，如森林覆盖率（森林面积所占百分比）、节能减排（SO_2 削减量、能源强度降低量等）指标。问题是实现这些指标并不直接等于环境状况的改善，或者生态系统健康状况的改善，甚至不等于环境风险的降低。这个尴尬的难题在中国区域发展的复杂形势下还会反复地遇到，因为公众对实际环境改善的要求越来越高。实施综合评估和管理可以加强环境质量改善以及人类和生态系统健康状况监测的能力。最近环保部成立的区域督察中心证明了这种独立监测的价值，这一做法应得到进一步的强化，以更有效地实施其监督职责。

鉴于现行的监管和机构安排不能够解决这些问题（如综合流域管理等），那么就需要新的机制。很多国际经验都值得借鉴，包括洛杉矶的空气污染治理、澳大利亚达令河流域管理、巴伦支海综合管理以及欧洲的黑海委员会。中国可以从中取得经验，但是仍需要找出基于自身复杂情况的独特的解决办法。有两个重大的问题需要解决：机构职责交叉重叠，界限不清；监测和执法能力不足，众多争端有待解决。

从更广的层面来看，中国任何一级政府中都没有一个明确的绿色发展机构，也未能完全理解综合规划和管理对于绿色发展来说究竟有多重要。绿色发展需要新的投资战略、新的进展评估指标、完善的信息共享、顺畅的监管机制、明确的机构职责和更高水平的能力建设。因此，中国有必要考虑整合政府管理机构，以便能在统筹全局、促进区域绿色发展的基础上解决资源和管理管理问题。

（六）缺乏指导国家和地区绿色发展行动的长期愿景和战略

1994 年中国发布了《21 世纪议程》，该文件根据当时中国的需求制定了一个全面的可持续发展框架。但是过去 15 年的高速经济发展已经将这个议程远远地抛在了身后，导致如今这种"不均衡、不协调和不可持续"的现状。虽然中国很多现行的政策适合于可持续发展，但是这些政策仍是零散不成体系的，同时也缺乏一个国家层面的战略。中国需要一个至少面向 2030 年的愿景和战略，而对于低碳经济等某些重要方面，则需要更长远的时间框架。一个绿色发展战略需要考虑自然资本、经济资本、社会资本和人力资本的最佳平衡和利用，以实现和保持区域的绿色发展和绿色繁荣。此外，还必须要有国家层面的政治领导力和良好的管理体系，否则，任何战略都不可能获得成功。当前，正是制定和实施绿色发展战略的最佳时机，因为在 2012 年 11 月召开的中国共产党第十八次代表大会上，生态文明被提升到了与政治、经济、社会和文化一样的高度，成为整个中国转型的重要驱动力。

普通公众应该在绿色发展的规划和实施过程中负有责任和义务，可以发挥有益的作用。当然，现阶段他们参与的机会还远远不够。以下四个例子说明了中国可以改善这种局面：

（1）扩大公众直接参与环境评价和其他规划决策的机会；政府全面公开有关绿色发展的问题，如有害废物清单以及环境问题的定期监测数据。

（2）在各地区促进绿色就业，例如支持低碳经济、循环经济，等等。这可能需要通过财税机制来加以保证，如生态补偿机制。

（3）对于西部和其他地区，在生态建设和自然保护（包括生态系统和生物多样性保护）过程中推行与当地社区的合作共管。

（4）重点强化环境教育、社区改善活动和其他措施才提高绿色发展意识和能力。

绿色发展愿景和战略应该包括绿色消费。绿色消费直接关系到消费者和生产者。

如果绿色产品缺乏选择、不为消费者认知、不能具备合理的价格或者由于其他的原因不具备竞争力，那么消费者就不会购买。这个问题包括商品，也包括服务，尤其是关于个人交通方式、政府采购以及市场供应链的问题。研究表明大批的城市居民在家庭或是办公室环境（常常是西方式的高能耗办公楼）下的消费正在向西方消费水平靠拢。虽然中国有少数办公楼是按照 LEED 标准设计的，但是绝大多数都不是。

城市地区是中国绿色发展的重要推动力，但是随着目前城市一窝蜂似的快速、劣质的建设浪潮，这个绿色发展潜力还远没有发挥其应有的潜力。中国还没有总体针对城市发展的绿色发展战略，尽管已经开展了很多有益的尝试。其中之一就是生态城市，这一源于其他国家的概念在中国也正在推广。另一个就是很多城市都热心于低碳经济这一理念，如上海世博会就突出强调了低碳经济。

中国的城市发展可以依据各自独特的环境、文化、发展阶段和其他特点而采取多种实现途径，同时也提供了围绕可持续技术创新的机会，例如绿色汽车研发和生产的机会，良好的城市规划和设计提高生活质量的机会，等等。那些通往优美自然风光的城市可以发展基于旅游的服务业经济。在中国的各个地区，很可能是城市率先引领绿色发展机遇并决定着绿色发展的途径。

（七）中国的绿色发展向国际绿色经济发展趋势看齐

里约 +20 强调了国家层面的绿色经济发展方向，但是并没有特别针对地方层面发展需求。总的来说，中国在探索绿色增长、绿色经济和绿色发展方面已经领先了很多其他国家。但是，中国有必要借鉴其他国家和地区丰富的经验来加速自身的转型。中国将其绿色商品和服务出口到其他的国家，中国也为绿色发展所做的努力获得了丰厚的经济回报。再者，未来加强国际合作非常重要，特别是关于向其他发展中国家输出经验和技术，以及与其他国家合作解决共同关心的问题，如清洁技术。此外，还需要绿化中国在海外的投资活动，也许这一点也应该包含在整体的绿色发展愿景和战略之中。

最后，鉴于绿色经济和绿色增长将成为未来国际谈判和对话的重要组成部分，中国应建立务实的伙伴和合作关系，以促进中国自身国家和地区的绿色发展，同时也为其他地区乃至全球的绿色发展作出贡献。

五、主要结论

必须将环境保护和管理、低碳经济、循环经济和可持续发展战略与绿色增长和绿色经济整合起来，为绿色发展指明战略方向。总而言之，就是将绿色发展纳入国家和地区的决策制定之中。中国将生态文明作为社会发展的驱动力摆到了最高的高度。这将加速巩固绿色发展在未来区域发展中的地位，特别是从现在到2030年之间的这一关键时期。虽然，国合会今年的研究课题针对特定地区和特殊问题的绿色发展路线图进行了探索，但是显然中国需要一个以区域发展、外部环境和发展关系为重点的国家绿色发展战略来指导未来的绿色发展。该国家战略将有助于为实施生态文明建设提供内容和实践上的指导。

（一）将区域绿色发展纳入决策主流

中国在"十二五"规划中对强化区域经济平衡发展和提升全国环境质量做出了实质性承诺。这些承诺的实现将使"十三五"开局时具备与现时状况不同的基准条件。富裕省份将着重做好污染减排工作，但是，更为重要的是不允许给环境恶化新源头以立足之地，例如不能使"十一五"期间氮氧化物增排的情形重演。重工业转移已经大规模开始实施，但是不能以牺牲环境为代价，例如在西部地区。需要关注区域间合作与竞争、转移支付、生态补偿等重大问题。城市化是区域均衡发展的关键所在，包括大规模基础设施建设，以及为绿色发展主流化提供的机遇。同时，农村人口向城市转移也是区域间发展管理的重中之重，并在绿色发展中起到重要作用。

针对绿色发展的主流化，以下结论值得参考：

（1）在环境变化和影响上所有地区都相互关联，但是各区域的实际问题与解决问题的能力各不相同，并取决于多种因素。因此，在保证全国范围内良好环境质量的前提下，必须实施差异化的区域和次区域发展战略。

（2）各级领导者需要时刻关注和引导改善各方之间的协调合作。这种协调包括纵向、横向，也包括行业之间的协调合作。绿色发展需要机构的转变，关注机构能力的提升。需要完善责任制体系，通过更好的生态和环境质量数据来监测绿色发展的成果。绿色发展需要良好的管治体系，才能取得经济有效的高质量成果。

（3）绿色发展必须是一个长期发展规划，时间跨度至少要到2030年，还应包括不断提高的发展目标（包括目前"十二五"和"十三五"规划中的目标）。随着时间的推移，很有可能在消除贫困、生态脆弱地区保护、绿色城市发展和农村生态文明建设方面形成更加整合的绿色发展方式。

（4）政府和企业需要在制定主要投资决策时，确保环境保护和促进低碳经济发展的资金得到有效的利用。很多投资决策都涉及国有企业和市级政府。值得关注的是如何使科学发展观在这些决策中以及随后的管理计划中得到切实的贯彻。目前，需要关注的还有进一步改进环境影响评价、社会风险评估以及环境审计的问题。这些机制都很有应用前景，但是需要仔细考虑如何通过它们产生更好的成果，同时还要避免更多的行政管理混乱和协调机制复杂化。在机制的实施过程中也需要更高的透明度。

31

（5）强化绿色区域发展的法律和法规与必要的激励机制需要得到进一步的关

注。一些环境法律法规已经过时，可能已经不能有效地解决新兴的环境问题，例如区域环境污染、重大污染事件罚款或其他惩罚措施，或者健康和环境风险等问题。强化法治包括改善环境和发展信息的公开。这也意味着全面开放法庭处理群众投诉，建立其他机制提升公众监督、建议和采取行动保护当地环境并参与全国生态文明建设的能力。

（6）中国将绿色发展主流化的努力可以通过与世界其他发展中国家和发达国家建立联系，借鉴这些国家在绿色增长和绿色经济方面的经验。

（二）绿色发展的优先领域

在上述众多有关区域绿色发展讨论中涉及的优先领域中，以下七个要点尤其值得关注：

（1）通过健全就业策略，提升所有区域人力资本，重点关注扶贫、教育、健康和高附加值就业（特别是服务业）人员的高级技能。

（2）完善城乡环境、生态系统和生物多样性的一体化管理，改善生态服务水平，提升建成区环境质量、区域污染控制和可持续资源利用。

（3）向低碳经济转型，包括可持续能源、交通和基础设施、在能源生产和利用的关键行业推行绿色技术以及转变当今煤炭使用方式。

（4）第二和第三产业的绿色化。

（5）在城市化进程中和农村可持续发展中优化土地和水资源利用，包括河流流域、海洋与沿海地区。

（6）可持续消费和相对较小的生态足迹是实现小康社会的重要组成部分。

（7）低环境风险的宜居城市和农村社区。

（三） 区域绿色发展的创新工具

除了那些普遍适用于环境与发展的政策工具之外，中国现有的一些工具是专门针对区域层面而设计的，包括：

（1）主体功能区划可以用来根据地方特点、生态服务价值和生态系统脆弱程度确保绿色发展。但是有关区划的信息以及功能区划在地方决策中的实际应用仍有待完善。

（2）中国在推行生态城市和生态省的理念，并取得了有益的地方试点经验。但是，需要加速从试点到全国推广的进程。在这个过程中需要进行审慎的成本效益评估，因为有些试点可能会耗资巨大，但是价值却不大。

（3）在过去的10年里中国积累了丰富的生态补偿实践经验，但是还没有形成一个综合的国家体系。生态补偿必须形成一种国家机制，这是因为它能满足富裕地区和贫困地区的双重需要。未来生态补偿机制设计和长期应用的重点将是资金来源、额度以及使用过程中的激励措施。

（4）生态建设对中国来说意义重大，它包括生态破坏地区的重建。总体来讲，这项措施已经在中国中西部农村地区得以大范围的应用。但是，随着国家对工业化地区的土壤污染和污染场地以及东部地区遭到生态破坏的海洋和海岸带的重视，从森林和草场恢复中所取得的经验可以在这些问题的解决中发挥作用。同时，这些现有项目也需要进一步完善，特别针对以草原为主的区域。

（5）绿色技术开发与应用的创新产业群对于很多城市来说已经变得非常重要，在这些创新产业群的投资将很可能在今后 10 年内获得丰厚的回报。产业群向西部和其他地区的扩展将带来新的创新机遇。

（6）绿色发展的投资模式将继续逐步发展。这是一个尚未完全解决的问题。新建小企业和大型国有企业的作用是值得关注的一个方面。另一个方面在东部以外地区的海外直接投资引进绿色发展新技术和管理方法的潜力。2020 年以后针对重工业的投资将会减少，这将为更加均衡、绿色的发展创造机会。与此同时，伴随着刺激国内消费水平力度的增加，没人能担保这种趋势将会走向可持续消费。投资模式将有助于锁定可持续消费方向。

（四）全新的政治机遇

国合会 2012 年会适逢中国政治领导集体的换届。因此，有必要在本文最后引述新一届领导人对于发展的阐述。习近平总书记在十八大总结发言中指出：

"我们的人民热爱生活，期盼有更好的教育、更稳定的工作、更满意的收入、更可靠的社会保障、更高水平的医疗卫生服务、更舒适的居住条件、更优美的环境，期盼着孩子们能成长得更好、工作得更好、生活得更好。人民对美好生活的向往，就是我们的奋斗目标。"

这些期望可能会在今后几年随着绿色发展在全国各地的实现而成为现实，而这也将是对全世界环境的重要贡献。

第二章
中国实现"十二五"环境目标机制与政策
——治污减排中长期路线图研究

从"九五"的"一控双达标"到"十一五"约束性污染减排，实施了三个五年计划的治污减排措施（包括总量控制、污染防治、风险防范）仍将是今后中长期促进绿色发展、改善环境质量的重要手段。在《实现"十一五"环境目标政策机制》课题研究取得成功后，国合会设立《中国实现"十二五"环境目标机制与政策》课题，旨在聚焦治污减排领域的新情况、新问题，研究建立"十三五"乃至更长时期治污减排的中长期路线图，从协同减少污染物排放、分区分类环保政策、通过总量控制促进经济发展转型等方面提出"十二五"减排目标实现的机制政策建议。

一、"十一五"污染减排分析评估

课题组开展了"十一五"污染减排措施和成效分析，采用逻辑框架分析、信号灯分析、回归分析、效应分解模型、绩效分离等方法，客观评估了减排目标完成、工程建设进度、结构调整减排、政策实施作用、责任落实程度、部署推进程度、目的效益实现等。总体上看，"十一五"期间污染减排成效显著，在工业化、城镇化加速时期超额完成主要污染物排放总量控制约束性指标，实属不易。落实地方政府环境责任、加大治污工程建设和结构调整力度、经济政策协调推动使污染减排综合效应显现。但中国污染减排仍任重道远，"十一五"污染减排存在一些问题需要进一步研究解决。

（一）中国"十一五"污染减排工作难度大、力度大、成效大

1.环境压力超过规划情景仍超额实现减排要求实属难能可贵

"十一五"期间，部分与环境相关的经济社会发展指标实际情况超过预期，国内生产总值超出目标 13.7 万亿元，城镇人口多增加 1 100 万人，多消耗 5.5 亿 t 标煤的能源，节能降耗指标低于目标 0.9 个百分点，服务业增加值占 GDP 比重低于预期 0.5 个百分点。这些因素偏离了"十一五"规划 10% 减排基准情景，增加了 208

万 t 化学需氧量（COD）和 493 万 t 二氧化硫（SO_2）减排压力。

表 2—1 "十一五"国民经济和社会发展环境关联指标实现情况

类别	指标	2005	规划目标		实现情况			对环境影响
			2010	年均增长 /%	2010	年均增长 /%	与目标差距	
经济增长	国内生产总值 / 万亿元	18.5	26.1	7.50	39.8	11.2	+3.7 个百分点	逆向指标
	人均国内生产总值 / 元	14 185	19 270	6.6	29 748	10.6	+4.0 个百分点	逆向指标
经济结构	服务业增加值比 /%	40.5	43.3	[3]	43	[2.5]	-0.5 个百分点	正向指标
	研发经费支出占 GDP 比重 /%	1.3	2	[0.7]	1.75	[0.45]	-0.25 个百分点	正向指标
	城镇化率 /%	43	47	[4]	47.5	[4.5]	+0.5 个百分点	逆向指标
人口、能源与资源	全国总人口 / 万人	130 756	136 000	<8‰	137 053	9.6‰	+1.6 个千分点	逆向指标
	单位国内生产总值能耗消耗降低 /%		[20]		[19.1%]		-0.9 个百分点	正向指标
	单位工业增加值用水量降低 /%		[30]		[36.7]		+6.7% 个百分点	正向指标
	农业灌溉用水有效利用系数	0.45	0.5	[0.05]	0.5	[0.05]	0	正向指标

数据来源：《国民经济与社会发展第十二个五年规划纲要》及 2010 年第六次全国人口普查主要数据公报（第 1 号），带 [ ] 的为五年累计数。

到 2010 年，COD 和二氧化硫排放量比 2005 年减少了 12.45% 和 14.29%，与"十一五"规划提出了 COD 和二氧化硫排放总量削减 10% 的约束性指标相比，分别多削减 34.7 万 t 和 109.4 万 t，"十一五"污染减排指标超额完成。同口径相比，2010 年全国二氧化硫排放量下降到 2003—2004 年的水平，COD 排放量持续下降。

考虑到经济社会发展带来的污染物新增量因素，"十一五"期间各项工程和措施实际完成 COD 削减 694 万 t（占 2005 年排放量的 49%），二氧化硫削减 1 044 万 t（占 2005 年排放量的 41%）。换言之，"十一五"期间消化经济社会发展形成的新增污染物排放量 COD518 万 t，二氧化硫 680 万 t（如图 2—1）。因此，控制经济发展带来的新增污染，巩固主要污染物减排成果，是中国新时期污染减排面临的首要任务和最大困难。

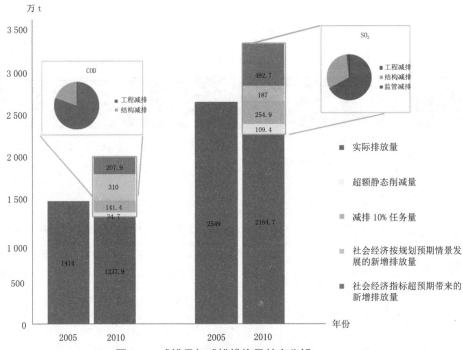

图 2—1　减排量与减排措施贡献度分解

数据来源：静态削减量来源于环保部环境统计年报，动态削减量中，社会经济按规划预期情景发展的新增量根据"十一五"初期情景方案测算得出，社会经济指标超预期带来的新增排放量根据"十一五"时期污染减排核查核算得出。"十一五"工程减排、结构减排和监管减排占总削减量的比例关系根据 2007—2010 年减排核算数据推算确定。

2. 工程治污贡献最大，奠定了实现减排目标的基础

初步测算，"十一五"污染减排工程总投入约为 8 160 亿元，其中建设投资为 4 550 亿元，运行费用约为 3 610 亿元。"十一五"期间，中央财政环保投资累计超过 1 666.53 亿元，是"十五"投资的近 3 倍。全社会"十一五"期间环保投资超过 2 万亿元，保障了治污减排工程的建设。

到 2010 年，河北、河南、湖南、贵州等 16 个省（区、市）辖区内县县建有污水处理厂。全国累计建成城镇污水集中处理设施 2 832 座（"十一五"期间增加约 2 000 座），处理能力达到 1.25 亿 m³/d（"十一五"期间增加 6 535 万 m³/d）（如图 2—2），城市污水处理率由 2005 年的 52% 提高到约 77%（如表 2—2）。污水处理厂实际建成投运规模超规划目标 2 000 万 t（是规划目标的 144%），COD 削减能力超规划目标 130 多万 t。计量分析表明，现阶段城市环境基础设施投资增加对降低 COD 排放作用最显著。到 2010 年，全国累计建成投运燃煤电厂脱硫设施 5.78 亿 kW（"十一五"期间增加 5.32 亿 kW），火电脱硫机组比例从 2005 年的 12% 提高到 2010 年的 82.6%，建成投运的燃煤电厂脱硫设施超规划目标 1.77 亿 kW（是规划目标的 150%），二氧化硫削减能力超规划目标 290 多万 t（如图 2—3）。

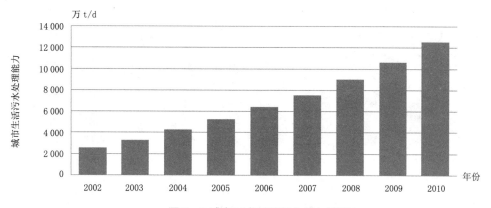

图 2—2 城市污水处理能力增加情况

数据来源：环保部环境统计公报 2010。

表 2—2 "十一五"污水处理厂工程建设情况

主要规划目标项	"十一五"目标值	"十一五"完成情况
污水处理能力	10 500 万 m³/d 其中新增 4 500 万 m³/d（3 000 万 t 形成能力）	12 535 万 m³/d 其中新增 6 535 万 m³/d
污水处理量	296 亿 m³/a	343.3 亿 m³/a
COD 削减能力	新增 300 万	新增 400 万 t
污水处理率	城市污水处理率 52%。设市城市 ≥ 70%，县城 ≥ 30%	城市污水处理率达到 75% 以上。设市城市 76.9%，县城 44.2%
设市城市污水厂负荷率	≥ 70%	78.9%

数据来源：环保部环境统计公报 2010。

　　城市污水处理厂和燃煤电厂脱硫设施建设规模远超"十一五"规划要求，治污
减排设施建设实现了跨越发展，工程减排对"十一五"污染减排任务贡献最大。其中，
COD 工程削减量占全部削减量的 80.5%（其中污水处理厂实现 COD 削减量占总削
减量的 58.5%，北京、天津、上海、广东和重庆等 20 个省市的污水处理厂 COD 削
减量占本省市 COD 总削减量的 50% 以上）。二氧化硫工程削减量占全部削减量的
67.2%（其中电厂脱硫工程实现二氧化硫削减量占总削减量的 59.5%）。采用回归分
析模型对 COD 减排措施贡献度分析显示，城镇污水集中处理设施建设和清洁生产
两项指示性指标对 COD 减排发挥作用大于淘汰落后产能、企业分散治理、环境影
响评价、在线监测等其他 12 项指标。

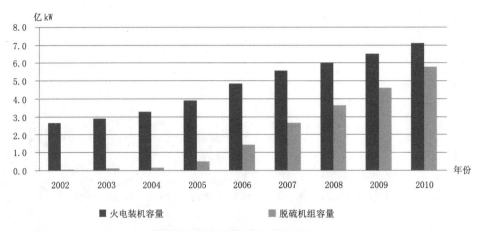

图 2—3 燃煤脱硫机组装机容量增长情况

数据来源：装机容量来自电力工业统计资料，脱硫机组容量来自环保部统计公报。

城镇污水处理厂对削减 COD 发挥了重要作用。但是，鉴于工业废水成分相对较复杂，对可能含有的对环境、人体健康造成损害的有毒物质，采用集中、分散还是两者结合的处理方式，仍需深入研究。

"十一五"期间，全国建成 343 个省级、地市级污染源监控中心，对 1.5 万家企业实施了自动监控，治理设施运行监管得到强化。但相对于中国 190 万家工业企业、数以百万套（台）治污设施，现阶段纳入监管范围的企业和治污设施数量明显偏少，环境能力建设滞后、监管不到位等问题仍比较突出，监管减排占比不大，COD 监管减排往往纳入工程减排统一核算，二氧化硫监管减排削减量不到总削减量的 2%。

3. 产业结构调整与工业减污增效互动格局初步形成

大部分行业的 COD 和 SO_2 排放强度明显降低，行业间的差异在缩小，工业排污明显降低，技术进步水平持续提升。2010 年全国工业 COD、工业 SO_2 排放强度比 2005 年分别下降了 55%、50%。"十一五"期间全国造纸行业单位工业产品 COD 排污负荷下降了 45%，农副产品加工业、化学原料及化学制品制造业、纺织业、饮料制造业单位产值排放强度分别下降了 64.7%、60.2%、30.8% 和 40.1%；电力热力的生产和供应业、非金属矿物制品业、黑色金属冶炼及压延加工业、化学原料及化学制品制造业、石油加工炼焦及核燃料加工业单位产值排放强度分别下降了 49.1%、60.1%、27.9%、55.7% 和 42.1%。

通过实施污染减排倒逼产业结构调整升级，也提高了产业集中度。"十一五"期间，共关停小火电机组 7 683 万 kW，300MW 以上火电机组占比从 2005 年的 47% 上升到 2010 年 71%；淘汰落后炼钢产能 0.72 亿 t，1 000m³ 以上大型高炉比重从 21% 上升到 52%；淘汰水泥产能 3.7 亿 t，新型干法水泥熟料产量比重从 39% 上升到 81%。

"十一五"期间，通过产业结构调整，实现 COD 削减量 117 万 t（占 COD 总削减量的 19.5%），实现二氧化硫削减量 360 万 t（占二氧化硫总削减量的 31%），其中淘汰关停小火电实现的二氧化硫削减量约 207 万 t（占二氧化硫总削减量的 17.8%）。

工业污染物排放强度虽明显降低，但仍远远高于发达国家水平。总体看中国高投入、高消耗、高污染型的发展模式没有根本转变。有关研究表明，第三产业提高一个百分点，第二产业下降一个百分点，万元 GDP 能耗可下降约一个百分点；第二产业中高科技行业上升一个百分点，高耗能行业下降一个百分点，万元 GDP 能耗可下降 1.3 个百分点。但中国产业结构调整进展缓慢，"十一五"期间，重工业占工业行业总产值比重由 68.1% 提高到 70.9%，第三产业比重低于预期目标（仅提高 2.5个百分点）。对 36 个工业行业 COD 和二氧化硫排放情况的效应分解分析结果显示，结构调整对二氧化硫减排效应不明显。在特定阶段，刺激增长的经济政策在一定程度上也刺激了"两高"产业的扩张。另外，工业结构调整大多采用行政手段，存在短期性、阶段性和易反弹等缺陷，部分产业政策缺乏分阶段实施的长期安排，政策随意性大，导致结构调整经济成本上升，沉没损失加大，结构调整持续实施难度大。

4. 以脱硫电价为代表的综合政策实施有力促进了减排工作

"十一五"期间，全国制定并完善了污水处理收费政策，对出口退税、产业准入、信贷、税收、贸易和安全生产监管等政策进行了调整，形成了一系列有利于节能减排的价格、财政、税收等经济措施，初步构建了污染减排的政策体系。部分地区通过制定更严格的、分阶段的污染物行业排放标准促进结构调整、产业升级和污染减排。在全国范围内实施的对燃煤脱硫机组实行 1.5 分 / 度的上网电价补贴，提高二氧化硫排污费标准，实行绿色发电调度，实施电力行业性总量控制，有力地推动了二氧化硫的减排（电力行业实现的二氧化硫削减量占二氧化硫削减总量的 79%），并使二氧化硫减排目标提前一年完成。

但是，企业节能减排内生动力仍显不足。在未来，控制二氧化硫排放须改变仅关注大污染源（例如电厂）的局面。节能减排综合手段还有待完善，政策匹配性、长期性和预见性需要加强，需更加关注政策的成本效益分析，需要制定、完善更加关注实际减排效果的差异化、精细化政策。

5. 落实地方政府责任、调动政府积极性的各项制度保障了污染减排落实

"十一五"期间，国家将污染减排指标层层分解落实到各级地方政府和企业，

明确责任，并辅以核查核算、区域限批、考核问责等制度，第一次真正意义上落实了地方政府对辖区环境质量负责的法律责任，并对今后环境保护工作带来深远影响。

环境保护部先后对江西鹰潭、海南三亚、广西河池、云南玉溪、黑龙江省双鸭山市、浙江省温州市6个城市，以及4个集团公司采取了"限批"措施，对50家电厂和44家城市污水厂挂牌督办责令限期整改。同时，国务院也对减排工作成绩突出的山东、江苏等8省（市）予以通报表扬。各地创造性地提出"河长制"、"段长制"、"双三十"等多样化的目标责任制形式。山东、河北等省对未完成年度减排目标的市县主管领导给予行政记过或撤职处理，河北、河南、浙江等十几个省建立了跨市界断面考核补偿赔偿机制，全国所有省份都把"十一五"环境保护的目标与任务分解落实到各级政府。但从另一方面来看，"十一五"污染减排仍主要依靠政府行动和强制力，尚未形成政府、企业、社会多方共同减排的良性格局。

6. 污染减排部署合理、推进有力、实施良好

国务院印发的《节能减排综合性工作方案》（以下简称《工作方案》）强化了10%减排目标的可实施性。采用逻辑框架法将《工作方案》分解为一个目的（主要污染物减排10%）、三大目标（结构减排、工程减排和管理减排）、控制高耗能高污染行业过快增长等12项主要措施、将节能减排目标完成情况纳入各地政府经济社会发展综合评价体系等62项政策保障与管理要求。采用信号灯法对《工作方案》中相关政策要求进行定性评价的结论是：总体保障良好，并对规划目标实现起到了积极的作用。其中38条得到严格实施，评价为绿灯；设施运行监管、经费保障、提升运营水平、信贷、保险、税收等16条基本得到落实，评价为黄灯；而抑制污染物新增量过快增长特别是控制高耗能、高污染行业过快增长的政策措施等8条政策措施，开展了相关工作但未达到《工作方案》要求，评价为红灯。

7. "十一五"污染减排总体成效达到预期目的，综合效益显现

全国环境质量有所好转。2010年全国759个地表水国控断面水体高锰酸盐指数平均浓度较2005年下降31.9%，部分流域环境质量明显好转，一些地区出现了经济发展与环境质量"脱钩"趋势。探索建立区域大气污染联防联控新机制，圆满完成北京奥运会、上海世博会、广州亚运会空气质量保障任务。全国酸雨面积占国土面积的比例下降了1.3个百分点，全国降雨中硫酸根离子的比例呈下降趋势，环保重点城市二氧化硫平均浓度较2005年下降26.3%。美国国家环保局通过全球卫星观测数据分析也认为，2007年以来中国大气中二氧化硫浓度开始下降。但是，我们仍需进一步关注酸雨对重点区域敏感生态系统和人体健康的影响。同时，氮氧化物对酸雨贡献度的增加也值得关注。

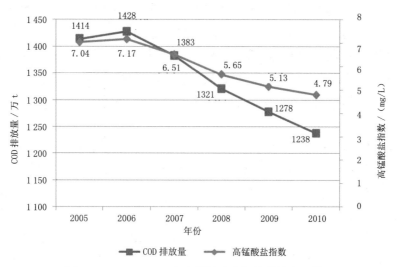

图 2—4 2005—2010 年中国地表水污染物浓度下降

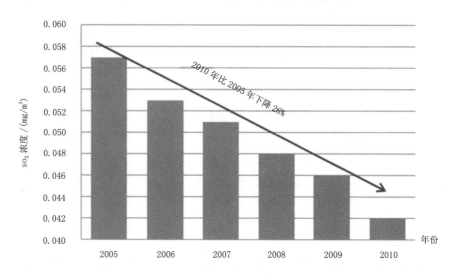

图 2—5 "十一五"环境保护重点城市二氧化硫浓度变化趋势

成本—效益分析结果表明,"十一五"污染减排绩效良好。本次纳入计算的污染减排成本主要包括城市基础设施建设投资中的排水投资、燃气投资、集中供热投资,工业污染源污染治理投资中的废水治理投资、废气治理投资,建设项目"三同时"环保投资,废水工业治理设施运行费用、城市污水处理运行费用、废气工业治理设施运行费用。采用环境退化成本来计算污染减排效益,其中水环境退化成本包括水污染对农村居民健康造成的损失、水污染造成的工业用水额外治理成本、水污染对农业生产造成的损失、水污染造成的城市生活用水额外治理和防护成本,大气环境退化成本包括农业减产损失和材料损失。分析结果显示,"十一五"期间,减

41

排 COD 费用效益比为 1:6.60，SO_2 减排费用效益比为 1:2.00（未考虑大气污染造成的城市居民健康损失），污染减排总体费用效益比为 1:4.94。

环境保护系统能力水平大幅度提高，环保工作领域和纵深不断扩大。2008 年组建环境保护部后，环境保护参与国民经济社会发展综合决策能力明显增强、地位明显提升，全社会环境意识明显提高。但地方环保部门参与综合决策的作用仍需进一步加强。

总体来看，"十一五"期间，以污染物减排两项约束性指标为抓手，兼顾环境质量改善，落实环境保护目标责任制，综合运用脱硫电价、污水和垃圾收费等经济手段，大力推动污水处理厂工程和电厂脱硫设施工程建设，超额完成减排任务，提前实现了本应在工业化中后期之后才能实现的排放量下降，全面完成了解决污染物排放总量居高不下的微观层面预定目标，基本完成了突破资源环境"瓶颈"的中观层面阶段性目标，也会对经济结构调整和发展方式转变等长期性、全局性目标起到积极的促进作用。

"十一五"污染减排存在一些问题需要进一步研究解决。例如，过于倚重工程设施的末端治理模式造成的减排路径单一；只注重单一污染物控制和单一污染物控制技术造成的成本上升和效果降低；工程质量、投资绩效和运营效率有待提高；脱硫石膏与污水污泥处理等问题需要系统应对；资源能源消耗量和污染物新增量明显偏高；结构调整为主的前端减排和技术进步为主的中端减排机制和手段不足；能源目标与环境目标的协同关系以及治污减排的成本效益需进一步分析；污染减排与环境质量改善的关联有待加强；创新所必需的基于市场的激励政策未完全到位；部分产业的贸易等政策导向与污染减排政策相冲突；节能减排的长效机制尚未形成；另外，区域性环境污染协同控制机制需要进一步加强，需要研究如何协同控制对健康造成危害的污染物如 $PM_{2.5}$ 等。

8. 仍需研究建立系统性与协调性兼具的中长期路线图和政策机制

我国很多环境问题是社会和经济发展过程中长期积累、难以跨越的，环境的恢复与治理也是一个长期的过程。污染减排作为环境保护的一个方面，需要与其他多种措施共同配合，需要社会、经济和环境政策的共同作用。污染减排工作具有长期性、艰巨性特点，在"十二五"乃至"十三五"仍然需要作为主线坚持、完善、加强，并需要国家战略层面上做出统筹长远的安排。

在"十一五"污染减排工作基础上，继续持续深入推进污染减排，协调工业化和城市化的发展，应对日益突出区域性污染、复合型污染。需要探索进一步强化总量控制的倒逼作用，并建立制度政策机制将其传导到污染物产生量控制和资源能源消费量控制，从根本上扭转污染减排的被动局面，需改变大量生产、消费、废弃的发展模式。需要在工程减排潜力收窄下突破结构调整"瓶颈"并实现工程减排、结构减排和监管减排均衡、协调；需要按照经济、成本、费效等原则合理确定各项措施的优先序，进一步完善市场手段和分区分类政策、强化协同减排和环境实效；需要考虑目标责任制、价格等手段的适应性并寻找有效的机动车、农业源、钢铁等行业总量控制路径。需完善考核指标，促进传统的生产方式的转变，促使各级政府更加关注社会和可持续发展目标；促进政府职能从经济性管制向社会性管理转变。

二、未来经济、社会、环境形势将面临阶段转折

中国面临的环境问题较多地与目前所处的工业化和城市化快速发展阶段加速期密切关联。综合分析预判我国将在 2020 年左右总体完成工业化，服务业第三产业对经济发展的贡献将超过第二产业工业，资源能源消费增速将趋缓，为中国治污减排带来新的机遇。在统筹部署、积极应对各项环境问题的同时，传统的环境问题将有望得到有效解决，但社会公众对环境需求不断高涨、新老型环境问题交织等带来新挑战，需要进行深入研究、妥善应对。

（一）中国经济发展正处于并将在一定时期内处于转型期

1. 中国进入工业化中后期的新阶段

20 世纪 90 年代中期中国开始整体进入工业化中期阶段。至"十五"末期，中国仍处于工业化中期阶段，并处于重化工业化阶段的高加工度化时期。到 2011 年，中国人均 GDP 达到 5 432 美元，三次产业比重分别为 10.1:46.8:43.1，重工业占工业增加值的 70% 左右，城市化率达到 51.3%，总体上中国经济发展水平已迈入上中等收入国家行列，处于工业化进程的中后期阶段，并正逐步迈进工业化后期和经济稳定增长阶段，但还未完全实现工业现代化。

2. 中国经济发展已经呈现新特征

中国即将进入中速发展通道。作为追赶型经济体的典型代表，在经历了过去 30 年的高速发展后，很有可能如日本、韩国、法国、意大利、瑞典等国家在工业化和经济恢复的进程中所经历的一样，开始转入中速发展通道。中国 GDP 增速已从 2010 年第四季度以来连续 6 个季度持续放缓，并降至 8% 以下。

经济增长的动力机制出现转换苗头。过度依赖投资、依赖出口的经济增长模式开始转变，内需保持持续增长势头（如图 2—6），有可能开启"消费驱动型经济增长"模式，市场性需求启动开始部分弥补刺激性政策的退出。中国人口红利等优势逐步

消失，要素成本不断上升，技术进步对经济增长贡献日益提高。研发占 GDP 的比重从 2005 年的 1.32% 上升至 2010 年的 1.76%。

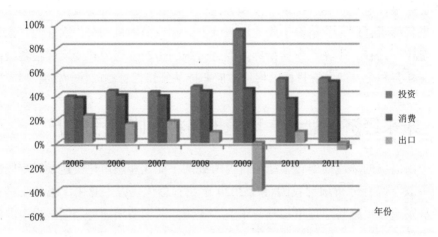

图 2—6 "三驾马车"对拉动经济增长的贡献率

数据来源：国研网数据库。

经济结构逐步调整。第二产业占 GDP 的比重由 2005 年的 47.4% 下降到 2010 年的 46.8%，第三产业比重由 40.5% 提高到 43%，尽管没有实现"十一五"预期目标，但也反映了产业结构进一步优化调整的基本态势。而从工业内部结构看，重工业主导型特征依然明显，占比持续稳定在 70% 左右（如图 2—7）。

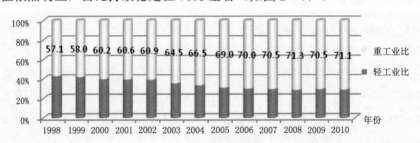

图 2—7 1998—2012 年中国轻重工业变化情况

区域经济格局发生变化。区域发展差距巨大，2010 年人均地区生产总值最高的上海已经超过 11 000 美元（7.45 万元人民币），而最低的贵州则刚刚超过 2 000 美元（1.32 万元人民币）。就产业和就业结构、城镇化水平等进行综合判断，中国东部地区总体上已经进入到工业化后期，区域经济发展趋缓并平稳；而中西部地区还处于工业化中期阶段，有些地区甚至尚处于工业化初中期阶段，仍将呈现加速发展的态势。2008 年以来，中国的中西部地区发展速度持续超过东部地区，对国民经济的贡献率有所提升，区域发展相对差距趋于缩小，这种区域经济增长的趋势在中期阶段仍将持续,中国区域经济多元化增长格局正在形成,经济增长重心呈现向中西部转移特征。

3. 中国将在 2020 年左右基本完成工业化进入后工业化阶段

2020 年左右,中国有可能跨入世界高收入国家行列。按照世界银行收入分组标准,2011 年中国处于中等偏上收入国家行列。假设中国保持 7%~8% 的经济增速,并考虑到人民币升值等因素,到 2020 年,预计中国人均 GDP 将达到 11 000 美元左右,基本能够进入世界高收入国家行列(如图 2—8)。

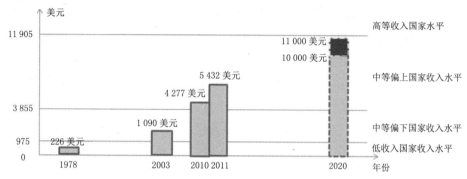

图 2—8 中国人均 GDP 增长预期

数据来源:国家统计局官方数据及国务院发展研究中心预测数据。

2020 年左右,中国基本进入后工业化的经济增长阶段。按现价美元计算,2020 年前后中国人均 GDP 能够大体实现工业化的发展水平。中国第一产业就业比重 2010 年为 36.7%,仍处于较高水平,农村劳动力向城市转移至少将持续 10 年左右。中国三产结构预期将由 2010 年 10.2:46.8:43.0 调整至 2020 年的 7:43:51 左右。中国政府提出到 2020 年建设创新型国家的奋斗目标,世界银行预测到 2030 年中国有可能建成以创造力和思想推动经济增长的国家。综合分析,中国到 2020 年前后将基本完成工业化(如表 2—3)。

表 2—3 中国产业结构比例预期

		2011 年	2020 年	2030 年
产业结构	工业比重	46.8%	43%	36%
	服务业比重	43.1%	50%	59%
	农业比重	10.1%	7%	5%

数据来源:国务院发展研究中心预测。

2030 年左右,中国城市化进程将基本完成。美国、法国、日本、韩国等国家城市化进程都有一个持续几十年的明显上升期,在达到 70% 左右开始基本稳定或呈现极为缓慢的增长。2011 年中国的城市率为 51%,预计中国城市化率 2020 年将达到

60%，2030 年将达到 67%①左右。综合分析，中国大体上在 2030 年前后基本完成城市化。

4. 中国未来资源能源消费增加态势微妙敏感

（1）主要重化工产品产能达到峰值苗头显现。2011 年，中国粗钢产量达到 6.83 亿 t②，钢铁产量占全球总产量的 50%，在需求明显减缓的情况下，钢产量进入低速增长阶段，产能峰值苗头显现。在低限情景和正常情景下，中国钢铁产量将分别在 2015 年、2018 年达到 8.7 亿 t 和 10.7 亿 t 峰值。2011 年，中国水泥产量 20.6 亿 t，约占世界水泥生产总量的 60% 左右，而生产能力达到 28.9 亿 t，能力利用率 72% 左右，预测中国水泥产量在 2015 年达到 22 亿 t 左右后，基本保持稳定。

（2）能源资源消耗将在工业化、城镇化进程完成后逐步放缓或达到峰值。英国、法国和韩国大体上在人均 GDP 达到 12 000 国际元后能源消耗增长放缓。美国在 1955 年，德国、法国在 20 世纪 70 年代中期完成工业化后，钢铁、水泥消耗开始明显减少。2011 年，中国一次能源消费量占世界总量的 21.3%（中国经济总量约占世界经济的 10%），仍保持较高增长水平。预期在基本完成工业化后，中国人均能源消耗增长将开始放缓。完成城市化后，单位经济总量的物质需求开始明显减少。预测表明，2010—2020 年、2020—2030 年，中国人均电力需求将保持年均 6% 和 3% 增长速度，在 2030 年达到 7 500kWh 后，基本保持稳定。

（二）全社会对环境保护的要求有新的飞跃

1. 公众环境观正从环境意识到环境权益过渡

中国经济社会发展步入更高阶段，公众对环境问题的认识水平也有了较大提升，并能身体力行、自觉自律地调整行为。公众环境权益观逐渐形成，维权意识逐步提升，从关注温饱到关注环境与健康。比较关注各行为主体所享有的环境使用权及由此产生的相关利益，由此产生环境质量改善的更高诉求和对公共设施建设选址的"邻避心态"。正确引导可使公众对涉及切身利益的保护环境行为和环境质量改善具有更大的自觉性，并与经济发展实惠、制度优势等挂钩而产生深远影响。

2. 社会舆论和公众诉求对环境保护工作影响日益深远

21 世纪以来，环境监测仪器小型化、便携化，网络及以网络为依托的新媒体出现，使信息传播日益快速、多样、国际化，极大地催生和提升了社会对环境问题的

---

① 数据来源：国务院发展研究中心预测。
② 冶金工业规划研究院等研究显示中国粗钢产能已达 8 亿吨左右。

关注热度，社会舆论的作用和影响越来越大。项目透明度不够、一些项目缺乏公众参与政府决策的有效机制等因素极易引发公众的"污染猜想"，并衍生"环境恐慌"，环境问题渐成一些突发事件的诱因。不少地区尤其是东部地区民众的推动渐成环境保护的主要驱动因素，具有多重影响，这给未来环境保护工作提出了新的要求。

3. 保护环境日益成为新阶段全社会的基本需求

中国百姓在解决温饱问题之后，对安全高品质的环境质量需求迅速增长。GDP、CPI 和 $PM_{2.5}$ 成为当前广受公众关注的新"3P"，也充分说明当前环境保护已经成为与经济发展、生活成本同等重要的基本需求。中国政府提出 2020 年可持续发展能力不断增强，生态环境得到改善，资源利用效率显著提高，促进人与自然和谐，推动整个社会走上生产发展、生活富裕、生态良好的文明发展道路，生态环境改善将是主要"瓶颈"因素之一。

4. 公众对高标准的环境质量期盼有可能高于现实可能

中国目前人均 GDP 总体尚处于发达国家 20 世纪 70 年代初期水平（美国 20 世纪 60 年代、德国和英国在 1974 年前后人均 GNP 达到了 5 000 美元），但新发布的环境空气质量标准基本实现了与世界卫生组织（WHO）推荐的第三阶段标准接轨，$PM_{2.5}$ 等指标基本相当于美国 1996 年质量标准水平。而目前现状是中国空气质量与欧美等国家存在明显差异。尽管存在资源环境禀赋差、环境质量底子薄等客观情况，但公众将会要求较快地实现与国外高水平的环境质量标准对接，不少地区必将面临着空气质量达标难、环境诉求强烈等更进一步的挑战，环境保护的现实水平可能赶不上公众的预期。

（三）中国环境问题显现与经济发展阶段不完全同步，也正处于转型过程

1. 中国多个经济社会发展阶段的环境问题并存

（1）中国环境问题与经济发展阶段并不完全同步。国际比较来看，中国环境问题与经济发展基本阶段对应，如在工业化中后期及重化工业加速期，包括中国在内的不少国家流域水体均受到污染。德国 20 世纪 50—70 年代开始大规模战后重建，莱茵河污染开始加剧；英国 19 世纪 50 年代末工业化进程加速，泰晤士河水中的含氧量几乎为零；中国流域水体污染从 20 世纪 90 年代末开始显现，集中爆发于"十五"时期。但中国不同要素、不同领域环境问题显现期存在超前或滞后于经济发展阶段的现象。如美国后工业化时代温室气体问题才凸显（1990 年工业生产过程占排放总

47

量的比重仅为 4.72%），而目前中国温室气体与 PM_{10}（$PM_{2.5}$）控制等环境问题超前于经济发展阶段（中国工业能耗占能源消费总量约 70%）。而应该在工业化初中期解决的重金属、土壤污染问题，在城市化进程中期解决的污水、垃圾处理问题，目前仍然是中国环境保护的主要问题，滞后于经济发展阶段和社会需求。

（2）中国完成工业化、城市化进程后，环境问题将更加复杂，环境保护面临新挑战。2020—2030 年，在技术进步、经济结构与消费方式改变的综合作用下，常规污染问题有可能得到较好解决，但污染物排放的累积性总量大，污染物高位排放、长期欠账导致的环境问题修复任务艰巨，产业布局与资源禀赋、生态系统脆弱性之间不匹配问题长期存在，生活、消费领域的资源能源消耗和污染问题将有所增长，长期型、复合型及新型环境问题将相互交织，污染防治的重点领域也将呈现全面性、深入性及综合性等特征。群众对环境质量需求的基线将大幅度提高，实现与高等收入国家、后工业化及中国小康社会相适应的环境质量水平的难度加大。

2. 环境问题正在转型并需调整控制策略

（1）日益凸显的区域性污染需要调整局地环境管制策略。 城市群大气灰霾和光化学烟雾日益突出，长三角、珠三角、京津冀等地区灰霾天数占到全年总天数的 30%～50%。流域污染特征日趋明显。各自为政的局地污染防治模式已难以满足区域环境质量进一步改善的需求，应实施区域联防联控、城乡一体化控制、区域性特征污染物总量控制。

（2）以 $PM_{2.5}$ 为代表的二次污染物控制与传统污染物控制途径差异较大。$PM_{2.5}$ 是由多种污染物经过复杂的大气化学反应而生成的，需要由单一污染物控制逐步转向对复合型、耦合型的二次污染物控制，这往往不是单一总量控制制度最能发挥作用的领域，这要求对前驱物[①] 和反应过程进行同步、精确管理，分不同区域研究二次污染形成规律并确定不同的控制要求，加强生产、生活和生态方面的联动措施，转变城市规划、建设和管理模式。

（3）污染物相间转移、不同污染物控制策略相互拮抗等问题需要引入多污染物协同控制。在实施水、气污染减排的同时已经出现污染问题转移到土壤和地下水的现象。未来较长一段时间，要对大气、水、土壤、生态实施多介质协同控制，对固体废物、重金属、化学品等高毒性、难降解污染物实施多要素关联管理，才能使环境绩效最大化，并可以有效解决约束性控制因子泛化带来的边际效应下降、控制成本增高等问题。

（4）集中高发环境风险态势需要积极探索应对。当前中国重金属污染、危险

---

① 部分 $PM_{2.5}$ 是由前驱物发生物理、化学反应转化而成的颗粒物质，这些前驱物包括空气中的二氧化硫、氮氧化物、挥发性有机物等。

化学品、危险废物等有毒有害物质环境风险已处于高发态势，而重金属、土壤污染等累积型问题凸显，中国环境风险将在较长一段时期持续存在，流域区域环境污染风险防范仍处于公众高度关注状态，需要探索有效应对机制。

（5）公众对环境质量关注程度提高，引发治污效果与改善速度的争议，大规模治污中成本效益问题需要研究。"十一五"污染减排成效显著、治污工程力度空前与公众对环境质量不尽满意形成一定的反差，需要提升血铅、"毒地"、面源污染等非减排"瓶颈"领域的工作力度，让减排力度与公众感知实效"挂钩"。

（6）以人体健康为核心的民生环境问题、环境公平正义问题凸显。当前至2020年，是中国全面建设小康社会的关键时期，环境民生是中国民生问题之一，区域和城乡环境差异导致的环境公平正义问题也不容忽视，这需要重新审视和调整管理视角，以质量改善效果目标设计差异化的行动路线，以公众可以接受、可以获得的环境信息印证治污减排成效。

三、中长期治污减排路线图总体设计

基于对中国中长期社会经济发展趋势以及环境问题转变的分析，从两个层面提出中长期治污减排路线图，一是在宏观战略层面上，突出阶段特征，统筹协调推进总量控制、质量改善和风险防范；二是在总量控制领域中，提出分阶段控制机制、控制因子、控制领域的行动路线图。

（一）统筹协调互动推进总量控制、质量改善和风险防范

在工业化未完成前、在资源能源消费量没有下降前，仍然需要坚持推进治污减排工作，并将总量控制和风险防范作为环境质量改善的重要手段，坚持环境优先，在"十三五"实现总量控制和质量改善的双重控制，在"十四五"开始以质量改善约束为主，进一步优化中长期治污减排着力点、指标因子、控制领域、途径机制，并采取更加严格的污染控制措施，明确污染减排的目的性与刚性要求，推动环境保护工作从污染治理逐步向污染防治、环境保护、人体健康和生态系统保护的转变。

1. 显著提升环境质量改善的战略导向作用

（1）经济发展阶段、资源能源环境形势转变将使总量—质量—风险互动关系有所变化。"十二五"时期，中国将污染减排、质量改善及风险防范作为三大着力点，并将总量控制作为污染减排政策的核心抓手。"十三五"时期，排放总量和质量改善双重约束目标控制将成为环保的着力点，实施主要污染物排放总量的约束性减排仍然是一个主要任务和核心政策，短期内不能弱化。"十三五"以后，资源能源、

49

污染物排放总量控制的刚性需求将有所减弱，基于人体健康和生态系统平衡的环境质量改善将是环境保护的首要重点和核心任务。治污减排以及伴随工业化进程的风险防范，将作为中国环境保护的两大抓手统筹安排，而更多考虑人体健康和生态系统平衡的环境质量改善是污染减排和风险防范的目标指向。

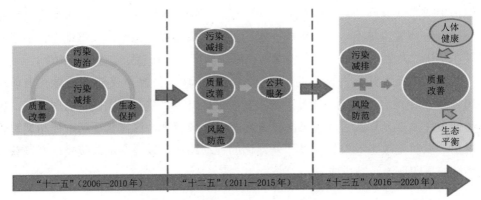

图 2—9 不同阶段环境保护的战略着力点

（2）环境质量管理具有长期性、稳定性，应采取有效手段真正落实环境质量的战略地位，将保护人体健康以及赖以生存的生态系统作为环境法律法规的目标。环境管理的关口，可以分为排污口达标排放管理、排污总量控制到环境质量管理。从中长期环境经济发展趋势看，以总量控制为主要抓手的环境管理模式受经济发展周期波动影响较大。在经济高速发展的时期，以加大削减量为主的总量控制措施可能事半功倍，在经济发展速度放缓、经济发展动力机制深度调整期间，以遏制新增量为主的总量控制措施可能会落空。而基于改善环境质量、满足人体健康需求的环境管理方式，则具有长期性、根本性，并与公众切身感受关联较大，较能体现控源减排的效率和效果，并能进一步强化污染减排、总量控制的手段效果。

（3）应尽早确立基于环境质量改善目标的环境管理策略，污染减排和环境风险管理应更多地考虑以环境质量改善导向，形成以环境质量倒逼总量减排、以总量减排倒逼经济转型的联合驱动机制。"十二五"期间，不少地区仍将处于总量持续减排、环境质量不会明显改观的相持期。但确有必要适当超前研究，并尽早启动环境质量改善系列活动，建立污染减排、风险防范与环境质量改善的响应关系，对影响环境质量的关键污染因素，有针对性地采取控制措施，合理确定污染减排类型、目标和减排幅度。应尽快建立污染物数据库，评估污染物对人体健康和环境的影响，建模分析排污控制手段的效果，将最有效的措施运用到减排治理中。

2. "十三五"实施总量和质量双重约束性控制

"十二五"期间有四项主要污染物排放总量纳入约束性指标，而环境质量指标仍是预期性指标，但包括 $PM_{2.5}$ 在内的环境质量评价、评估、公开、考核分量会有所增强。"十三五"期间，应实施总量约束和质量约束双重考核管理。2020 年后，重点开展环境质量考核，治污减排更强调区域性、行业性特征污染物控制。

（1）增加环境质量在地方政府政绩考核中的比重。"十一五"期间，不少地方实施以跨市界断面考核为基础的补偿赔偿制度，是环境质量考核的一个成功的探索，应继续坚持和拓展。由于质量考核尚有数据失真、不具可比性等问题，目前不少地方实施单一质量考核的前期基础尚不完全具备，如监测布点优化、区域评价方法、数据质量控制、国控点位运行机制、自然本底条件异同等，在"十二五"期间应创造环境质量考核的条件，增加质量目标的内容，并纳入考核范围，向地方和企业传达长期而明确的信息，解决污染减排和环境质量之间的挂钩问题。同时，应将环境质量目标作为生态文明建设的重要内容，建立生态文明建设指标评价体系，作为地方政府政绩考核的基本要求之一。

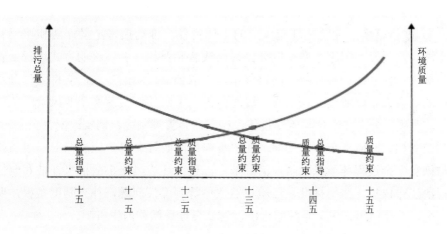

图 2—10 中国不同阶段总量约束和质量指导的转换关系

（2）地方政府在完成自上而下总量减排任务的同时，要把环境质量改善放在首要位置，并试行环境质量约束性控制。地方政府应将维护基本的环境质量作为城市发展的底线。京津冀、长三角、珠三角等地区可先行先试，在"十二五"期间探索将环境质量作为对政府环保目标考核的约束性指标。把基本的环境质量作为政府必须提供的公共产品，在目标和指标设计上考虑公众的呼声，在任务对象切入点上甄别排污大户和污染大户，在措施选择上贯彻费（投入）效（质量改善程度）优先，扎实持续推动环境质量的逐步改善。

3. 同步推进环境风险防范制度化

（1）中国环境风险防控基础非常薄弱，不能适应全过程风险防范的要求，需

51

要制定国家层面上的环境风险管理目标和控制策略。需要将环境风险管理的关口前移，从经济发展决策、重大资源开发和项目建设、社会管理等社会经济发展的全领域，贯穿环境风险防控的基本要求，建立有别于治污减排模式的环境风险管理机制和政策措施，实施有效的目标管理。

（2）在企业污染、人体健康、生态系统完整性三个层次强化环境风险战略导向，逐步建立有别于常态定量管理的不确定风险管理体系。首先是从企业污染防范入手，在项目环境影响评价、治污设施建设、生产运行、事后处置等方面积极推进。其次是应从受体角度，将人体健康维护纳入开发建设和生产经营活动的基本评价项目，建立环境污染与人群暴露的常规监测，开展环境健康风险评价分级，控制并不断降低人体健康损害。再者是从环境管理的角度，将生态系统安全作为环境影响评价、排污总量控制、环境治理修复以及环境质量标准的基本准则，以保障生态系统健康、促进生态平衡作为最终目标，建立开发强度控制制度和重大环境风险事故防范处置机制，防止生态系统发生不可逆转的损害。

（3）严格落实企业防范环境风险的主体责任，推动损害定量评估和赔偿补偿制度实施。欧美发达国家主要采取公民诉讼或者利益相关者诉讼的方式进行处置，日本在解决水俣病污染事件赔偿的过程中，采取公益诉讼的方式，支持为受到水俣病危害的当事人争取赔偿。在未来一段时间内，中国要切实落实企业风险防范的主体责任，明确区分主体责任与监管责任，梳理监督管理制度，切实改变"企业违法、群众利益受损、政府买单"的局面。在"事前风险防控—事中应急响应—事后损害赔偿与恢复"全过程环境风险防控诸环节中，建立环境风险事故损害评估和赔偿制度，解决法律依据、赔偿标准、环境权益主体等制度性问题，补充制度短板，明确资源环境、人体健康、生态系统的价值，建立良性反馈和内生机制。

（二）继续深化和优化污染减排路径

1. 长期坚持治污减排的工作主线

从最初的工业"三废"治理、企业达标排放、到"九五"国家污染物排放总量控制、到"十二五"的总量控制、质量改善与风险防范，环境保护的工作重点发生了一系列变化。"十二五"、"十三五"坚持治污减排主线的关键期，也是环境质量全面改善的相持期。以"九五"总量控制和淮河等流域治理为标志，中国大规模治污减排已经历了四个五年计划。"十一五"期末工业和生活 COD 排放量虽回落到 2003 年水平，但"十二五"的四项减排指标排放量仍超过环境容量，至 2020 年这一阶段与德国所经历的严厉行业污染控制政策发展到生态现代化时期的历程类似，还存在高污染、治污成本高、工业行业反弹等特征。污染问题仍是影响中国环境质量全面改善的"瓶颈"，污染物排放总量与环境容量、环境质量改善需求差异仍然十分巨大，治污减排仍然需要作为主线坚持、完善与加强，并需要国家在战略层面上做出统筹长远的安排。这个阶段需要重点控制主要污染物的排放增长，避免因环境污染带来的食品安全、饮用水安全和公共安全问题，避免大规模、恶性的环境损害造成的健康问题，减少环境事故风险，并力争实现污染物排放、资源能源消费与经济发展的相对脱钩甚至绝对脱钩。

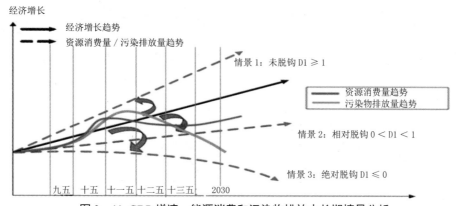

图 2—11 GDP 增速、能源消费和污染物排放中长期情景分析

资料来源：课题组在 OECD 报告《将自然资源和环境影响与经济增长脱钩》中 111 页"经济增长及其对环境和资源的影响"图基础上修改。

2. 科学谋划中长期污染减排方向

治污减排仍将是环境保护的重要着力点，总量控制需要嵌入到综合性的污染防治框架中，需要与其他多重措施共同作用。当前污染物排放总量居高不下，系统性污染、结构性紊乱的特征仍然显著。"十三五"期间要加强总量控制与其他工作措施的联动配合，以减排带动治污，建立以总量控制为核心的污染源管理制度框架。同时，主要污染物排放总量控制要与资源能源消费总量控制、机动车保有量控制、水资源消耗总量控制、土地开发红线控制等协调配合。

在考核机制上，应在"十二五"总量约束、质量指导逐步过渡到"十三五"时期总量约束和质量约束并重，2020—2030 年实施质量约束，总量指导，不达标的地区继续强化总量约束，2030—2050 年实施分地区质量约束考核机制。在约束性控制因子上，由常规因子控制转变到"十三五"时期对有毒有害物质、VOC 控制，重点区域细颗粒物、臭氧、氮磷质量控制；2020—2030 年以全国性质量控制为主，兼顾部分地区部分行业重点污染物总量控制，2030—2050 年形成以分地区特征性污染物为主的环境质量控制。在控制领域上，"十三五"时期，在工业、生活、规模化畜禽养殖基础上，增加农业非点源污染，之后进一步加强各领域控制的细则。

53

重点行业控制上，"十三五"至 2030 年，逐步由工业一般性行业拓展至全行业；2030—2050 年，进一步确立微量有毒有害污染物主要排放行业。在减排途径控制上，"十二五"时期以结构减排与工程减排并重过渡至"十三五"时期结构减排和中、前端控制为主，工程减排为辅的总体思路；2030—2050 年，加强中、前段控制和生产工艺技术改造。在管理机制上，"十二五"时期主要以政府行政为主，科技进步、市场化手段为辅，"十三五"之后逐渐加强市场化机制、完善法律、标准体系，增强社会公众参与程度，2030—2050 年构建成完备的环境保护管理体系。

在继续加强污染减排的基础上，要素总量控制路线图应尽可能淡化综合性因子、常规污染物和环境质量不超标因子，建议"十三五"基本保持"十二五"全国性总量控制因子不变，重点加强区域性和行业性有毒有害物质（如重金属、POPs 等）、挥发性有机化合物（VOCs）以及营养性物质（总氮、磷）的控制，启动农业非点源控制的试点。

水污染物控制路线为：在"十二五"对重点行业 COD 和氨氮实行全国总量控制，总氮和总磷实行区域总量控制的基础上，"十三五"分别与质量控制相结合，并逐步增强质量控制力度，在 2030—2050 年确立行业和区域质量控制总纲领。

大气污染物控制路线为：在"十二五"对 SO_2 和氮氧化物实行全国总量控制，CO_2 相对总量控制和细颗粒物、臭氧和 VOCs 纳入常规监测的基础上，"十三五"与质量控制相结合，并加强重点区域和行业质量控制，CO_2 排放强度控制。2030—2050 年以我国生态系统良性循环为目标，使影响全球气候变化和生态系统健康的污染物排放总量得到有效控制。

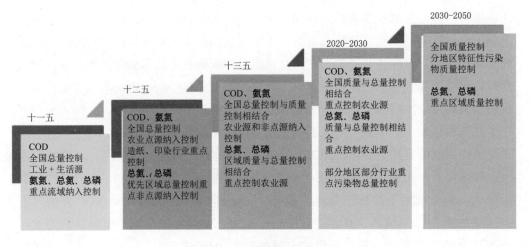

图 2—12 水污染物控制路线

表 2—4 中国治污减排中长期路线

项目	十一五	十二五	十三五	2020—2030 年	2030—2050 年
着力点	以总量控制为核心	三大着力点＋环境基本公共服务	污染减排和质量改善并重，污染减排和风险防范更多考虑质量因素、人体健康、生态系统	以质量改善为重点，继续推进污染防治，大力防范环境风险，保障人体健康，生态系统平衡	人体健康、生态系统、环境质量为主
考核机制	总量约束	总量约束，质量指导	总量约束和质量约束并重，部分重点区域强化质量约束	质量约束，总量指导，不达标地区的总量约束	分地区质量约束
约束性控制因子	全国二氧化硫和 COD 总量控制，重点区域总量控制	全国二氧化硫、氮氧化物、COD、氨氮四项污染物总量控制；重点区域重点重金属控制，总氮、总磷总量控制	全国二氧化硫、氮氧化物、COD、氨氮总量控制；CO_2 相对总量控制（行业）重点区域，有毒有害物质、VOC 控制，重点区域细颗粒物、氮磷质量控制	全国性质量控制为主，兼顾部分地区部分行业继续强化质量总量控制	分地区特征污染物环境质量控制
控制领域	工业、城市生活	工业、生活、农业（规模化畜禽养殖）、机动车	工业、生活、畜禽养殖和农业非点源污染	农业等非点源污染、工业、生活	农业非点源污染、工业、生活
重点工业行业	重点行业：电力、造纸	重点行业向全面行业拓展，由重点行业（电力、钢铁、建材）扩展为工业一般行业（印染、造纸）	一般行业向全面行业拓展，由电力、造纸行业拓展到石化、化工、造纸、钢铁、印染、特种行业（油、煤）等行业是有毒有害污染物的主要排放源	一般行业，由电力、钢铁、有色冶炼、建材、磷化工、焦化工、染料化工、氯碱、合成氨、有色冶炼、热电力、矿山油田开采等	微量有毒有害污染物的主要排放行业
减排途径	工程减排为主，结构减排为辅	工程减排与结构减排并重	结构减排和前端控制为主，工程减排为辅	中、前端控制，结构减排为主，化手段减排为辅	中、前端控制和生产工艺改造
实施机制	政府为主	政府为主，科技进步，市场化手段为辅	社会约束，标准政策，政府行政措施，市场化手段并重	标准政策，社会参与，市场化手段为主，政府行政手段为辅	更多依赖标准和政策，社会参与

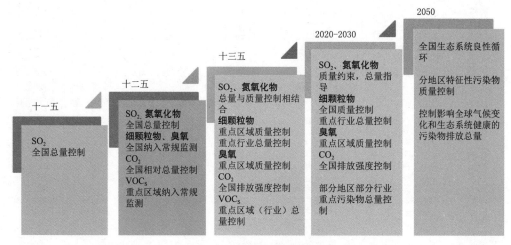

图 2—13 大气污染物控制路线

四、积极主动推动环境目标机制与制度优化

（一）主动实施环境管理转型，应对经济社会发展阶段转变和环境问题转型

环境管理模式具有阶段性，适时调整环境管理模式具有现实性，也有一定的复杂性，应尽早谋划、提前做好管理重点、管理政策、管理能力、环境科技等方面准备工作，推进管理导向、管理理念、管理手段、管理重点、管理领域等方面的转型，建立以环境质量改善为导向、以社会约束为重点、以政策驱动为核心的新型环境管理模式。

1. 适时优化环境管理模式，提高统筹性、针对性、有效性

（1）针对不同的经济社会发展阶段、资源环境问题，中国环境保护管理模式应进行适应性、针对性优化调整，逐步从污染控制管理模式转向质量改善环境管理模式。

环境管理中的以环境污染控制、环境质量改善和环境风险防控三种目标模式之间是相互耦合的，三种模式的配置会发生变化。中国经济社会及区域发展的不平衡性和环境问题的复杂性决定了环境管理模式选择的多维性。目前，中国仍以第一种管理模式为主，正逐渐向第二、第三种管理模式过渡。而环境保护的成效最终需要贴近公众的切身感受。从以污染控制为主导的管理模式到以质量改善为主导的管理模式改变，可能需要 10—15 年的时间。2025 年之后，中国可能更多地关注控制环境风险，保护人体与环境健康。

（2）环境管理结构和机制的改变需适应以改善环境质量为目标的环境管理模式。

一是管理导向上，由总量控制为主向改善环境质量转变，强化环境标准的导向作用，增加环境质量考核的比重，依据环境质量规划目标科学确定重点任务，根据任务需求合理配置管理资源。二是管理理念上，由粗放型向精细化管理模式转变，由全国总量控制向行业总量控制、区域总量控制转变，特别是要建立针对区域特征污染物、特定环境问题的区域总量控制制度。三是管理重点上，由常规污染物控制为主向常规污染物与高毒性、难降解污染物并重控制转变，更加关注人体健康、环境公共服务，强化影响环境健康的 $PM_{2.5}$、重金属等管理。四是管理手段上，由单一手段向综合协同控制转变，由行政手段为主向行政、法律、标准、经济等多元化手段转变，由政府主导向引导公众监督、环境信息公开等社会化手段转变。注重发挥社会各界的环保力量。五是管理领域上，由主要关注水、大气等向水、大气、土壤、生态等转变。

2. 提前夯实基础，适应环境管理转型带来的多方面要求

（1）积极应对环境管理转型面临的制度政策和管理技术上的挑战。

一是法律上的挑战。部分环境保护法律法规需要修订，对现有污染排放标准能否满足质量改善的要求进行全面评估调整。二是制度上的挑战。对宏观经济政策与环保政策的协调、现有的环境政策、考核体系和管理体制、环境质量的地方政府责任制、环境基本公共服务体系建设的分工等问题进行系统评估和深度调整。三是管理上的挑战。总量管理与质量管理的结合、水质与水量的结合、陆域与水域的结合、环境质量考核、在跨界污染、区域流域性污染问题上地方政府责任的落实、环保人员数量和素质的提升、环境监管执法水平的提高等问题，决定了环境管理转型还需要从环境管理的支撑体系上下功夫。四是技术上的挑战。一系列技术"瓶颈"，包括环境质量监测体系达不到要求、环境质量改善与总量控制还未建立精确系统的响应关系、大气污染物的复合污染机理以及联防联控技术、重金属、危险废物、微量有机污染物、持久性有机污染物等影响人体健康的重大环境问题的作用机理等还需要深入研究。五是资金上的挑战。以环境质量达标或者环境质量安全为目标的环境管理模式，需要大量资金持续投入，在企业污染治理实现达标排放的情况下，区域环境污染治理和环境质量改善需要更多的政府投资和财政资金的投入，同时需要制定更加公开透明的投资政策，引导社会资本投入到区域性环境问题的解决，这需要环保投融资机制进行重大调整。

（2）提前开展政策储备和技术准备工作。

一是管理目标提前转型。"十二五"就开始利用流域—控制区—控制单元的三级体系研究水污染排放量与水质改善的关系，利用联防联控的分区控制体系研究大气污染物与大气质量改善的关系，从"十三五"开始有针对性的增加环境质量考核

指标，将环境受益人口、健康河流长度、呼吸新鲜空气人口等以人为本指标纳入指标体系。二是管理政策超前储备。以环境质量目标制定、修订排放标准；将完善环境基本公共服务作为环保部门的重要职责；加快制定重金属、持久性有机物等与环境健康密切相关的污染物的管理政策。三是管理能力及时跟进。建立完善的数据质量管理和质量控制、评价、发布体系，开发、维护和更新科学的污染物清单；加强环保系统对人体健康、生态系统、环境风险的监控能力；调整体制机制，使上级部门具备对地方环境质量进行考核的必要调控手段。四是环境科技前瞻研究。开展总量控制与环境质量改善之间的关系研究。探索流域水污染治理技术、水环境管理技术、区域大气复合污染的作用机理和区域大气污染联防联控技术。针对重金属、危险废物、微量有机污染物、持久性有机污染物等影响人体健康的重大环境问题，研究其复合生态毒理效应，探索其控制和削减的技术原理。

（3）进一步理顺环保体制机制，积极推动环境管理转型。

第一，探索实行职能有机统一、权责清晰的大部门管理体制，强化环境资源统筹能力，对碎片化的管治体系进行重构，改变环境质量管理的交叉错位现状，夯实环境质量目标导向的资源保障基础，赋予环保部门改善环境质量的调控决策权力。第二，赋予六大区环境督查中心服务区域环境质量管理职能，增强区域流域环境统筹协调和监督管理能力。

3. 建立社会约束为重点、政策驱动为核心的环境管治机制

（1）提升公众对环境保护工作的推动作用和监督约束作用。

借鉴美国环保署2011—2015年战略规划，引导鼓励公众参与保护环境。第一，顺应公众环境意识到环境权益的转型现实，建立有效的环境信息公开制度，环评报告书、排污许可证、企业环境监测监察、"三同时"验收、企业排放、环境质量等必要环境信息应向公众公。第二，促进环境保护领域社会组织的培育、发展和壮大，积极引导舆论监督和公众参与，提升保护环境的社会意识与主流文化，从伦理道德、社会风尚、文化习俗、公众形象、舆论导向等层面，构建全民参与的社会行动体系，完善社会监督制衡机制。

（2）构建企业主动守法、良性发展的社会氛围。

一是开展全方位社会环境意识、环境责任、环境法律宣传教育，构建自律守法、保护环境、良性发展的社会氛围。二是倡导建立企业环境信用评价体系，从环境伦理道德和法律层面，引导企业承担社会责任。三是引导和鼓励公众对企业环境行为进行监督，建立公益诉讼制度，促使企业将保护环境作为自身社会形象和产品竞争力的重要部分，建立企业主动作为、社会制衡、上下信任、长效良治的社会氛围。

（3）建立以经济政策为核心的长效机制。

一是建立经济与环境综合决策机制，依据服务转型发展、服务民生改善的需要，从宏观层面和战略思维来推进环保，发挥环保部门在宏观经济政策制定、转变经济发展方式、调整结构优化布局等方面的作用。二是将规划环评、总量控制前置、区域限批等手段与经济发展方式转变、产业结构战略性调整相结合，将环境质量改善作为调控社会经济活动的基本依据之一，尤其是对环境质量造成重大危害的经济活动，在决策源头严格把关。三是开展战略环评和政策环评，加强部门政策联动评估，提高公共管理政策、宏观经济政策、资源开发利用和保护政策、环境保护政策的协同性。四是建立健全市场机制，提升生态补偿、排污交易作用空间，加快实施环境税，实现资源环境成本内在化，为基于市场的政策建立支持机制和引导措施。政府需要率先垂范，推动绿色采购、绿色消费等。

（二）在全国性污染减排基础上实施差异化的行业性和区域性总量控制

未来，以总量控制为抓手的污染减排政策需要完善调整，从单一的全国性总量控制模式向"国家—区域—行业"的总量控制体系转变，区域总量控制和行业总量控制模式相结合并精细化、系统化。

1. 实施自上而下的行业性总量控制，遏制污染物新增量

（1）自上而下建立行业性总量控制制度，行业性污染物排放总量控制与行业性产品产能总量控制结合，更多地体现排放绩效和经济结构优化的宏观调控导向。

"十一五"期间，国家单就火电行业采取的脱硫电价、绿色调度等行业政策，取得了积极的效果。"十二五"期间，部分行业工程减排潜力收窄，应该而且必须推广行业性总量控制的经验。一是在钢铁、水泥、造纸、印染以及机动车和农业源等领域实施总量控制和分区域控制，强化行业性差异化政策措施。二是建立污染物排放量控制与行业产品产能总量控制的联动机制，实施新建项目与污染减排、淘汰落后产能相衔接的审批机制，严格落实产能等量或减量置换制度，将总量控制倒逼机制传导到重点行业技术进步和结构优化上，促进绿色发展。

（2）在典型行业引入产生量强度评价制度和领跑者标准，适时收严排放标准并提前发布，优化行业发展。

借鉴国际经验，将排放浓度达标视作准入和日常管理的起点。一是在此基础上引入产生强度评价制度，按照更高要求的典型行业产生（排放）强度准入要求从严管理。二是以行业领跑者（Top Runner）能效和污染物排放标准作为该产品类别的标准，促进行业整体技术进步水平。三是鼓励企业自我加压，加严自控标准。

（3）将排放总量控制关口前移，控制资源能源（煤炭）消费总量，从源头实

施减排，力争在"十二五"期间树立一批资源能源环境与经济增长绝对脱钩的典型。

新增量过快增长是"十一五"节能减排中的最大问题。控制新增量比控制排放量更能反映污染减排与经济发展的关联，也更能体现转型发展的目标导向。一是"十二五"期间，应将控制新增量作为第一位的任务，避免不合理的发展造成额外的减排压力。二是环境管理由末端逐步向中端、前端推进。推行清洁生产降低污染物产生量（中端减排），通过结构调整降低资源能源消费量（前端减排）。三是探索建立区域资源能源消费和污染物新增量评估制度，并作为落实科学发展的辅助指标，污染物新增量偏离规划情景、过快增长导致污染减排难以完成的，应追究相关政府部门责任。四是应尽早出台能源消费全国性控制要求并遏制其过快增长。五是在长三角、京津冀鲁等地区实施煤炭或者电煤消费量控制，在环境影响评价中应对煤炭来源等进行分析论证。六是在千万人口以上的城市，要探索机动车保有量调控的措施和方法。

2. 实施自下而上的区域性总量控制，分区分类控制特征性污染物

（1）自下而上建立区域性总量控制政策，更多地体现环境质量改善和民生保障的需求导向。

总量控制的出发点是环境容量管理，但在全国层面实施基于容量管理的总量控制政策不现实也不可行。一是需要进一步细分控制区域和控制单元，从每个基层单元开始，分析特征污染物，核定环境的最大允许排污量，作为该区域污染减排的最低标准，确定将排污量控制在环境容许范围内的最终期限，并制订分阶段的减排计划。二是在完全达到环境质量目标的总量减排任务存在严重困难的区域，可以采取"分类管理、分步实施、分级考核"的制度，如分 1 ～ 3 个阶段逐步实现相应的基于容量的总量控制目标。三是对于尚有环境容量、环境质量良好的局部地区，污染物排放总量可以适度有所提高，体现分类分区指导，但排放强度应继续保持降低的态势。

（2）建立并完善区域环境政策。

深入研究分类分区管理的战略、制度，以及相应的法律、经济、技术、行政手段，充分考虑区域经济社会发展不平衡因素，把握不同区域环境主要矛盾，制定差异化的区域环境政策。一是在城市和区域规划中优先考虑环境因素，建立与环境协调的城市和区域空间发展格局，实现城市布局、主体功能区划与资源环境承载力相协调。二是结合主体功能区划，在重要生态功能区、陆地和海洋环境敏感区、脆弱区等区域划定生态红线。对重要的生态系统，实行强制性保护，特别是对污染物排放已超过环境容量的江河湖泊、草原、湿地，制定人口与产业退出政策。三是完善和实施禁止开发区、限制开发区的财政转移支付政策、生态补偿政策和清洁产业发展扶持

政策等。

(3) 分区推进环境管理转型。

一是在东部地区，继续强化污染物排放总量控制制度的同时，将工作重点转移为改善环境质量，污染控制、质量改善、风险防范三种管理模式同步推进；二是中部地区，重点是遏制经济快速发展的新增污染物排放量，强化总量控制，维持并逐步改善环境。三是西部地区针对重点资源开发区域落实排污总量控制，需要高度重视重点资源能源开发区域的环境污染控制，对于人口聚集区努力改善环境质量，对于广大生态功能区维护和改善生态功能。四是在长三角、珠三角、京津冀等优化开发区域，应率先从总量控制向质量管理转变；在长株潭等重点开发区域则需要下大力气控制住经济快速增长带来的污染物排放量增长；在限制和禁止开发区域以质量控制为主，确保环境质量满足生态功能保护和环境安全的要求。

3. 强化多污染物协同减排效应，提高治污减排实效

(1) 充分发挥多层次协同效益。

一是在国家宏观层面，需注重经济发展、资源能源高效合理利用、环境保护之间的协调发展这一广义的污染物"协同减排"问题，其中，主要大气污染物总量控制政策和煤炭总量控制政策将是中国中长期促进大气污染物减排与节能减碳协同的核心政策；而控制水资源使用量与主要水污染物总量减排协同，可从源头实现同时减少多种水污染物排放量的效果，并降低减排成本。二是在区域中观层面，协同控制区域内的多种污染物（SO_2、NOx、PM、$VOCs$），从根本上解决区域性二次污染问题。三是在产业和技术的微观层面，用经济政策引导和推进资源节约、循环经济、清洁生产等源头和过程控制；引导以标准和规范合理选用末端控制措施，避免污染介质和污染物种类的转移；统筹末端控制措施所产生的废弃物，促其资源化再生利用。

(2) 实施不同的经济调控政策促进主要大气污染物和二氧化碳协同减排。

洗选煤、低氮燃烧、超（超）临界、热电联产、烟气脱硫脱硝、电除尘及袋式除尘等前端、中端、末端技术都具有一定的协同减排作用。但前端控制和过程控制能同时减排大气污染物和温室气体，较末端控制有更好的协同控制效应，应出台推进前端控制和过程控制技术的协同减排强度的政策。

(3) 以强化脱氮和污泥处理为核心，大力推进水污染物的协同减排。

城镇生活污水与污泥处理技术工艺过程中的 C-N-P 协同减排"瓶颈"主要在脱氮效果差和污泥处理处置比例低。一是编制污水处理厂提标升级改造技术指南，引导技术创新改善脱氮效果。二是增加污泥稳定化和无害化的约束性指标，实现污水和污泥处理的同收费、同监管和同考核。三是重视已建管网运行维护与改造，通过改善收集条件减少入渗入流，稳定处理效率。四是出台鼓励污水再生利用、污泥资

61

源化的引导、激励、监管政策，实现多种污染物的协同控制与消纳。

（4）规模化畜禽养殖业应努力在回收利用资源能源的同时实现水污染物减排和温室气体控制。

实现种养平衡，以可配套的土地消纳养殖废物的能力确定养殖规模。根据类型、规模和养殖集中程度选择适宜的清洁养殖技术和末端治理技术，落实全过程控制的畜禽养殖污染物协同减排。

（三）实施以环境质量改善为目标导向的行动方案和管理制度

1. 持续推进环境质量改善行动

（1）以环境功能区划和环境质量管理为基础，建立以环境质量基本要求为目标的中长期行动路线。

一是研究制定全国和重点区域环境功能区划。2020年前仍是中国环境压力持续增大期，对2020年全国环境质量改善期望不宜过高，但应从维护国家生态安全和环境健康的角度，确定不同区域环境功能定位和环境质量要求。二是依据这些区域20～30年环境质量要求，制定环境质量改善行动方案，使阶段性的环境质量改善预期与中长期目标相吻合，长期坚持。

（2）公布分阶段清洁空气、水、土壤等达标实施方案，定期公布环境质量状况，合理引导公众对环境质量改善预期，并参与其中、人人行动。

一是各级政府定期开展区域环境质量评估，并向同级人民代表大会报告情况，并将区域环境质量详细情况向社会公开，实施达标方案的过程管理。二是将任期内区域环境质量改善状况纳入政府政绩考核指标和政府行政首长离任审计内容。三是实施以改善区域质量为目的的区域生态补偿机制，影响政府施政行为。四是环保部要对不同区域实施不同要素、不同因子的控制要求，引导调控区域经济社会活动和产业布局。不达标的区域或者城市制订以环境质量改善为核心的达标计划，定期评估、滚动修编、阶段达标、逐步改善。美国法案对部分污染严重地区臭氧达标期要求就长达18年，环境质量目标既要呼应公众诉求更要可达可控，确保经济技术可行下的环境质量持续改善向好。

2. 实施环境质量改善精细化管理

（1）环境质量指标不仅关注理化指标，更应设定公众易于接受的形象化指标，并使环境监测与评价结果与公众感觉基本保持一致。

美国环境战略规划一直围绕人体健康、环保正义、环境质量进行总体设计。如空气质量目标包括室内空气,水环境保护目标包括确保维持鱼、植物及野生动物的水生生态系统完整性等内容,设有地区加权人口平均臭氧浓度、加权人口平均 $PM_{2.5}$ 浓度、育龄妇女血液汞含量、海滩开放并安全游泳的天数、有机磷酸酯类及氨基甲酸酯类杀虫剂引起的接触性中高程度事故数量等作为指标。借鉴美国环境规划的经验,我国在设计环境指标时,一是应强化中国现行的排放控制目标与实现特定环境质量目标关联性,从维护人体健康和生态系统平衡的角度,制定清晰、准确的流域、区域和城市环境质量目标、目标值分配标准和基准年,以便衡量环境质量改善的进展,并根据变化的经济、人口和环境条件定期调整阶段目标。二是在仪器定量监测的理化指标外,适时将生态健康和生态保护要求纳入相应的环境要素质量目标范畴,纳入环境管理的目标指标应更多地采取如"能游泳、能钓鱼"、"能见度"、"蓝天数"等公众易于理解和感受的指标。水质指标应增设水生态等类型指标,实现水资源保护、水污染防治和水生态修复的有机统一。三是环境指标和管理重点应更多地关注对人体健康和生态系统影响较大的有毒有害物质等优先污染物控制。

(2)实施环境监测评估服务社会化、公共化,强化环境数据的监测—报告—核证机制(MRV)。

一是加强环保系统监测监管能力建设,加严对不达标企业的监测,建立识别违规的严格体系。二是完善在线监测以及配套法规,业主承担监测和报告责任,政府负数据监督核证责任。三是建立环境监测社会化发展的管理制度和规范,逐步推进环境监测社会化,引入对政府和企业的第三方的监督制衡机制,确保数据质量不因为考核而失真。四是环境质量达标评价和考核应尽可能采用全指标项的评价考核方法,避免造成混乱。

(3)将"十二五"环保规划构建的控制单元(区域)空间框架作为政策和制度设计平台,实施"一区一策"针对性管理。

一是水环境监测布局、目标考核、措施设计要落实到流域—控制区—控制单元并各有侧重,统筹协调好水资源保护—水污染防治—水生态修复,强化跨界污染管理,突出环境质量导向。二是大气联防联控区域,要强化大气质量模型能力建设,建立污染物传输影响关系,界定边界条件,建立基于监测断面或者点位监控的环境责任机制以及极端情况下联动调控机制,落实各方责任。三是重金属污染防治领域,需要持续分类分区推进重点防控区的综合防治,务求环境绩效。

(4)推动实施成本效益费用分析。

一是在制定排污导则时更多地考虑技术经济可行性,各项治污减排措施应进行成本效益综合分析。二是完善综合决策制度和方法,在综合决策中加入生态破坏、环境污染、健康损害的成本进行综合平衡,为决策者正确处理环境保护与经济发展的关系提供基础支撑。

（5）探索工业污染防治之外的人类活动调控手段，尽可能改善环境质量。

对于北京、上海等特大城市，工业源污染所占比例已经大幅度下降，生活污染和交通污染等对城市环境质量造成重大威胁，人口超载与资源环境超负荷成为区域环境质量难以明显改善的重要因素。需要积极探索这些特大城市工业污染防治之外的环境保护行为，如评估交通基础设施对空气质量的影响，适度限制城市人口规模，开展城市机动车保有量总量控制，调整城市能源结构，调整城市交通体系，继续对低排放汽车的激励和对高排放机动车的限制，提高公共交通、清洁能源交通比例等。通过科普宣传，引导公众低碳生活，绿色出行，为改善环境质量共同努力。指导城市建立最不利极端气象条件下的预警机制，依临时的环境容量应急调整生产、建设、学习活动，限制时段生产、生活排放。

3. 健全环境质量达标管理的政策制度

（1）逐步实施按要素的系统管理。

一是按照环境质量改善的客观规律，显著提升清洁而安全的水体、清洁的空气、保护与恢复土地、生物多样性与生态系统 4 大目标及其与任务、措施等的统筹衔接。二是强化对地表水、地下水、饮用水、污水处理和海水的综合统筹。三是将机构、能力、政策、手段等逐步按要素进行整合，实现从污染治理—污染防治—质量改善—人体健康—生态系统管理目标的逐步提升。

（2）建立排放控制目标与环境质量目标的直接联系，基于区域质量达标要求实施差异化的排放标准、特别限制。

一是鼓励各地方根据自身环境状况和突出环境问题，制定地方排污标准，实施特别排放限值严格管控。二是对于环境质量长期不能达标、污染严重、环境事故频发的地区，对涉主要污染因子项目采取区域限批，建立常态化的限批制度。

（3）对不达标地区实施倍量削减政策，体现质量和总量的有机结合。

美国《清洁大气法案》中规定对不同级别的未达标区域，对新增污染源采取不同的门槛值和倍量补偿标准，并配套实施一系列程度不同的控制策略。比如对极端恶劣未达标区域（Extreme），新增污染物排放量与区域内其他项目的削减量的比例须达到1:1.5，并采取包括交通高峰时段流量控制等更严格措施。对恶劣未达标区（Severe）这一比例要求为1:1.1。建议我国借鉴这种做法，确保区域以新带老并实现污染物总量控制、环境质量改善的目标。

（4）突破环境质量考核的"瓶颈"，探索建立环境质量考核的校核制度。

环境质量考核的关键在于环境质量数据的校核。应调整优化国家环境监测网络的运行机制，摆脱环境质量评价考核完全依托地方数据上报局面。一是在主要河段和城市，设置国家环境质量参照点位，由环境保护部直接管理或委托管理，监测数据直报环境保护部。二是逐步建立巡回监测和飞行监测机制，不定期组织各省开展循环交叉监测比对，对于重点区域、流域开展不定期的飞行监测。三是规范社会化监测行为，逐步组织引导社会开展环境质量监测，作为环境质量校核的依据。

（5）实施城市环境总体规划制度。

以资源环境承载能力为基础，以自然规律为准则，以可持续发展为目标，研究制定城市环境总体规划，明确环境格局的生态红线、污染物排放的上线、资源开发底线、环境风险防线以及环境质量基准线作为城市建设和经济发展的基础性、约束性框架，解决城市空间布局、重大产业发展等城市建设经济活动对城市环境造成的根本性、格局性影响，保障城市环境健康安全，促进城市可持续发展。

五、结论与政策建议

课题吸收借鉴了"十一五"污染减排经验，根据中国中长期经济、社会、环境面临的形势，并基于总量控制—质量改善—风险防范主要目标导向的转变，制定了中国治污减排中长期路线图，提出实现"十二五"减排目标和"十三五"储备性政策建议。

（一）结论

1. "十一五"减排超额完成难能可贵

在"十一五"环境压力远远超过规划情景预期情况下，中国依然超额完成SO_2、COD 减排目标，实属不易。中国"结构减排、工程减排、管理减排"三大减排体系中，工程治污对污染减排的贡献最大，但过于倚重工程设施的末端治理模式存在减排路径单一、污染物控制单一等问题。行业排放强度显著下降，产业结构调整与工业减污增效初步形成互动格局，但结构调整为主的前端减排和技术进步为主的终端减排机制和手段不足，区域性污染协同控制机制需要进一步加强。以脱硫电价、污水处理收费为代表的综合政策实施有力地促进了减排工作，但创新所必需的基于市场的激励政策未完全到位。实施地方政府责任、调动地方政府积极性的制度保障了污染减排的落实。国务院《节能减排综合性工作方案》政策评价结果表明，62 条政策要求中，38 条得到严格实施，16 条得到基本落实，治污减排工作部署合理、推进有力、实施良好，达到预期效果。

2. 中国未来治污减排任重道远

中国经济发展阶段与环境保护需求存在交叉错位，政府需平衡好两者之间关系，必须坚持在发展中保护、在保护中发展，寻求以保护环境来优化经济发展的路径。现阶段中国经济正处于工业化中后期阶段，进入到中速发展通道，经济增长的动力机制逐步转换至消费和技术创新，中西部地区正成为新的经济增长极。预期中国将在 2020 年左右基本完成工业化，重化工产品峰值苗头已经显现，未来资源能源消费增加态势微妙敏感。保护环境正成为新阶段全社会的基本需求。公众维护环境权益意识增强，社会舆论和公众诉求对环境保护工作影响日益深远，公众对环境质量的期盼有可能现实的改善，因环境问题引发的社会矛盾有可能影响到社会稳定。流域水体污染等环境问题显现与经济发展阶段相对同步，但 $PM_{2.5}$、臭氧、重金属、污水垃圾等环境污染则超前或滞后于发展阶段。中国完成工业化、城市化进程后，尽管环境压力有所减轻，但长期欠账及不断涌现的新型环境问题、产业布局与生态系统脆弱问题凸显，环境问题将更加复杂。局地环境管制策略难以适应突出的区域性污染，以 $PM_{2.5}$ 为代表的二次污染物与传统污染物控制途径差异较大，污染物相间转移、不同污染物控制策略相互拮抗等问题显现，环境风险呈现集中高发态势，治污效果与改善速度存在较大争议；以人体健康为核心的民生环境问题、环境公平正义问题凸显。

3. 在总体路线图指引下统筹推进治污减排工作

经济、社会、环境形势的转变，将导致总量—质量—风险互动关系发生转变。"十二五"、"十三五"时期，中国仍处于遏制污染物排放新增量阶段，治污减排仍是环境保护的重要着力点，总量控制是这一阶段的核心政策，要嵌入到综合性的污染防治框架中。在"十二五"环境质量作为预期性指标基础上，"十三五"需实施排放总量和质量改善双重约束性目标控制，显著提升环境质量目标的战略导向。"十三五"以后，中国基本实现工业化，质量改善作为中长期治污减排的核心目标，同时要实施更加严格的污染排放控制和环境风险防范，并加强以人体健康、生态系统保护方面的环境法律法规，推动环境保护工作向环境质量、人体健康、生态系统保护方向转变。

4. 主动实施环境管理转型

主动实施环境管理转型，逐步从污染控制管理模式转向改善环境质量管理模式，改变环境管理结构和机制。提前开展管理目标、政策、能力及环境科技上政策储备和技术准备工作，建立社会约束为重点、政策驱动为核心的环境管治机制。

5. 实施差异化的行业性和区域性总量控制

将行业性污染物排放总量与产品产能总量控制相结合,在典型行业引入产生量强度评价和领跑者制度,并将排放总量控制关口前移,实施资源能源(煤炭)消费量总量控制。实施自下而上的区域性总量控制并体现分区分类控制特征性污染物,在脱氮和污泥处理、大气污染物和二氧化碳排放、畜禽养殖领域水污染物减排和温室气体控制等方面增强协同减排效应,推行工业行业清洁生产和发展循环经济。

6. 实施以环境质量改善为目标导向的行动方案和管理制度

以环境功能区划和环境质量管理为基础,建立以环境质量要求为稳定目标的中长期行动路线。实施环境质量改善精细化管理,增强公众接受的环境质量形象化指标设定、完善环境质量评价考核体系。

(二)政策建议

1. 根据目前减排形势应及时出台的"十二五"政策

"十二五"时期,中国新增加了氨氮和氮氧化物两项约束性减排指标,要求排放总量比 2010 年各减少 10%,原有全国化学需氧量和二氧化硫排放总量要求比 2010 年各减少 8%,并新增畜禽养殖、机动车污染减排等领域,减排压力巨大。从 2011 年中国四项主要污染物减排任务完成情况看,全国二氧化硫、化学需氧量和氨氮排放量分别下降 2.2%、2% 和 1.52%,超额完成年度计划目标 0.7 个、0.5 个和 0.02 个百分点;氮氧化物排放量上升了 5.73%,六大电力上升 6.84%,未完成减排任务。"十二五"重化工业增长压力依然较大,"两高"行业项目在工业投资增速回落的情况下仍高速增长。一些地方淘汰落后产能、优化产业结构的步伐缓慢,结构减排的主力作用明显不足。工程项目进展缓慢,2012 年近 1/3 的减排重点项目没有实质性进展。"十一五"实施的大批减排工程中部分污染治理设施运行不稳定,造成非正常新增排放量。同时,"政府负责、环保牵头、部门联动"的减排协同推进机制尚未健全。减排政策措施尚未出台或落实到位,国家层面仍未出台支持氮氧化物减排政策,脱硝产业发展困难。总体来看,尚不能对实现污染减排目标持乐观态度,尤其是氮氧化物污染减排目标实现难度较大。"十二五"后三年,应加快出台并落实氮氧化物减排政策,增强结构减排的效能,并在环保政策实施、新政策制度出台等方面做出积极的调整。具体政策建议如下: 67

(1)着力推进氮氧化物污染减排。

一是严格实施火电、钢铁、水泥等行业氮氧化物排放总量控制,并根据氮氧化物控制目标制定实施排放标准，加快相关行业污染物排放标准评估修订。二是进一步完善脱硝电价等价格政策。出台火电行业脱硝电价优惠政策，制定扶持水泥行业脱硝、钢铁烧结机和玻璃炉窑脱硫的差别电价政策，对建设并正常投运脱硫脱硝设施的企业实施电价返补，对不按要求建设投运脱硫脱硝设施的企业提高惩罚性差别电价。三是进一步落实机动车氮氧化物减排政策。研究出台低排放车辆的税收优惠政策，制定并长期坚持鼓励低排放汽车、限制高排放汽车的政策，鼓励重点区域和城市出台高污染机动车限行和低排放区域划定政策。在机动车污染问题突出城市探索实施机动车保有量调控政策措施。解决油品质量滞后排放标准问题。借鉴淘汰含铅汽油的做法，根据车用燃油硫含量水平制定不同的消费税征收税率，鼓励低硫车用燃油的生产和消费。

（2）积极推进结构减排，建立落后产能退出长效机制。

一是调整加工贸易禁止类商品目录，提高加工贸易环境准入门槛，合理调整并相对稳定"两高一资"行业产品的出口退税政策。避免因频繁调整引发低端产品的恶行扩张而抵消了已取得的成效。加强减排政策与行业发展政策的综合协调，对严重污染环境、大量消耗资源能源的产品征收额外消费税，加快实施环境税。二是寻找农业源、造纸、纺织印染等行业有效的总量控制路径，探索通过加强行业协会能力和作用等手段落实行业性总量控制，将排污总量指标作为环评依据，实施新建、扩建项目等量、减量置换制度，促进农业源环境管理与农业生产过程控制的政策措施协调匹配。三是完善环境质量标准，加快重点行业污染物排放标准评估修订，强化地方标准和特征污染物限值标准管理，推进实施有利于产业结构调整的标准。四是研究建立污染物产生量和排放量评价政策，制定"领跑者"标准，建立健全相关制度及配套政策。

（3）强化政策制度落实落地、联动协调、降费增效。

一是跟踪研究并适时推广总量预算管理、总量刷卡管理等量化管理方式，使区域污染物新增量控制有抓手、污染减排定量过程管理上台阶。二是完善节能减排协同政策，采用多污染物协同减排的技术途径。研究出台鼓励洗选煤的配套经济政策。调整现有不利用协同减排的经济政策，增加对有机肥的生产优惠和使用方面的推广补贴。研究出台城市污水收集、集中处置、污水回用、污泥处理等协调配合政策，以使雨污收集体制与污水处理厂集中分散等能与污水回用、污泥处理相匹配，并将污泥安全处置效果与污水处理厂减排量核算与折扣挂钩。三是进一步强化环境质量、污染减排关联。在大气联防联控重点区域开展煤炭消费总量控制试点，在环境影响评价中进行煤炭（电煤）消费量控制的论证，实施区域煤炭消费总量控制。实施倍量削减政策，对未达标区域，提高区域内其他项目的削减量与新增污染物排放量的比例。四是将现行总量控制及其分配与排污权有偿取得排放权交易、排污许可之间关联互动，进一步完善排污权有偿取得和交易制度。出台主要污染物排污权交易指导意见及主要污染物总量分配管理规定，制定实施国家主要污染物排放总量控制管理条例、排污许可证管理条例等。五是加快建立重点区域（控制单元）为平台的配套实施政策制度：以环境功能区划、流域分区控制体系、城市环境总体规划、河流湖泊水质改善行动计划等为基础，建立自下而上、与环境质量改善挂钩的区域性治污减排方案。特定城市、特定江河、特定湖库可以试点"一市一总量"、"一河一总量"和"一湖一总量"制度。

2. 应立即开展的"十三五"重大储备性政策研究

（1）完善环保法律法规和制度建设。

加快推进环境保护法、环境影响评价法等法律的修订。进一步完善环境影响评价制度，探索改变由项目单位委托环评的现状，让环评机构更超脱、更科学的开展工作。在工程技术评价之外，还应关注项目对国家、区域和行业整体布局的影响、环评程序的正当和合法性，以及公众的接受度，加强环评各环节的公众参与，保证信息渠道畅通，使环评流程更具人文关怀、更透明化。

建立健全监督地方政府履行环保责任的机制，实行环境保护目标责任制和考核评价、责任追究制度。建立环境污染暴露人群的损害评估、责任追诉及赔偿机制。建立环境公益诉讼制度，促进政府—企业—社会责任落实、协调互动。促进环境信息公开，完善引导和鼓励公众对企业环境行为进行监督和评价，将污染治理、生态保护等成本纳入企业会计成本，建立企业环境责任终身制度、企业环境行为信用评价制度、高风险行业建立污染赔偿强制责任保险制度。

改革污染减排考核机制，将总量考核、环境质量改善和产业结构优化结合起来，建立减排目标着眼环境质量、减排任务立足环境质量、减排考核依据环境质量的责任体系和工作机制，提高环境质量考核权重。

（2）优化宏观经济政策。

建议在"十二五"期间，对国家有关发展战略、专项规划、产业政策以及投资、贸易、进出口、财政、税收、经融、价格和土地等政策进行系统梳理和评估，对其发展目标和政策措施是否满足节能减排和环境保护要求进行分析，提出预案对策，跟踪其走势，及时采取措施避免由于这些因素波动和偏离造成额外的减排压力，并将其作为"十三五"有关战略、规划、政策的约束条件。

将治污减排和环境质量改善、公民环境权益保障等列为国民经济和社会发展基本目标，建立从资源开发、能源消耗、生产方式、消费模式、文化建设等全过程综合保障机制。以尊重自然、顺应自然、敬畏自然的生态文明理念为指导，建立更加注重自然修复的生态文明制度。"十三五"应将阶段性的环境质量改善指标、资源

69

能源消费量指标作为顶层控制指标，综合采用"事后控制指标—污染物排放总量"和"源头控制控制指标—能源资源消耗总量"双结合的总量控制政策。

（3）进一步完善建立长效机制。

积极推进资源性产品价格改革和环保收费改革，研究制定有利于环境保护的产业政策，深化绿色信贷、绿色税收、绿色价格、绿色贸易、绿色证券、绿色保险以及"以奖促治、连片整治"等环境经济政策。

健全污染者付费制度，逐步建立环境全成本价格机制。提高涉重金属、持久性有机污染物等收费标准，完善污染排放惩罚机制，实施按日处罚，并根据污染的严重程度进行额外处罚。

研究合理处理市场与补贴问题，明确"十三五"政策导向。OECD 国家的经验显示，解决紧迫环境问题时，补贴可能是一个合理的手段，但补贴等行政性措施在保护现有企业同时又阻止了结构转变，进而妨碍绿色经济转型。使用价格补贴等干预政策需适度，并设定明确的目标和时间期限。在环境政策制定实施中，应更多地考虑市场机制作用，分析经济—环境效益综合成本和长远收益。

第三章
中国西部环境与发展战略及政策研究

一、引言

中国西部地区总面积达 687 万 km²，占全国国土总面积的 71.54%，辖区内总人口数达 3.60 亿。全区包括 12 个省、自治区和直辖市，是中国少数民族的主要聚集地，全国 55 个少数民族在西部地区均有分布（见表 3—1）。

西部地区幅员辽阔、资源丰富，是中国重要的矿产资源和优质能源的供应基地，重要的生态安全保障区和主要生态服务功能供给区；但同时，西部地区也是中国生态环境最为脆弱、生态环境问题最为频发，民族文化最为多样，贫困问题最为突出的地区（见表 3—1），西部地区的经济、环境和人力资本及其面临的挑战对全国可持续发展目标的实现至关重要。为有效缩短东西部地区间的差距，国家发展和改革委员会在《西部大开发"十二五"规划》中明确设定了"双高于"[1]的发展目标，即"西部地区经济增速高于全国平均水平；城乡居民收入增速高于全国平均水平"。然而，我们必须意识到，东西部地区间的差距不仅仅只存在于区域社会经济发展和居民收入水平上，更表现在社会和人力资本、公共服务水平以及社会和谐程度等方面。

过去 10 年里，中国向世界展示了其强劲的经济增长能力，年均经济增长率高达 10.7%[2]。中国政府决定将这一经济增长成果向全社会分享，努力缩小个人和区域间的差距，解决社会不均衡问题，并且已充分认识到解决这些问题的关键在于保证环境的可持续性。

西部大开发战略实施以来，西部地区社会经济增长迅速。过去十年里，区域年均增长率已达 17.20%，高于全国平均水平。2010 年，全国经济增长最快的五个省（市、区）分别为重庆、天津、贵州、四川和内蒙古，其中 4 个位于西部[3]；而增长最慢的五个省（市、区）分别为北京、上海、浙江、广东、山东，全部位于东部沿海地区。东西部地区经济增长速度的差异有效缩小了区域间的差距。据国家统计局公布的数据，2005—2011 年，中国人均可支配收入最高地区（上海）与人均可支配收入最低地区（贵州）间的差距由 9.2 倍下降至 5 倍。

71

---

[1] 国家发展和改革委员会. 西部大开发"十二五"规划，2012。
[2] China Daily, 12 September 2012, Toward a brighter future for the Chinese economy.
[3] 国家统计局. 中国统计年鉴. 中国统计出版社.2011。

表 3—1 西部地区战略地位一览

社会安定与国家安全	占全国陆地面积的 71.54%； 全国 55 个少数民族在西部地区均有分布； 区域内总人口数为 3.60 亿，占全国总人口的 27.04%[①]
资源与能源安全	水能资源可开发量占全国的 81.1%[②]； 全国 171 种矿产资源在西部地区均有分布； 已探明储量的矿产种类有 132 种； 化石能源总储量占全国的 67%； 可再生能源占全国的 65%[③]
生态安全	拥有全国 85% 的国家自然保护区[④]； 拥有 70% 的国家一级保护生态系统与物种； 生态服务价值占全国总量的 65% 以上[⑤]
扶贫	贫困人口占全国贫困人口总数的 66%[⑥]； 贫困发生率几乎是东部地区的 17 倍； 95% 的绝对贫困人口分布在少数民族地区、偏远地区、边境地区和生态脆弱区； 成人（15 岁以上）文盲率为 5.41%，高出全国平均水平 1.33 个百分点[⑦]
城镇化	2000 年，西部地区城镇化率为 28.70%，低于全国平均水平 7.52 个百分点； 西部大开发十年后（2010），西部地区城镇化水平已提升至 40.48%，低于全国平均水平 9.20 个百分点
产业发展	人均 GDP 低于全国平均水平 25 个百分点； 能矿产业产值占西部地区工业总产值的 63.41%； 万元工业增加值"三废"排放量是全国水平的 1.1 倍以上
经济结构转型—内需发挥巨大作用	地域广阔且当前社会经济发展水平相对落后，区域扩大内需的潜力巨大

资料来源：①国家统计局．中国统计年鉴．中国统计出版社．2011。

② Xiangzhi Kong, Yingchun Hu. Superiorities, Emphases and Countermeasures on Development of Energy Industry in China's Western Region, Ecology and Environmental Sciences, 2012, 21(1): 94-100.

③国家统计局，环境保护部．中国环境统计年鉴．中国统计出版社．2009。

④中华人民共和国环境保护部，中国科学院．关于发布《全国生态功能区划》的公告．第 35 号．2008。

⑤清华大学生态环境保护研究中心．中国西部生态现状与因应策略．中国发展观察．2009（06）。

⑥国家统计局．中国统计年鉴．中国统计出版社．2010。

⑦国家统计局．中国统计年鉴．中国统计出版社．2011。

西部地区经济高速增长的原因是多方面的。西部大开发以来，国家各项资本向西部地区的倾斜，加速了各类资本在西部地区的聚集（资源驱动增长），区域固定资产投资和政府财政支出占 GDP 比例持续显著增加（见图 3—1）。工业制造业开始由东部沿海地区向中、西部内陆地区转移。2000—2011 年，西部地区工业产业增加值占全国工业产业增加值的比例由 13.90% 增加至 18.80%；中部六省工业产业增加值占全国工业产业增加值的比例由 19.10% 增加至 21.30%。然而，固定资产投资占 GDP 的高比重意味着区域经济增长对政府投资的高度依赖。此外，已有证据表明，当前制造业向西部地区转移的两大主要原因在于：东部地区劳动力成本的上升以及劳动力资源的短缺；西部地区相对较低的环境门槛以及环境监管机制的乏力。

专栏 3—1 国家领导人对"环境与发展"问题的论述

"中国是可持续发展的坚定支持者和实践者。然而,作为世界上最大的发展中国家,中国正处于工业化、城镇化快速发展的进程中,发展中不平衡、不协调、不可持续的问题还很突出。"

——2012 年 4 月 25 日,中华人民共和国国务院总理温家宝在斯德哥尔摩 +40 可持续发展伙伴论坛上的讲话[1]

"我们必须坚持在发展中保护、在保护中发展,把环境保护作为稳增长转方式的重要抓手,把解决损害群众健康的突出环境问题作为重中之重,把改革创新贯穿于环境保护的各领域各环节,积极探索代价小、效益好、排放低、可持续的环境保护新道路。"

——2011 年 12 月 2 日,中共中央政治局常委、国务院副总理李克强在北京出席第七次全国环境保护大会时的讲话[2]

资料来源: (1)温家宝在斯德哥尔摩＋40 可持续发展伙伴论坛上的讲话. 新华网 .2012-4-25.
http://news.xinhuanet.com/world/2012-04/25/c_123036994.htm。
(2)李克强在北京出席第七次全国环境保护大会并讲话. 中央政府门户网站 .2011-12-20.
http://www.gov.cn/ldhd/2011-12-20/content_2025219.htm。

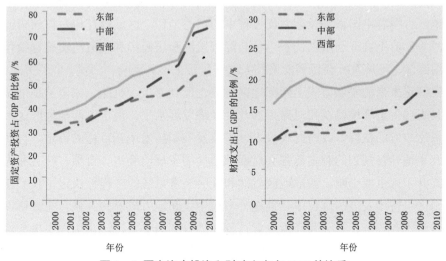

图 3—1 固定资产投资和财政支出占 GDP 的比重

但是,这些发展趋势的确对中国未来的可持续发展带来了严峻挑战。过去的发展道路是"粗放型"的,全国生态环境"普遍持续恶化"。当前西部发展主要依赖第一和第二产业,而第三产业所占的比重依然较小[1]。以单位 GDP 能耗为例,2011 年,全国单位 GDP 能耗最低的是东部地区的北京市和广东省,为 80kg/ 100 元左右;而

73

---

① 亚洲发展银行 . 迈向对环境可持续发展的未来——中华人民共和国国家环境分析报告 . 菲律宾,2012:6.

全国单位 GDP 能耗最高的是西部地区的宁夏和青海两省（区），分别为 400kg/ 100 元和 320kg/100 元左右，是北京和广东地区水平的 5 倍和 4 倍。

值得注意的是，当前西部地区的增长并未带来区域居民生活水平改善和提升，人力资源（尤其是高素质劳动力资源）向东部地区流失的情况仍未得到改善。

西部地区一直以来都是国家政策关注的重点。《全国主体功能区规划》将 80% 以上的西部国土划归国家限制或禁止开发区（详见第三章对全国主体功能区的介绍），这既承认了西部地区生态系统脆弱的特性，明确了其价值；同时又为区域生态系统功能的保护明确了方向。除出台《全国主体功能区规划》以外，国家还制定了一系列针对西部地区环境与发展的具体措施，如加强对西部地区的资本投入；制定更为合理的自然资源管理、污染控制、居民收入水平提升以及区域经济增长目标等。

然而，这些政策和措施并没有像中央政府、各级官员和社会所期望的那样，为西部地区居民健康、生态环境和社会经济状况带来持续的改善。中国科学院可持续发展战略研究组发布的《2009 中国可持续发展战略报告——探索中国特色的低碳道路》显示，到 2020 年，若要在实现全国 GDP 翻两番目标的同时将环境质量保持在 2000 年的水平，资源利用率必须提高 4 ～ 5 倍，单位 GDP 的生态环境足迹必须降低 75%[1]。

因此，这种状况必须改变。作为中国自然资源和生态服务功能的主要供给者，西部地区占据着中国未来长期发展过程中的核心地位。区域内任何对自然资源（如水资源等）的不合理利用以及不当社会经济发展和居民福利政策的实施都很可能会对中国经济、环境及社会协调发展和人民富足带来不利影响。

在确定未来的发展方式上西部地区发展也面临着重大机遇。偏僻的地理位置、重要且脆弱生态环境以及相对滞后的社会经济发展水平，决定了西部地区区域发展必须依靠政府的扶持。政府财政投入、工业发展和技术革新目标的设定、自然资源利用及土地开发规划的制定等都会对西部地区的发展，经济、自然、社会和人力资本的提升带来重要影响。西部地区自然和社会经济系统的多样性决定了我们在追求西部地区可持续发展的过程中必须充分考虑中央和地方政府的关系，充分协调中央和地方政策在经济、社会和环境发展过程中的权利与义务，防止出现中央和地方发展目标的矛盾与冲突，以及以项目和工程为牵引的区域发展模式。

21 世纪世界发展的核心挑战是如何在实现人类发展的同时保持基本生态系统功能不被破坏。在过去几十年的发展过程中，中国已取得了显著的经济发展和进步，并正逐渐迈向社会的真正繁荣，但这一经济发展成果是以环境的牺牲和贫富差距扩大为代价的。改变当前的经济增长模式，实现从传统"黑色发展"向"绿色发展"、从生态开发到生态建设、从生态赤字到生态盈余的转变对中国可持续发展至关重要。

---

① 中国科学院 .2009 中国可持续发展战略报告 : 探索中国特色的低碳道路 . 科学出版社 .2009.

专栏 3—2 中国未来社会经济发展的选择

"我们绝不靠牺牲生态环境和人民健康来换取经济增长，一定要走出一条生产发展、生活富裕、生态良好的文明发展道路。"

——2012 年 4 月 25 日，中华人民共和国国务院总理温家宝在斯德哥尔摩 +40 可持续发展伙伴论坛上的讲话[1]。

"我国正面临着严重的自然资源瓶颈，已难以担负传统'黑色'经济发展模式所带来的环境代价。环境保护和社会公平问题已不再仅是我国经济增长的'副作用'，而是我国社会经济发展过程持续的关键阻碍。目前，中国正处于一个关键时刻，环境退化和社会矛盾正在引发严重的经济问题，并将阻碍经济的可持续发展与未来的经济繁荣。以遏制资源无序利用和生态环境持续退化、提高经济效益，促进社会融合与稳定为目标的绿色转型是中国社会经济发展的必然战略选择，也是我国全面实现可持续发展战略目标的必由之路。"[2]

资料来源：（1）温家宝在斯德哥尔摩＋40 可持续发展伙伴论坛上的讲话. 新华网 .2012-4-25.
http://news.xinhuanet.com/world/2012-04/25/c_123036994.htm。
（2）国合会 2011 年年会 . 中国绿色经济的发展机制与政策创新 . 北京 .2011：144.

虽然大量研究和政府报告表明，中国为实现环境改善进行了大量的投入，如干净的空气、干净充足的水资源以及生态系统的整体服务功能等。然而，西部地区的环境与健康状况仍在不断受到负面影响。因此，绿色发展战略在西部地区的有效落实及其与区域发展目标的紧密融合刻不容缓。

（一）中国正处于转型的关键时期

正如国合会"绿色经济"课题组所指出的，中国领导人已经认识到中国正处于转型的关键期。进入 21 世纪以来，中国一直致力于推动"科学发展观"指导下经济和社会的发展。科学发展观的核心在于坚持以人为本，树立全面、协调、可持续的发展观。如何协调经济社会发展与自然环境保护间的关系是中国经济快速增长过程中所面临的最重要的挑战。可持续的"绿色、低碳经济"是未来世界经济发展的趋势，同时也是中国在追求"高效、持续、公平"社会发展过程中的战略必然选择。中国刚出台的"十二五"规划就充分体现了这一点。

专栏 3—3 "十二五"期间的中国绿色转型

"从我国"十二五"及未来的中长期发展来看，经济结构调整，制度与机制的不断完善与创新将对未来的经济稳定、可持续发展与综合竞争力的提高产生决定性作用。"

"'十二五'规划目标及 2020 年远期环境目标能否实现的关键在于经济结构的转型，尤其是第二和第三产业之间的平衡以及大型资本密集型产业的定位。事实上，在'十一五'规划中就已提出了要推进'资源节约型、环境友好型社会'的建设，然而目前距离这个目标的实现还有相当的距离。"[1]

资料来源：（1）亚洲开发银行.迈向对环境可持续发展的未来——中华人民共和国国家环境分析报告.菲律宾.2012:144.

在当前经济增速放缓的情况下，中国仍然面临着重要的绿色转型挑战：

均衡发展：如何实现社会经济发展从传统单纯追求经济增长的模式向自然、人力与经济资本均衡提升的模式转变。

经济结构：如何实现以投资驱动一、二产业发展的经济增长方式向以服务业为主，积极扩大内需和提升重点行业现代化水平的经济增长方式的转变。

科技创新：科技创新能力的提升是实现区域绿色产业转型的关键，而区域科技创新能力提升的关键在于人力资本建设以及对"研究和开发"的投入。当前，西部地区对研究和开发的投入严重滞后于其他地区。"2011 年，东部沿海省份在研究和开发上的投入占 GDP 的比重为 2%，而西部地区仅为 0.5%[1]。"

体制机制：如何实现经济发展体制机制从以依靠政府财政调控和强制行政手段监管为主向以市场机制为主，政府协调机制为辅的转变。政府在区域绿色发展过程中的职能应仅在于协调社会经济系统中各参与方的关系。

中国中国地域广阔且区域分异明显，这使得中国的绿色转型不能一概而论，区域层面上的绿色转型对中国至关重要。要实现这一目标，必须首先建立强有力的政府顶层领导、多层次协调的管理机制、区域层面上明确的权责分工体制、政策执行力度以及广泛的社会参与。因此，将区域可持续开发作为实现社会经济和自然环境的和谐发展的手段，并将其作为中国全面实现绿色发展的第一步是十分正确和明智的。

西部地区是中国环境与发展矛盾最为突出和激烈的地区，其面临的挑战主要包括：

（1）区域发展不平衡

改革开放 30 年来，东部沿海地区发展迅速而西部地区相对落后。据统计，全国大约 63.34% 的贫困县[2] 和一半以上的生态脆弱县[3] 位于西部地区。积极探索新的发展方式，缩短东西部地区间的差距是中国尤其是西部地区发展的首要任务。

随着中国东部地区劳动力紧缺和劳动成本的日益上升，工业产业尤其是劳动密集型产业向西部地区的转移将成为未来一段时间中国发展的必然趋势，这将为西部地区社会经济的加速发展带来难得的机遇。然而，如果没有科学战略的指引和规划

---

[1] China Daily, 24 August 2012, Balance of economic power shifts.
[2] http://www.cpad.gov.cn/publicfiles/business/htmlfiles/FPB/fpyw/201203/175445.html.
[3] 环境保护部，"关于印发《全国生态脆弱区保护规划纲要》的通知"，环发 [2008]92 号，2008 年，北京。

的合理安排，西部地区加速发展将给脆弱的生态环境带来愈来愈大的压力和环境污染。

（2）西部大开发和可持续发展战略实施过程中的环境与发展问题

西部地区是中国主要生态服务功能供给区，同时也是中国生态系统最为脆弱、气候条件最为复杂的区域。尽管国家已采取了一系列的措施，但西部地区的生态环境状况并没有得到根本性改善，反而有进一步恶化的趋势。因此，西部地区发展所面临的最大挑战在于如何在确保生态环境服务功能持续不断供给的前提下防止生态环境的进一步恶化。

（3）西部地区需要差别化的环境发展战略与政策

西部地区区域生态功能显著，绝大多数的国家限制开发区和国家级自然保护区分布在西部地区，区域发展对整个国家的发展都有着不可替代的作用。国家财政在生态补偿和生态保护建设方面的投入向西部地区倾斜就充分说明了这一点。然而，值得注意的是，"这些投资大多是针对当下出现的某一具体环境问题或紧急事件而被动采取的措施，如退耕还林、退牧还草、天然林保护、京津风沙源治理和已垦草原退耕还草等。这种'自上而下'的措施效率较低，并且极具不确定性。西部地区环境与发展问题的解决需要一个更有计划的、更为系统的方案[1]"。

解决西部地区环境与发展问题的关键在于要充分考虑西部地区地域广阔、区域分异明显的特点，因地制宜，既要考虑区域特色发展的需求和限制，也要注意识别和创造区域绿色发展的条件和机遇，实现从观念到实际做法的转变：一是转向"由内而外"和"自下而上"的区域内生能力建设和自身可持续发展能力的培养；二是在国家层面推进改革，强化"自上而下"的财政补贴政策；三是不仅将环境保护和生态系统保护视为一种成本，应该意识到生态建设过程本身也是一个创造财富和就业的机会；四是努力实现由结构单一、以投资驱动型产业为主的经济结构向一个多元化的经济和就业结构的转变。

二、绿色发展概念框架

（一）国际上的绿色发展

2008 年的经济危机使人们逐渐意识到以自然资源开发和化石燃料燃烧为主的传统经济增长方式的不可持续性，同时也越来越清楚地意识到这种经济增长方式带来的环境污染和生态危机。在此背景下，"绿色经济"因其充分考虑了经济、社会和环境因素的经济发展方式受到了人类社会尤其是各国决策者越来越广泛的关注，如

77

---

[1] 亚洲发展银行. 迈向对环境可持续发展的未来——中华人民共和国国家环境分析报告. 菲律宾，2012；xxi.

"八国集团"、"二十国集团"会议^①以及经济发展与合作组织^②（简称"经合组织"，OECD）提出的"绿色增长"概念。2008 年，联合国环境署（UNEP）发出了"绿色发展倡议"和"绿色新政"的动员，号召将全球经济发展的重心转移至发展清洁能源技术和改善自然基础设施上来。许多发达国家结合本国实际，也相继出台了绿色经济发展措施，包括德国、法国、英国、美国、日本和韩国。2012 年 6 月，在巴西里约热内卢举行的联合国可持续发展大会（又称"里约 +20"峰会）上，也将"绿色经济"作为其重要议题进行了讨论，包括中国在内的与会国家签署了会议决议——"我们期望的未来"。

在 UNEP，OECD 以及"里约 +20"等众多国际组织的大力推动下，加之生态环境和经济形势不断恶化的现实，世界上无论是富裕还是贫困国家的领导人都对"绿色转型"给予了高度关注。多数国家都将环境、生态系统以及气候变化等问题提到了宏观层面，并且采取了相应的行动。区域绿色转型，尤其是生态脆弱与社会贫困共存地区的绿色转型已成为世界各国（无论是发达国家还是发展中国家）决策者的执政重点。

（二）中国的绿色发展

纵观中国历史，在中国的传统价值观中就蕴含着可持续发展的思想。两千多年前，中国古代哲学家就提出"天人合一"、"道法自然"的思想，倡导人与自然和谐相处。当"可持续发展"概念首次引入中国时，这些传统观点就经常被引用以帮助国人更好地理解"可持续发展"的内涵。

在过去 40 年里，中国参加了可持续发展理念形成和发展中具有里程碑意义的历次国际大会，并将节约资源、保护环境确立为基本国策，并在 1996 年，将可持续发展战略正式确立为国家基本战略。

由联合国开发计划署出版的《2002 年中国人类发展报告：让绿色发展成为一种选择》中对中国绿色发展做了深刻的阐述："绿色发展强调经济增长与环境保护的统一与和谐发展，是一种以人为本的可持续发展方式。"^③

此后，中国政府针对"可持续发展"的目标提出并采取了一系列发展理念和政策措施，如"以人为本"方针、"科学发展观"、"和谐社会"、"两型社会——资源节约型和环境友好型社会"建设、"生态文明"建设等。近年来，"绿色经济"与"绿色发展"也受到了学术界和政府越来越广泛的关注。中国环境与发展国际合作委员会（CCICED）就围绕这个议题设立了一系列课题组，包括"中国绿色经济发展机制与政策创新"课题组（2011）。

---

① The Group of Twenty Annual Meeting's Summit. Inclusive,Green and Sustain able Recovery. London, 2 April, 2009.
② 经合组织 . 经合组织绿色增长战略 .2010.
③ 联合国开发计划署 .2002 的中国人类发展报告：让绿色发展成为一种选择 . 牛津大学出版社，2002.

2010年10月出台的《中华人民共和国国民经济和社会发展第十二个五年规划纲要》是中国首个国家级绿色发展规划。该规划正式采用了绿色发展一词，并将绿色发展和生态建设从总体设计上分为了五个方面，即建设资源节约型社会、建设环境友好型社会、发展循环经济、建设气候适应型社会和实施国家综合防灾减灾战略。"十二五"规划的一个重要理论框架就是提出了要实现经济社会净福利最大化的目标，即一方面要实现社会福利最大化，另一方面要实现经济社会发展成本最小化[①]。

以经济学的视角来看，经济和社会净福利可用"绿色GDP"来核算，即将自然资产损失、环境污染等方面的成本纳入GDP核算体系中，量化评估经济、社会、人力、自然资本以及环境污染。然而，"绿色GDP"的考核制度当前在中国尚未建立起来。

（三）中国西部绿色发展概念框架

1. 西部地区绿色发展核心

幅员辽阔、区域分异明显是中国实施绿色发展战略必须考虑的两大最主要因素，其影响在中国西部地区表现得更为明显，这主要是因为：西部地区生态系统普遍敏感、脆弱；区域社会经济发展水平严重滞后于全国尤其是东部地区发展水平；在当前区域经济增长对丰富能源和自然资源基础上巨大的快速发展潜力和能源消耗的过度依赖。

为厘清西部地区环境与发展所面临的机遇与挑战，真正实现区域的"绿色发展"，课题组基于"绿色发展"的概念内涵，结合国内外已有的绿色发展经验和西部地区实际，编制了中国西部绿色发展概念框架，见图3—2。

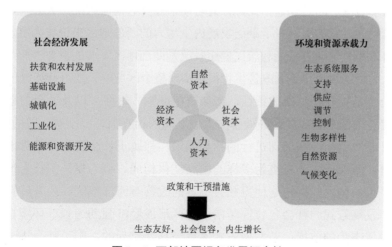

图3—2 西部地区绿色发展概念性

---

① 文汇报."十二五"规划与绿色发展——胡鞍钢教授在"环境变化与城市责任"世博论坛上的讲演.2010-10-17. http://2010.eastday.com/G/20101017/u1a812903.html。

　　课题组将绿色发展的核心定义为四大资本（自然资本、经济资本、社会资本与人力资本）的共同改善和提升，认为只有这四大资本以一种均衡的方式共同改善和加强，才有可能实现西部地区的绿色发展。传统单纯追求经济资本增长而粗放开发利用自然资本的发展方式终将导致发展的不可持续；而单纯强调保护自然资本而不发展经济资本则会无法实现人类发展和共同福祉的终极目标。

　　自然资本是一切社会和经济活动的基础，是所有在社会经济生产过程中发挥作用的自然要素的集合。清洁的水和空气、动物、植物、矿产、能源、渔业、森林、生物多样性以及它们赖以生存和发展的环境及生态系统等都属于自然资本的范畴。与东部地区相比，西部地区具有更加丰富多样的自然资源，换言之，西部地区的自然资本相对东部地区更加雄厚（尽管西部地区自然资本的区域分异明显，并非所有地区的自然资源都很丰富，但整体依然雄厚）。丰富的自然资本为西部地区乃至于全国的社会经济发展提供了坚实的物质基础。

　　因此，西部地区绿色发展的关键在于在尽可能减少对自然资源过度依赖的同时，确保自然资本的总体质量和数量能满足维持西部、全国乃至亚洲地区未来经济增长和人类生活可持续的基本能源和资源需求。

　　经济资本即区域经济资本存量，包括，基础设施、固定资产、技术进步、生产能力和可投入经济、社会和人类发展活动以及环境保护的资金。经济资本是全面实现小康社会的基础，它既依赖于自然资本，同时又为自然资本的改善和提升提供必要的投入。

　　人力资本是指劳动者受到教育、培训、经历、迁移、保健等方面的投资而获得的知识和技能的积累，亦称"非物力资本"。它不仅包括人类的知识、受教育水平、培训水平、劳动技能，同时也包括良好行为习惯以及身心健康状况。人力资本是区域发展的根本源动力，它的提升对于缺乏发展内生动力的西部地区来说尤为重要。普遍偏低的受教育水平、劳动力技能和居民健康状况是西部地区发展的重要"瓶颈"。如果西部地区人力资本水平得不到改善，将很难实现整个区域的长期可持续绿色发展。

　　社会资本是指社会组织的特征，诸如道德准则、习俗，以及社会关系等，它们能够通过促进合作来提高社会的效率。人们之间的相互信任、理解、共同的价值观，以及推动社会协调和经济活动进行的社会共识，都属于社会资本。相对于中国的其他地区而言，西部地区具有更为多样的民族文化构成，更为复杂的社会形势，以及中国最为严重的贫困问题，这使得社会资本的改善对西部地区绿色发展具有更为重要的意义。发展方式的社会包容性是西部地区形成经济强劲增长、环境功能健全和社会公平发展态势的前提；若发展方式本身是社会排斥的，则可能会进一步削弱社会弱势群体地位、加剧贫困问题，扰动社会稳定之基，从而影响中国社会经济的全面可持续发展。

课题组认为，西部地区绿色发展必须是一个均衡的发展，即四大资本的均衡增长。缺少了其中的任何一个，这一发展方式就是不合理和不完备的，或者已偏离了绿色发展的本质。课题组所提出的西部地区绿色发展概念框架不仅适用于西部地区，对其他地区的可持续发展同样具有参考价值，但本研究仅讨论西部地区的绿色发展问题。

传统以牺牲生态环境为代价的经济增长最大化发展模式将不可避免地对西部地区发展的可持续性造成危害。此外，《西部大开发"十二五"规划》中"双高于"目标的设定，会增加西部地区走向以 GDP 为导向的区域发展方式的可能性，从而提高区域生态环境成本增加的风险。如果这种风险不能被意识到，加之"双高于"目标的实现是中央对地方政府政绩的主要考核指标，西部地区自然资源在"十二五"期间很可能会被过度开发，现有自然资本将会被最大限度地转化为国内生产总值和人民收入，这对于区域长期发展来说是不利的。

2. 西部地区绿色发展的特殊性

四大资本构成了西部地区绿色发展的基础，中国巨大的区域差异决定了其必须结合各地区实际，制定差异化的区域发展战略，否则中国的绿色发展将是不可能实现的。对于西部地区而言，实现区域绿色发展的关键在于制定出一个能充分体现区域差异性的绿色发展路线图。与中国其他地区相比，西部地区绿色发展有三大特点，即"环境友好"、"内生增长"以及"社会包容"。

（1）环境友好型增长

环境友好型增长是一个新的经济增长模式，它强调低碳排放，资源高效利用和生产环境可持续"产品"；强调在追求经济增长同时要充分考虑自然环境承载能力的永续性。只有确保生态系统服务功能的可持续供给才有可能实现真正的繁荣和富足。

西部地区是中国生态系统最为脆弱的地区，同样也是中国乃至整个亚洲的重要生态屏障，这使得环境友好型的增长对于西部地区尤其重要。据统计，西部地区自然保护区总面积为 1.11 亿 hm^2，占全国保护区面积的 85%以上；西部地区是中国境内主要河流，如长江、黄河、黑河、澜沧江、珠江等的主要水源地。脆弱的生态系统为西部地区带来了严重的生态问题，如水土流失、土地沙漠化、石漠化、草地退化、栖息地丧失及地质灾害频发等。截至 2009 年底，西部地区荒漠化总面积已超过 251 万 km^2，占全国荒漠化面积的 95.48%还多 [①]。

（2）内生增长

所谓内生增长，即区域在没有外力推动的情况下，依靠区域经济系统内部作用获取经济增长的动力。自 1999 年西部大开发政策实施以来，西部地区社会经济发展水平得到了空前的提升，统计数据显示，西部 12 个省份 GDP 总额已由 1999 年的 4.54

---

① 欧阳志云，郑华. 生态系统服务的生态学机制研究进展. 生态学报，2009（11）.

万亿元增至 2011 年的 23.20 万亿元，12 年间增长了 4.3 倍[①]。然而，这一经济增长主要来自外界大量资本的投入，而不是本地技术水平提升和区域人力资本积累等内部动力。一旦国家减少对西部地区的转移支付力度和政策倾斜程度，西部地区当前的经济增长势头将难以为继。

如果不能培育区域经济系统本身的经济增长因子，而是继续依靠国家的大量财政转移支付和外部投资，西部地区是不可能实现长期繁荣的。要实现绿色发展，西部地区必须要强化区域自身经济、社会、人力和自然资本的积累，从而激发和维持绿色发展内在驱动力。

（3）社会包容

所谓社会包容，即要消除一切因社会排他性所带来的区域发展不利因素，如社会贫富差距明显、受教育机会不平等等，一般可以通过建立活跃的地方经济体、改善落后的建筑和自然环境、促进社区参与、保障平等受教育机会、改善生活条件和生活质量来实现。在区域发展过程中实现社会包容的最大挑战在于协调环境保护、社会发展和经济增长三者间的平衡。

西部不同地区和社会群体间经济社会发展不平衡现象明显。与中国的其他地区相比，西部地区的贫困问题更加严重，民族问题也更加突出，此外，从某种程度上看，西部地区也是从中国快速经济发展过程中受益最少的地区。统计显示，即使近年来西部地区经济快速增速明显，其与东部地区在居民人均收入水平上的差距仍在进一步扩大。据国务院 2012 年新发布的贫困线标准，中国仍有约一亿人生活在贫困线以下，其中大部分分布在西部地区[②]。

课题组认为，如果西部地区在发展过程中不能始终坚持将社会包容，即将社会和人力资本与经济和自然资本放在同等重要的位置，那么西部地区的绿色发展将不可能实现。此外，社会排他性的存在还会严重制约西部地区绿色发展的整体水平，并会极大地威胁社会安定团结。

经济增长与环境保护的和谐统一是西部地区绿色发展概念框架中"三大目标"得以实现的基本前提，只有区域生态承载力不被破坏，西部地区经济发展活动才可能顺利进行。此外，西部地区绿色发展必须与中国其他地区绿色发展进程相协调，也就是说，西部地区绿色发展应以不危及其他地区绿色发展实现和不损害其他地区经济利益为前提。各区域间绿色发展进程的相互协调将有助于西部地区绿色发展战略的实现。

3．西部绿色发展的实现

结合西部地区绿色发展概念框架，课题组认为西部地区绿色发展应包括以下几

---

① 国家统计局．中国统计年鉴．中国统计出版社，2000，2011．
② 中国科学院可持续发展战略研究组，2012 中国可持续发展战略报告．科学出版社，2012．

个阶段和步骤。一是明确西部地区过去、现在和未来的社会经济发展驱动因子，包括社会经济发展和财富创造过程中的各种社会和经济活动；二是合理准确评估西部地区自然资源和环境状况以及区域生态系统承载能力；三是明确西部地区经济增长与环境保护所面临的机遇和挑战；四是提出政策建议。包括西部地区绿色发展路线图以及当前西部地区绿色发展过程中需求最为强烈的政策措施和短期行动等。

三、绿色发展机遇与挑战

中国西部地区面积辽阔，情况复杂，区域内差异明显，地域特色鲜明，对于整个国家具有特殊意义。独特的历史背景，偏远的地理位置，显著的区域差异，脆弱的自然生态环境，丰富的自然资源和能源及多样的民族文化，使西部地区对中国自然和经济发展具有重要价值。但与此同时，区域内贫困问题集中，居民生活很大程度上依赖于对脆弱生态系统的索取。简言之，西部地区自古以来就有着重要的战略地位，可持续发展中"四大资本"间的矛盾在这里表现得尤为突出。

西部大开发政策实施以来，西部地区无论是在政策制度还是在财税资金安排上，都得到了来自中央政府的重点支持，属近年来的财政转移支付受益地区。

本章节将概述西部地区绿色发展呈现出来的独特的挑战和机遇。课题组从六个关键政策问题出发，以不同的角度审视了这些问题，进而综合考虑，并描绘出了西部地区绿色发展的"路线图"。以下论述概括了《西部地区环境与发展战略和政策建议——技术报告》中对西部地区绿色发展挑战和机遇的详细论述和结论内容。

（一）脆弱生态系统的管理和恢复

1. 现状

生态系统类型多样（如丰富的草地和湿地生态系统等）使得西部地区在我国生物多样性等生态功能保护工作中的地位显著。然而，绝大多数西部地区（如黄土高原）生态系统又非常脆弱，抗干扰能力差；部分地区地质灾害（如荒漠化，滑坡和地震）频发。受几千年来人类活动的影响，西部地区生态系统提供生态服务功能的能力已受到一定程度的影响，并已引发一系列环境问题，如森林退化、生物多样性锐减、水土流失和土地荒漠化等。近年来人类活动带来的现象如气候变化等对该地区的自然资源也带来了越来越多的压力，并使得自然资源的核心地位受到挑战。

（1）草地生态系统是中国西部地区的主体生态系统，总面积约 28 744 万 hm^2，占西部土地总面积的 42.77％，近年来受人类活动的影响，其正面临着一系列生态环境问题。例如，受长期以来过度放牧、滥垦乱挖以及草场及畜牧业管理不合理等原因，三江源地区已出现天然草地的大面积退化和沙化。草地退化尤其是黑土草地的退化已引发一系列生态环境恶化问题[1]。

（2）湿地生态系统总面积 2 147 万 hm^2，约占西部土地总面积的 3.20%。不合理的土地资源开发已造成大量天然湿地消失或被人工湿地所取代，未消失或被取代的天然湿地也存在严重萎缩[2]。

（3）水资源分布不均是西部地区面临的另一个重要问题。西部和南部地区水资源丰富（其中三江源地区素有"中华水塔"之称），东部和北部地区水资源非常稀少，目前，这一中华文明的"生命之血"正面临污染严重和总量缺乏的困境。作为中国的主要水源供给地，西部地区为当地乃至全国的水力发电、洗煤、工业和农业、家庭消费和废物清除等提供必不可少的水源。然而，气候变化改变了依赖冰川融水补给河流的水文条件，加剧了区域干旱和洪涝灾害变异性和发生强度，已对西部地区的淡水供给功能产生日益严重的威胁[3]。近几十年来，西部地区湖泊萎缩乃至干涸消失的现象十分严重，如新疆最大的淡水湖博斯腾湖，由于入湖水量锐减，湖面水位平均每年下降 0.12m，30 年间累计下降 3.54m，湖泊水面面积减少 120km^2，在短短的 10 多年内就由淡水湖变为咸水湖[4]。长期以来放任自流的管理方式是西部地区乃至全国水资源管理所面临的最大挑战，且这一挑战至今仍未被成功克服。

（4）西部地区是中国水土流失的主要发生区，尤以黄土高原最为严重。2009 年，西部地区 12 个省水土流失总面积已经达到 386 万 hm^2[5]。

（5）土地退化，如土地荒漠化、土地石漠化、土壤盐渍化等，已经成为中国西部最主要的生态环境问题。2005 年底，全国石漠化面积达 1 296.88 万 hm^2；2009 年底，全国荒漠化面积达 262 万 km^2。

（6）生物多样性丧失是西部生态系统的另一个重要问题，西部地区是中国野生物种最丰富的地区之一，不仅种类多，且特有性高，不少物种只分布在西部地区。西南地区是全球 25 个生物多样性热点区之一，区域生物多样性在全球占有重要地位。然而，区域内许多珍稀濒危物种的分布范围正日益缩小，濒于灭绝。以甘肃省为例，目前已有 186 种被子植物和 17 种裸子植物处于濒临灭绝的境地。为改善这一状况，中央政府已采取了一系列措施，包括，由中央政府出资开展自然保护区建设（西部地区自然保护区数量为 1 100 个，占全国总数的 85%）；出台全国主体功能区规划，明确各功能区的开发利用和限制行为（见表 3—2）；对部分生态系统破坏严重的小范围区域实施生态移民；针对西部地区重点省份或重点开发区域（如重庆市等），

① 欧阳志云，王效科，苗鸿. 中国陆地生态系统服务功能及其生态经济价值的初步研究. 生态学报，1999（5）.
② 王效科，欧阳志云，苗鸿. 中国西北干旱地区湿地生态系统的形成、演变和保护对策. 国土与自然资源研究，2003（4）.
③ 亚洲发展银行. 迈向对环境可持续发展的未来——中华人民共和国国家环境分析报告. 菲律宾，2012：75.
④ 欧阳志云，赵同谦，王效科，等. 水生态服务功能分析及其间接价值评价. 生态学报，2004（10）.
⑤ 王效科，欧阳志云，肖寒. 中国水土流失敏感性分布规律及其区划研究. 生态学报，2001（1）.

制订了区域战略性生物多样性保护计划。

（7）地质灾害。近年来，由于自然（如气候变化等）和人为因素（如人类不合理开发利用行为等）的共同作用，西部地区地质灾害频发，这是绿色发展进程中亟待解决的重大挑战和障碍。过去 50 年中，西部地区自然灾害发生率及其造成的经济损失逐年递增[1]。以新疆为例，22 种常见地质灾害中，新疆就占了 15 种；2003年，全区内共发生规模型地质灾害 50 起，2010 年激增到 321 起[2]。

为解决西部地区出现的生态环境问题，中央政府已经连续在一系列"五年规划"中采取了许多举措，并取得了一定的成效。如，国家"退耕还林"工程实施以来，已成功实现再造林 2 177 万 hm²[2][3]。中国的"退耕还林"工程被认为是当今世界最成功的生态工程之一，为其他国家和地区相关政策制定提供了重要参考[4]。

2. 挑战

西部地区生态系统的破坏已导致诸多问题和潜在威胁，区域可持续发展所需各项资本持续减少，并已威胁到人类健康和生态安全，且有进一步加剧的趋势。已采取的各项举措和倡议未取得预期效果，相当一部分原因在于其缺乏整合和一致性，地方和省级生态保护措施的协调机构亟待建立。以《全国主体功能区规划》的为例，当前其执行中的主要问题在于，未能有效落实到大部分新的开发决策中，且未能与环境影响评价制度很好地结合。此外，相关国际经验表明，必须将当地居民置于区域生态保护问题解决措施的中心，充分调动其积极性。

要实现这一目标，就要全面理解生态系统服务功能对社会供给与调节的重要作用（见图 3—3），并将其作为区域发展相关决策制定的主要依据。

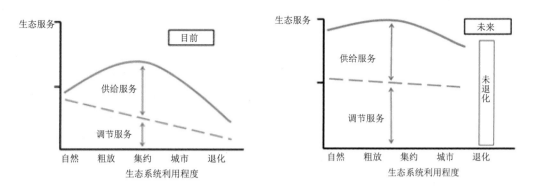

图 3—3 中国生态系统服务的供给和调节——目前和未来

资料来源：在 CCICED 生态系统课题组研究成果中的情景模型设计基础上做了进一步修改。

① 亚洲发展银行 . 迈向对环境可持续发展的未来——中华人民共和国国家环境分析报告 . 菲律宾 .2012：xvii.
② 中国国家统计局 . 中国统计年鉴 . 北京，2004 年，2011 年 .
③ 中华人民共和国国家发展和改革委员会 . 中华人民共和国可持续发展国家报告 .2012.
④ 亚洲发展银行 . 迈向对环境可持续发展的未来——中华人民共和国国家环境分析报告 . 菲律宾，2012：119.

专栏 3—4 全国主体功能区规划

全国主体功能分区的思想最早在国家"十一五"规划中提出，它是国家和省级社会经济发展、城镇化进程推进、主要生态服务和农业生产用地保护目标在空间尺度上的落实（见表3—2）。

表3—2 经济发展视角下的四种主体功能区

功能区	特点	发展方向
优化开发区	国土开发密度已经较高、资源环境承载能力开始减弱	把提高增长质量和效益放在首位，提升参与全球分工与竞争的层次，继续成为带动全国经济社会发展的龙头和我国参与经济全球化的主体区域
重点开发区	资源环境承载力相对较强，经济和人口集聚条件较好	充实基础设施，改善投资创业环境，促进产业集群发展，壮大经济规模，加快工业化和城镇化，承接优化开发区域的产业转移，承接限制开发区域和禁止开发区域的人口转移，逐步成为支撑全国经济发展和人口集聚的重要载体
限制开发区	资源环境承载力相对较弱，大规模的经济和人口聚集情况不够好。该区域与国家或更大区域的生态安全相关	坚持保护优先、适度开发、点状发展，因地制宜发展资源环境可承载的特色产业，加强生态修复和环境保护，引导超载人口逐步有序转移，逐步成为全国或区域性的重要生态功能区
禁止开发区	各类自然保护区	依据法律法规规定和相关规划实行强制性保护，控制人为因素对自然生态的干扰，严禁不符合主体功能定位的开发活动

主体功能分区的划定主要依据9个定量指标（包括农业生产能力、生态系脆弱性和重要性、社会经济发展水平、自然灾害发生率等），国家战略选择以及一些定性指标。从主体功能区规划在西部地区的分布情况来看，区域内绝大部分的地区被划为限制或禁止开发区，只有一少部分地区被划为重点开发区。

由于各类功能区的范围及分布较广、跨越多个行政单位，地方政府执行能力不足，各项限制措施缺乏明确的法律法规及衡量标准，全国主体功能区的可操作性被削弱，并未在国家绿色发展进程中发挥出其应有的功能。

主体功能区划在省级层面的落实与细化能有效提升《规划》的可操作性及执行情况。然而，要实现主体功能分区在各省的落实，必须将其与环境影响评价制度和城市规划紧密联系起来，并确保其能为土地和自然资源的利用决策提供必要的指导。

资料来源：中华人民共和国国民经济和社会发展第十一个五年规划纲要/第20章.人民出版社，2006.

3. 机遇

西部地区独特的自然条件和生态系统也为其未来发展带来了机遇。如成都及其周边和云南中部等地，充分利用本地区的自然风光和民俗文化优势，发展旅游产业，就取得了很好的效果。区域发展以充分结合当地自然（文化）特征的保护规划为依据，以区域协作的方式惠及当地人民，为当地居民创造了大量新工作机会并促进了人力资本的提升。

其他地区，城市商业活动也在充分利用自然资源产品，如西宁地区充分利用区内羊毛和野生植物等草地资源，发展畜牧业，并将传统工艺与现代技术相结合，大力发展藏毯和藏药产业，取得了很好的效果；产业发展过程中，大量雇用农村地区的"移民劳动力"，为农村剩余劳动力转移问题的解决提供了很好的借鉴。然而，我们必须意识到，以上两个例子中，都存在一定程度的资源滥用和工厂排污等"绿色污染"的潜在风险。

西部地区未来区域发展还受限于对城市生活、农业、工业和电力生产部门（尤其是新兴的页岩气资源的开发产业）的水资源管理和污染控制。但在克服这些挑战时，也会带来绿色产业发展和人力资源开发等诸多机会（如成都及周边地区的创新和环保技术的投资等）。

自然条件约束向发展机遇的转化方面，西部地区可适当借鉴国际上其他类似地区（澳大利亚、美国西部和加拿大等）的发展经验（见专栏3—5），但中国在体制机制以及实施上仍需进行大量调整。

专栏3—5　澳大利亚中央和地方政府共同参与的水资源管理和分配经验

挑战：

实现跨区域的高效、公平和可持续的稀缺水资源供给和需求管理。

背景：

水资源是矿业、农业和城市增长模式的主导因素。

中央和地区政府水资源管理责任，以及水资源带来的公共或个体的利益分配。

政府之间有关规划和分配一直存在着冲突（上游和下游之间的冲突是焦点），数据缺乏客观性和透明度。

实践措施：

中央政府的作用逐步增加。澳大利亚国会制定了包括国家目标和行动的国家水利改革框架（国家水计划），确定了国家目标和行动计划，使其能够支撑社区、生态的健康系统和经济发展。

对各级政府的水资源进展规划独立评估。

2007国家水法引入了关键的改革，即建立一个独立机构，以对墨累—达令流域设置可持续的调水限额，取代原有的协商谈判机制。

通过值得信赖的、独立的法定机构（例如气象局，而不是一个行政机构）收集可靠和透明的水质报告数据。

在更广泛的管理制度下进行稳健规划，并纳入适当监管和有效的市场结构中，包括建立产权和国家水市场。法定计划是一个有效工具，由此可以对所有用户提供安全保证。

很多地区将"水环境"责任归属于环境部门，而不是自然资源和农业社中。

通过参与/咨询机制，是社区能够参与水资源管理决策。

经验：

需要投入资源来建立可靠、实时的客观数据源，确定一个独立的数据保管方。

数据和建模是至关重要的，需要被所有有关部门所接受。

辖区能够发展规划框架，体现各地区在推动创新和参与管辖方面的多样性。

需要一系列工具，实现高效和可持续水资源管理。

在评估和决策过程需要社区参与到其中，制定有关水资源管理制度。另外，除了直接用户，需要政府援助受影响社区。

需要管理一个相互联系的、系统的政府部门间的有力合作，不能因为经济增长压力的（如供不应求）而相互隔离，并开始破坏所有河流的长期可持续发展。中央权力是必要的，可以与各个州政府协同工作——自愿联盟是实行核心计划最好的方式。

对核心当权者而言，关键工作在于确定水资源规划目标，以及根据可靠和客观的信息帮助确定帮助政府机关做出利益权衡。

资料来源：Australian Government, National Water Commission Report Card 2011.

（二）提升劳动力素质与多元化扶贫

1. 现状

西部地区贫困问题严重，低文化程度群体和少数民族群体的贫困问题突出。当前，仍有大量生活在农村地区少数民族人口生活停留在温饱水平。这些地区大多土壤贫瘠、生态系统脆弱、气候条件恶劣，很少接触到市场、学校、卫生和农业推广等社会公共服务。此外，由于他们的教育水平普遍较低，参与到"绿色经济"发展活动中的能力相对有限。许多人为改变贫困现状，移民到城市地区，成为流动城市人口，但是依然未能摆脱贫困。

2. 挑战

中国政府已经采取了许多措施来解决这些问题，并取得了一定的进展，如在落实"千年发展目标"上的突出表现[①]，当前许多项目仍在继续进行。然而，在现有扶贫

---

① 中华人民共和国外交部.中国实施千年发展目标进展情况报告，2010.

措施的有效落实上仍然存在许多社会、经济、环境方面的挑战。西部地区生态环境脆弱，限制或禁止开发区所占比例过大使得其社会经济活动范围有限；对耕地和草地的开发限制，阻断了农牧民大面积耕种和放牧的增收渠道；排污等环保指标的定额，也在一定程度上限制了部分有一定经济效益的地方产业的发展；一些生态保护区的划定限制了当地居民生存发展所需的资源，进而造成了一些"绿色贫困"人口[①]。

3. 机遇

未来西部地区扶贫机遇存在于解决以上制约因素的一系列措施，以及通过发展具有地方特色的环境服务、旅游等绿色产业来创造大量的就业机会。需要注意的是，在发展过程中要充分尊重当地少数民族文化价值，创造更好的发展模式，使这些少数民族能更快融入到瞬息万变的现代社会中。

这意味着必须要提供给贫困城镇和乡村广泛的教育机会，包括中小学教育、职业培训及高等教育，并保证学校学费合理、地点适宜，这样才能保证当地居民真正受益。由于各民族间存在语言和文化的差异，培训和教育项目的策划必须精心安排，在实施过程中要有足够的耐心，保证辍学率降到全国平均水平。同时，设立专门的教学大纲，在维持地方特色语种的同时进行普通话教育，提高当地居民在选择高薪工作方面的竞争力。

西部地区人力资本的提升应当重点关注对区域自然条件（如土壤、水、气候等）带来机遇与挑战的应对，以及对生态脆弱地区基本公共卫生条件的改善。为促使这种人力资本提升的可持续，在进行人力资本和制度机制的升级时必须确保相关重点基础设施的升级能与之匹配。例如，确保通往市场、信贷机构、保险和公共设施的道路的全年畅通，使得教师、技术人员、公共卫生人员可以方便地往返于城镇和村庄；安排财政专项资金对区域基础设施进行维护等。各项基础设施建设应与其他提升人力资本的项目活动相互协调。

（三）能源矿产管理和污染控制

西部地区煤、石油、天然气等能源矿产资源丰富，是中国工业化和现代化建设中最重要的战略能源和原材料供给地。目前，在中国已发现的 171 种矿产在西部地区均有发现，区域内各种矿产资源类型齐全，共生、伴生矿产资源丰富。西部地区45 种主要矿产资源储量的潜在价值达 449 700 亿元人民币，占中国总金属储量潜在总价值的 50.85%，一些稀有金属的储量位居全国甚至世界首位。丰富的自然资源储量为西部地区发展提供了明显优势[②]。

89

---

① http://www.gmw.cn/sixiang/2012-03/25/content_3832145.htm.
② 张秀萍，马玲群，柯曼綦 . 我国西部地区矿产资源的现状、问题与对策探析 . 北方经济，2010（1）.

1. 现状

在过去的几十年中，对西部地区能源、矿产资源的开发利用在促进全国（尤其是东部地区）的经济发展发挥了重要作用。然而，由于自然资源的加速开发，长期不合理能源矿产资源开采以及其他人为因素的共同作用，区域内地质和生态环境的恶化现象日益突出，西部地区未来社会发展面临着的巨大挑战。此外，在当前西部地区能源矿产资源开发中存在的问题还包括：小规模矿山过量、资源生产和消费错位、矿山环境污染、资源丰富和资源相对稀缺并存等。

同时，由于人均占有量低、质量差异大、空间分布特殊、开采条件差、开发资金投入不足等原因，西部地区能源矿产资源目前并未得到持续充分的开发。区域水电资源的主导地位突出，许多地区水和能源资源供给存在限制，增加了各类资源的开采难度。此外，受远离市场，自然条件恶劣，基础设施不足等方面的影响，区域资源优势并未能有效转化为经济和社会收益。目前，西部总体开发利用程度低，水平不高，许多矿产资源储量因地质勘察程度低而尚难利用，矿山企业普遍存在着设备简陋，经营粗放，破坏和浪费资源及污染环境等严重问题。

表 3—3 中国西部主要能源储备占国家总储量比重

矿物	占国家总储量比重 / %	矿物	占国家总储量比重 / %
硫铁矿	40.5	高岭土	29.9
煤	46.8	天然碱	96.0
铝矾土	54.6	菱镁矿	0.1
油	14.1	石棉	96.9
锰	60.9	原生钛铁矿	97.5
天然气	61.5	磷	52.1
铜	29.3	钒	75.5
水	54.1	碘	92.5
铬	48.8	铁	27.8
钛	96.7	芒硝	83.8
云母	85.2	铅	65.2
锌	76.1	镍	88.0
汞	91.0	萤石	63.3
盐岩	77.1	钾	99.3

数据来源：中国统计年鉴,2001.

2. 挑战

西部地区能源矿产资源开发面临的挑战不仅包括自然资源开发利用不够，资金不足、基础设施落后、技术装备不足等资源受限因素，还包括资源管理不善可能对生态系统和居民的健康与福利造成的消极影响。

主要矿物的回收率只有 30% ～ 50 %，比全国平均水平低 10 % ～ 20 %，且素

90

来有发展小煤矿的历史。由于缺乏环保意识和限制，矿产资源无限制开采已经带来了严重的生态和环境问题，增加了社会的不稳定因素，破坏了行业在国内和国际上的声誉。

西部地区平均海拔达 1 000m 以上，生态环境脆弱，大面积沙漠化，极易受到各类自然灾难（可预见的和不可预见的）的影响，同时伴随着因资源过度开发而导致的人类生命财产损害。70% 以上的突发性地质灾害发生在西部地区。

许多矿区地处多民族聚居区和边境地区，跨境环境问题复杂，环境污染问题将影响与邻国的关系，从而带来有关国家统一、安全、稳定等的一系列社会问题，且有时存在难以使当地居民受益等挑战。

3. 机遇

西部地区有关能源和矿产的发展机遇是非常明显的，中国政府针对西部地区也实施了一系列举措。西部地区的能源矿产发展机遇可以归纳如下：

（1）通过实施西部大开发战略和有关政策，给予西部地区矿山企业一些特殊优先权，果断采取行动减少存在严重污染的小煤矿数量。鉴于小型矿山产量占中国矿产产量的一半以上，需要整合这些小型矿山，提高生产效率和减少对环境的破坏。

（2）一些潜在有益的政策和财税措施正在不断完善，但这些措施需要迅速实施，以确保资源税费能充分反映环境及其他资本的消耗，同时有利于刺激当地的投资和创新，且有利于促进绿色技术的投资和社会发展。

（3）在土地使用规划与决策上，更细致地考虑到健康和社会经济效益，以及对社会带来的风险，提供公众参与的机会。在这方面，政府最近公布了一系列改革措施，但有待实施。

（4）资源税费相关政策需要进一步调整。资源开发与利用机制不健全，资源的收益分配政策不合理。区域（包括资源富集区）资源相关税额较低，当地居民收入并未因此得到提升。中华人民共和国国务院 605 号文件已经明确表示，要稳步推进资源税费改革，主要是对煤炭、石油和天然气等采取从价计征，提高税率标准[①]。然而，目前还难以评价政策的实施效果。

（5）进一步强调自然资源利用和决策的依据，充分利用单个项目以及区域环境影响评估体系解决跨界问题。

（6）提供更合适的成本回收机制以解决矿山整治问题，目前得到整治的矿山数量相对较少。这可能包括一系列举措，例如保证金制度，建立一个更全面的绿色发展基金等，从而为省和地方政府矿山整治提供可持续的资金来源。

---

① 中华人民共和国国务院令第 605 号 . 国务院关于修改《中华人民共和国资源税暂行条例》的决定 .2011。

专栏 3—6　澳大利亚的可持续矿业

　　与中国西部相似，澳大利亚的采矿业为其经济发展作了主要贡献。然而，矿业公司敏锐地意识到为股东创造尽可能多的利润是旧式企业的社会责任，改变财富分配、加速社会发展、加强环境保护、改善居民健康、更广泛的教育和人权问题不再被认为只是政府的责任。

　　从某种意义上来说，正是由于坚持了可持续发展直接与商业挂钩的意识，才使矿业得到社会和政府的对继续开采的许可。由此可见，在政府、社会和矿产开发相关产业以及其他资源之间巩固可持续发展确有必要。

　　在澳大利亚，这种转变已经运用到可持续发展项目。澳大利亚采矿业顺应了全球追求可持续发展的趋势，在"持久价值"和前部长理事会矿产和石油资源"（MCMPR）的战略框架下，采矿业已经与政府和社会各界的代表共同制定了采矿业可持续发展指南。

　　指南通过矿业手册和讲习班等手段提供了实用性强的可持续发展问题指导，以协助引导实施可持续发展的转变。研讨会以可持续发展为主题的手册用来促进在主要实践地区及国际论坛可持续发展，如2007年11月在北京举行的中国国际矿业大会。

　　传统上，环境影响评价只是适用于是在项目（具体场地）水平上，很少或根本没有考虑区域尺度上的长期累积效应。这就造成了虽然单个项目通过指标考核，但整体累积效应往往会导致区域环境污染和退化。战略环评（SEA）是识别和为潜在的累积影响做前期准备的有力工具，这样，大量不可逆转的不利影响将可以避免和有效减少。这是一个战略决策的分析性和参与性方法，致力于将环境因素纳入政策、计划和方案中，评价它们与经济和社会因素的联系。越来越多的国家，包括澳大利亚等已立法或公布条例实施战略环评（SEA）策略。这对西部地区特别重要，因为大规模工业化、城镇化与资源开发正在西部地区兴起。

数据来源：澳大利亚政府资源、能源、旅游部 . 发展中国家在矿业和金属部门的社会责任 .
　　　　　http://www.ret.gov.au/resources/Documents/LPSDP/DEPRES.pdf.

　　总体来看，采矿业要把握绿色发展的机遇，需要协调一系列金融、政策、监管和市场措施，支持和鼓励更适合的矿业开发类型，从而为地方、省乃至整个国家带来更多的直接收益。应将政府解决环境问题的工作重点从直接投资污染治理转移到支持符合可持续原则的产业发展上来。政府需要明确这一地区鼓励什么形式的发展，而开发商要清楚在这一领域的责任，使其行为符合这些既定标准。

（四）绿色产业转型

消除各地区间的不均衡发展是中国政府的重要使命。尽管已经采取了大量政策措施和一系列财政转移支付，地区间的发展差距依然存在。从 2000—2010 年西部大开发战略实施以来，区域经济增长迅速，但仍落后于全国平均水平。2010 年，西部地区人均生产总值仅为全国平均水平的 75%，城镇及农村人均可支配收入水平也在全国平均水平之下，且差距仍在扩大。

1. 现状

2000—2010 年，西部地区工业生产总值年平均增长率达 20.12%，与同期全国、东部和中部的年平均增长率相比，分别高了 2.90 个百分点、3.82 个百分点以及 2.19 个百分点。此外，西部地区工业增加值占国内生产总值比重从 2000 年的 33.94% 增至 2010 年的 42.19%，工业产业发展在西部地区经济发展中的作用显著[1]。

国务院出台了一系列有针对性的政策和基础设施建设项目，促进产业从东到西的转移。然而，必须对此类相关政策的实施进行密切监管，以避免其他地区的污染产业趁机向西部地区转移。

2. 挑战

西部地区产业发展面临的挑战主要包括：一是资本密集型产业多、劳动密集型产业少，导致西部地区就业机会少；二是大型国有企业多、民营中小企业少，西部地区市场活力严重不足，西部地区的民营企业进入市场面临很多障碍；三是能源原材料产业比重非常高，加工和现代制造业比例低，西部地区产业污染排放明显偏高，环境代价大。2009 年，能源化工和矿产开发及其加工两大行业占西部地区工业总产值的比重达 63.41%，比全国平均水平高 17.18 个百分点；装备制造业占工业总产值 16.91%，比全国平均水平低 7.69 个百分点。西部地区工业发展依然处于资源依赖型发展阶段，工业发展更多的是依靠铺新摊子和简单地扩大生产规模等粗放外延式的扩张，不仅使西部地区工业的经济社会效益偏低，而且所付出的资源环境代价比较高。比如，单位工业增加值能耗是全国平均水平的 1.09 倍，单位工业增加值污水排放量是全国平均水平的 1.08 倍[2]。

3. 机遇

西部地区绿色发展的机遇存在于通过促进绿色产业的快速发展，来解决这些不公平现象。西部地区是中国一个重要的潜在市场，西部市场的开发将有助于中国在全球经济萧条期最大限度地减少对出口行业的依赖。且由于产业发展水平低，就业

---

[1] 中国国家统计局 . 中国统计年鉴，2010 年，北京。
[2] 中国国家统计局 . 中国统计年鉴，2010 年，北京。

机会少，大多数居民处于中低收入水平，目前该地区消费需求尚未被完全开发。绿色发展为缓解西部地区发展不均衡，优化经济、社会、环境资本提供了良好契机。

这些目标可以通过扩大现有措施以及实施一些新举措来实现，如引进和培育龙头企业和产业、积极支持中小企业，尤其是那些自然资源可持续利用程度较高的企业；发展特色优势农业，提高农业生产效率，改善农村居民收入水平，缓解粮食和生态安全问题；发展装备制造业，加快推进工业化进程和产业转型；大力支持西部地区"富民"产业的发展，通过特殊的税收政策扶持西部地区的"小微"企业，并大力发展特色优势农产品加工业和旅游业，帮助西部环境优良地区设立农产品环境标识和原产地标识。

为缓解这些压力，在西部大开发战略实施进入第二个十年之际，我们已经提出了一些解决方案，如充分发挥西部地区自身优势，发展能源产业、特色优势农业、矿物资源深加工产业、现代制造业等。

最重要的是，还要充分利用西部地区人力资本，同时提高劳动力素质，提升教育质量并增加职业培训机会。人口老龄化将影响劳动力供给，政府官员和企业领导已经对劳动力短缺问题有所预见。因此，更要重视加强专业培训，尤其是中等职业培训，强化对当地人才实践能力的培养。

专栏 3—7 发展战略性新兴产业

2010 年 10 月，中国发布了《国务院关于加快培育和发展战略性新兴产业的决定》，明确将节能环保等七个产业领域作为战略性新兴产业发展方向。中国启动了新兴产业创业投资计划，发起设立了 61 只创业投资基金，支持节能环保、新能源等领域创新企业的成长。

七大战略性新型产业及其发展方向包括：

• 节能环保产业 重点开发推广高效节能技术装备及产品，实现重点领域关键技术突破，带动能效整体水平的提高。

• 新一代信息技术产业 重点发展下一代信息网络、电子核心基础产业、高端软件和新兴信息服务。

• 生物产业 加快发展生物医药、生物医学工程产品、生物农业、生物制造。

• 高端装备制造业 着重发展航空装备、轨道交通装备、海洋工程装备、智能制造装备、卫星及应用。

• 新能源产业 积极发展新一代核能、太阳能、风能、生物质能。

• 新材料产业 大力发展新型功能材料、先进结构材料、高性能复合材料产业。

• 新能源汽车产业 重点推动插电式混合动力汽车、纯电动汽车的推广应用和产业化。

资料来源：中华人民共和国国民经济和社会发展第十一个五年规划纲要 / 第 20 章 . 人民出版社 .2006.

西部地区支持或承接的产业类型需要转变。西部地区产业的绿色转型需要建立一套综合的市场调节机制（包括自然资源的合理定价），相关的财政政策，以及严格的监督和管理机制。绿色发展基金已有效地用于协助产业转型，尤其在一些高度资源依赖型的城镇和区域中心。同时还存在着进一步推动西部地区产业潜在优势的机遇，如加快关键领域的技术创新，促进环境技术的应用，加快发展低碳经济等，这些措施将对工业发展起促进作用，并可以引导更大规模的环境治理和生态保护。

必须建立高效和目标导向的监管和执法体系，以支撑西部地区开发的绿色门槛的设立（见专栏3—8）。同时，鼓励当地民众参与环境监测项目，并确保其能从中获得一定的经济效益。

专栏 3—8　潜在绿色准入门槛

西部地区绿色准入门槛既要与国家或省级绿色发展目标保持一致，也要反映该省（地区）的特色。区域绿色准入门槛应该包括以下部分或全部内容：

- 要求开展场地评估以及区域影响评价并确保适当的减缓措施；
- 加强成本核算和环境威胁识别；
- 规定可接受的排放水平；
- 规定能源和自然资源利用效率，包括有效的供需分析；
- 设置废物回收要求；
- 列出监督、审计和公共透明的要求；
- 明确生物多样性或生境保护措施；
- 要求进行社会影响评价和确定与健康、教育、就业和基础设施有关的社会责任要求；
- 规定安全生产要求。

（五）可持续城镇化发展

过去几十年来，西部地区为中国经济发展提供了丰富的自然资源和大量的廉价劳动力，对全国经济的繁荣发挥了重要的支撑作用，而现在正是反哺西部地区的大好时机[①]。城镇化水平是衡量一个地区或国家社会经济发展的指标，较高的城镇化水平往往与较高的收入水平、较高质量的教育和更多的就业机会相联系。相关研究表明，城镇化与经济增长息息相关[②]。在中国西部地区，历史数据同样显示城镇化水平和人均国内生产总值之间的紧密联系（见图3—4）。但这并不意味着两者之间存在必然的因果联系——促进城镇化必然带动收入的增长。根据最近的研究报告，城

[①]Liu,G., Y. Chen, et al..China's environmental challenges going rural and west, Environment and Planning, 2012,A 44(7): 1657-1660.
[②]Bloom, D. E., D.Canning, et al..Urbanization and the Wealth of Nations,Science,2008,319(5864): 772-775.

市增长和经济发展呈现正相关关系且在中国的部分区域有溢出效应[1]。因此，城镇化及其带来的效应可以为社会经济发展提供强大动力，并为消除贫困和人类发展提供契机。

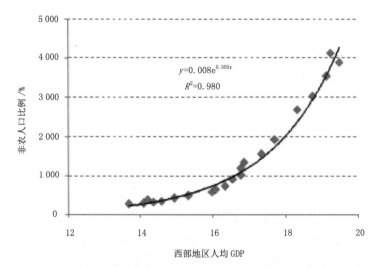

$$y=0.008e^{0.505x}$$
$$R^2=0.980$$

图 3—4 西部地区非农业人口比例和人均 GDP 关系

数据来源：中国统计年鉴.

此外，城镇化还可能直接或间接地减轻西部地区的人口环境压力。人类对环境不恰当及过度的开发对原本脆弱的生态系统造成了极大压力，这也被认为是西部地区生态退化的罪魁祸首[2]。因此，如何减缓这种压力已成为许多生态保护工程最主要的任务[3],[4],[5]。城市可以提供人居环境、教育和就业机会，从而直接地减少人类活动对敏感的生态系统的压力；间接来看，城镇相比于农村更注重环境保护，在相同的收入水平下，由于较高的密度以及规模效益，城镇人均环境利用效率比农村地区更高[6]。因此，城镇化有利于提高西部地区人民的生活水平进而对资源和环境产生积极的影响，从长远来看，这是一个可持续的人居方式。

总之，做好城镇化建设，将能有效提升本报告概念框架中的四大资本（即环境、社会、经济和人力资本）。城镇化进程中包括交通系统和环境基础设施等在内基础

①Bai, X., J.Chen, et al.Landscape urbanization and economic growth in China: Positive feedbacks and sustainability dilemmas, Environmental Science and Technology, 2012, 46(1): 132-139.
②Liu, J. and J.Diamond. China's environment in a globalizing world, Nature, 2005,435(7046): 1179-1186.
③Jun, W.. Land degradation and ecological rehabilitation in karst areas of Guizhou province, South Western China, Advances in Earth Science, 2003, 18(3): 447-453.
④Liu, J. and J. Diamond. China's environment in a globalizing world, Nature, 2005, 435 (7046): 1179-1186.
⑤An, S., H. Li, et al. China's natural wetlands: past problems, current status, and future challenges, AMBIO: A Journal of the Human Environment, 2007, 36 (4): 335-342.
⑥Brown, M. A., A. Sarzynski andF.Southworth. Shrinking the carbon footprint of metropolitan America. Washington DC, Brooking Institute, 2008.

建设，将成为推动西部城市转变的催化剂。伴随着产业发展，还必然会带来当地居民生活方式和消费行为的改变。

虽然城镇化具有明显的正效益，但是也不是没有风险的。西部地区城镇化所面临的限制和机遇值得关注。值得注意的是西部地区的城镇化即不应像东部一样（可能多数发达国家亦是如此）着眼于从外部吸引大量的人口，也不应仅仅是为了提高城镇化水平，而是应该作为一个促进环境与社会可持续的人居模式的手段，即通过吸引和留住高素质人才支持西部发展；减少生态系统和环境的人口压力；为经济发展和消除贫困提供一个平台。换言之，西部地区的城镇化应被看作是支持该地区整体绿色发展的一个正向驱动力。

1. 现状

西部地区城镇化发展现状如下：

（1）整体城镇化水平较低，但增长较快，空间差异性明显。2010 年，西部地区城镇化水平为 40.48%，比全国平均水平低 7.02 个百分点，比中部地区低 7.2 个百分点，比东部地区低 17.32 个百分点，地区城镇化化进程在全国范围内相对滞后。但从城镇化水平的增长率来看，1999—2010 年，西部地区城镇化水平年增长率为 3.67%，而全国平均水平为 3.3%，高出全国平均水平 0.37 个百分点。除整体城镇化水平相对滞后外，西部地区城镇化水平还表现出了明显的空间分异。据统计，2010 年，西部 12 省（区）中，城镇化程度最高的内蒙古自治区城镇化水平为 53.4%，而最低的西藏自治区城镇化水平仅为 23.8%，相差 29.6 个百分点。

（2）城镇化地区较少，并且城市面积和密度较小。2010 年西部地区的城市总面积为 36 719.3km^2，占西部地区总面积的比例为 0.53%，而中部地区和东部地区的比例分别为 2.67% 和 6.63%。西部地区地级及以上城市的平均面积仅为 431.99km^2，而东部地区地级及以上城市的平均面积高达 946.97km^2，几乎是西部地区的两倍。

（3）城市"增长极"功能相对不足。西部地区的产业结构类似，能源、冶金、化工产业等产业所占比例较大，产业同构现象普遍存在。高度相似的产业结构，造成了西部城镇间的过度竞争，严重制约了区域的发展及城镇中心带动能力的发挥。2009 年，西部地区中心城市的 GDP 占所有城市总 GDP 的比例为 55.3%，而东部地区城市的这一比例达为 62.5%，西部地区城镇对社会经济增长的带动作用明显不足，城镇功能未得到充分发挥[①]。

（4）具有完备城市功能的城市较少，对人力资源（尤其是高学历人力资源）的吸引不足，人才流失现象明显。比如，1995—2000 年，贵州省引入具有硕士及以上学历人才 111 人，专业技术工人 604 人，而同期的流出量却分别为 147 人和 1 738

---

① 中国国家统计局 . 中国城市协调发展及综合实力研究报告 . 北京 .2011.

人，人才净流失情况严峻。

2. 挑战

西部地区城镇化进程的推进应重点关注以下五个方面的问题：

第一，西部地区是中国生态服务产品和功能的主要供给地，但同时又拥有中国最为脆弱的生态系统，这就决定了在西部城镇化发展过程中必须将区域生态系统保护作为首要约束条件。此外，由于全国主体功能区规划中将绝大多数的西部地区划为了限制和禁止开发区，西部地区城镇化的发展空间将被进一步限制。

第二，尽管西部地区整体上属于资源丰富地区，但水资源短缺一直是阻碍其区域发展的一大关键因素，且已影响到西部城市的基本生活供水。2010 年，西部城市的人年均供水量仅为 24.11t，不到东部城市人均供水量（49.33t）的一半。

第三，西部地区地处亚欧大陆腹地，与大西洋沿岸和太平洋沿岸相距甚远，而在可以预见的未来，世界人口和经济发展的中心都将位于大西洋和太平洋沿岸地区。这一地理差距使得西部地区与未来人口和经济中心的交流机会较少，区域内商品、信息及人口流动等各种交易周期较之其他地区较长，交易的货币和时间成本较高，交易效率低下，这进一步加剧了区域经济和城镇化发展的困难。

第四，西部地区起点相对较低，工业基础差，城市基础设施软硬件不足。除重庆和成都等少数城市外，西部地区大多数城市的工业发展都相对滞后与不足。与全国其他地区相比，西部地区城市的基础设施严重滞后。2010 年，西部地区和东部地区的城市人口自来水普及率分别为 94.18% 和 98.03%，道路密度分别为每平方公里 0.23km 和 0.83km。东部地区有 1 181 所高等教育机构和科研院所，而西部地区仅有 564 所。

第五，西部地区文化背景丰富多样，区域内民族文化差异明显。中国 55 个少数民族均在西部地区有不同程度的分布，且由于各民族发展道路的不同，各族民间的思想观念、价值取向、生活习俗和宗教信仰都有很大差异，各民族间的矛盾和冲突不可避免。城镇化进程的推进通常需要居住形式和相应的生活方式的改变，且会加大各民族群众间的接触和交互机会，矛盾和冲突有加剧的风险。

专栏 3—9　西部地区生态城市建设

生态城市这一概念是在70年代联合国教科文组织发起的"人与生物圈(MAB)"计划研究过程中提出的。1987 年，Richard Register 在其著作《Ecocity Berkeley: Building Cities for a Healthy Future》中首次使用"生态城市"一词。"生态城市"意味着今后将把环境影响因素考虑到城市建设中，居民致力于实现在需求得到满足前提下能源、水和粮食的最小消耗，并努力减少热量、空气污染物 -CO_2、沼气和水源污染物的排放。

1986年，中国提出要建设生态城市，并在江西省宜春市率先展开，但这一概念并未继续得到推广。21世纪以来，随着环境保护与经济发展之间的矛盾日益突出，生态城市建设又重新得到重视。2009年住房和城乡建设部副部长仇保兴将"生态城市"概念诠释为"低碳生态城市"。截至2011年2月，在全国287个地级市中，有259个城市明确提出以"生态城市"或"低碳城市"等生态型发展模式为城市发展目标。

受全国建设生态城市浪潮的影响，西部城市政府部门也积极推进生态城市建设，一批具有影响的生态城市建设项目正得到推进。比如，以低碳和灾后重建为主的北川县，以节能节水、生态保护和历史文化保护区建设为主的吐鲁番市，以重点实现土地有效利用、低碳城市计划和城市生态系统建设为主的呈贡县。

资料来源：中国城市科学研究会.生态城市指标体系构建与生态城市示范评价年度成果报告.2010.

专栏3—10　天津市生态城镇建设

天津，中国的第三大城市，是中华人民共和国中心城市和直辖市，全市总人口为1350万，辖区内总面积达1.2万km²，是中国的北方经济中心，受中央政府直接管辖。天津位于环渤海经济圈的中心，是中国北方最大最早的沿海开放城市。

2007年，天津市人大通过了《天津生态市建设规划纲要》；2008年9月，"中新天津生态城"项目正式启动，至此天津市被贴上了"生态"新标签。天津市作为"生态城"极具魅力，30km²的开发设计展示最新的绿色技术，这将成为中国城市的未来发展模式。正在建设的新区该城市距离天津经济开发区的商业园仅10分钟的车程，先进的轻轨运输系统的开发使得通勤及其方便。此外，这一地区还将建成一个涵盖从太阳能驱动的太阳能区到绿树成荫的乡土区的现代化社区，预计将会有35万居民进驻并享受这一切。

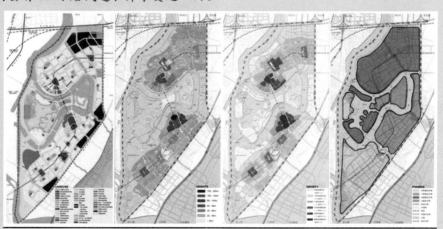

为减少城市碳排放，鼓励居民出行选择先进的轻轨系统，而政府也承诺将城市公共交通系统比例提高到90%。位于天津东部的东丽区的滨海国际机场与北京市将在2017年建成的新北京国际机场都将为天津市交通系统服务。

生态城将采用最新的可持续技术，如太阳能、风能、雨水回收、废水处理、海水脱盐等技术。生态城发展也以提供美丽的绿色公共空间著称。

一些优美的公共绿地空间是发展计划中的亮点。生态城将被划分成各具特色的七个区：生活区，生态谷，太阳能区，城区，风能区，乡土区和生态走廊。绿荫环绕的生活区由一系列位于土丘之上的高层住宅小区组成。与城区相反，乡土区扮演类似于城市郊区的角色，阶梯式建筑能把公共绿色空间最大化。另外，规划中风能区内的青坨子村——一个小湖环绕的百年村庄，将转变为市民娱乐消遣的场所。

资料来源：http://www.huffingtonpost.com/2011/01/13/tianjin-eco-city_n_806972.html#s221860.

3. 机遇

在促进城镇化方面，西部地区具有四个独特的条件和机遇。首先，中央政府发展西部地区的决心可成为区域发展的有力保障。政府高层对西部地区的关注，以及缜密的规划和充分协调的政府决策可以为城市可持续发展提供良好的环境和发展的机遇。其次，相对较低的城镇化水平意味着历史建筑相对较少，相应的修缮费用也较少。这也意味着西部地区城镇化可以采用前沿的发展技术和方法，包括先进的建筑规范、基础设施、规划方法等，西部地区生态城市的建设即是很好的范例（见专栏3—9）。再者，西部地区可以依据自身的长处和优势进行开发。例如为旅游产业型城市兴建自然美景建筑，开发蓬勃的贸易城镇，以及资源和采矿业相关的城镇等。最后，东部城市空气和水资源的污染已经引起越来越多的关注，在西部的一些二线城市，相对清洁的空气和水资源环境对于高学历人才有着相当的吸引力。

专栏3—11 打造"五朵金花"狠抓城乡统筹
——成都市锦江区统筹城乡发展的实践

为打破城乡二元结构和解决"三农问题"，自2003年来，成都市累计投入2.82亿元人民币，在锦江区三圣乡的五个村开展以发展城郊观光休闲农业为主的"城乡统筹"工作试点，在12km² 的土地上分别打造了"花乡农居"、"幸福梅林"、"江家菜地"、"东篱菊园"和"荷塘月色"5个不同特色的旅游村，人称"五朵金花"，2006年被国家旅游总局评为4A级风景旅游区。其中，"花乡农居"以发展小盆、鲜切花和旅游产业为主；"幸福梅林"围绕梅花文化和梅花产业链建设；"江家菜地"把传统种植业变为体验式休闲产业；"东篱菊园"突出菊花的多种类和菊园的大规模；"荷塘月色"重点放在对艺术村的建设。

"五朵金花"的建设充分利用了其地理位置优势，迎合了现在城市居民渴望体验乡村生活的愿望，不仅整合了成都市城郊区域之间的农村旅游资源，而且将农村旅游与农业观光休闲、古镇旅游、节庆活动有机的结合起来，形成了以农家乐、乡村酒店、国家农业旅游示范区、旅游古镇等为主体的农村旅游发展业态，在不断提升成都市旅游总体实力的同时，还丰富了农村旅游的内涵，促进了农村观光休闲农业的可持续协调发展。

花乡农居

幸福梅林

江家菜地

东篱菊园

荷塘月色

2003 年前，三圣乡是成都城郊区域中有名的贫困乡，"五朵金花"的建设，极大地促进了五个项目村的发展，并进一步带动了全乡社会经济发展水平的提升。2002—2006 年期间，全乡税收水平从 2002 年的 50 万元增至 2006 年的 1 200 万元，农村纯收入从 2002 年的 3 500 元增至 2006 年的 8 015 元，周边地区土地价格从 50 万元 / 亩增到 350 万元 / 亩[①]。

"五朵金花"成功经验为农村居民向城市居民过渡提供了一个很好的示范，既没有强占土地也没有进行土地拆迁搬家，但仍起到了很好的城乡统筹效果，这为西部地区乃至全国城乡统筹问题的解决都具有很高的参考价值。

资料来源：http://www.sdpc.gov.cn/tzgg/zhptggsd/t20070619_142124.htm

（六）环境与发展政策和制度安排

有效的政策导向与制度安排对于实施绿色发展至关重要，目前西部地区的政策导向与制度安排亟待改进。

101

---

① 成都市政府 . 关于成都市锦江区、温江区、双流县统筹城乡发展的考察报告，2007.

1. 现状

目前关于绿色发展的政策处于相对混乱的状态；许多预期良好但不当的措施通过相互作用，产生了难以预料的、效果相互抵消性的、次优甚至徒劳无功的结果。

2. 挑战

为了实现西部地区绿色发展，中国需要转变发展模式，综合改进国家和省级的政策和实践，确保监管机制的认真落实。中央部委与项目实施过程相互联系较少，虽然中国对于绿色发展的财政支持是显著的（2009 年估计超过 900 亿美元）①。但这种财政支持往往是短期的，且主要受项目和事件驱动，其中一系列复杂而琐细的资格审查为缺乏人力资源能力的贫困偏远地区带来了难以克服的障碍。同时，需要加强协调市场机制，刺激有效投资，如，将市场机制引入污染防治和生态系统恢复等。

（1）不合理的发展目标——"双高"

《西部大开发"十二五"规划》第六部分第二章确立了目标要求，2011—2015 年，西部地区的区域经济增速和城乡居民收入增速均高于全国平均水平。然而，根据《国家主体功能区划》，西部地区 77% 的国土属禁止或限制开发区，大规模、高强度的工业化和城镇化的活动在限制区是受限的，同时，任何一种工业化和城镇化发展在禁止开发区是禁止的。更高的社会经济发展目标与平均经济收入增长率目标，造成了地方官员很大的压力，这使发展可能与主体功能区划的意图相冲突。对于与主体功能区规划不相容目标的协调仍然需要指导，并做出改进。

如果我们限制或禁止部分地区的发展机会，设置西部地区"双高于"的社会经济发展目标无疑是不合理的。

（2）政策监管机制的缺失

目前西部大开发的系统仍然是一个反映了中国传统"自上而下"的管理体制。自 1999 年 9 月提出西部大开发战略以来，2000 年 1 月，国务院成立了西部地区开发领导小组，时任朱镕基总理担任组长，时任温家宝副总理为副组长。2000 年 3 月经过全国人民代表大会的审议和批准，国务院西部开发办公室正式成立。地方政府部门成立隶属于国家发展和改革委员会（NDRC）系统的专门机构，相关部门也增设单位以支持西部大开发战略，国家自然科学基金委员会也划拨了支持西部的人才基金。然而，由于部门间联系紧密，"自上而下"的管理系统可能会导致监管失灵。

此外，其他的问题还包括：由于不充分，不准确或具误导性的资料使适当的政策分析面临挑战②，缺乏促进社区公民积极参与的有效机制，以及促使当地政府官

① 亚洲发展银行．迈向对环境可持续发展的未来——中华人民共和国国家环境分析报告．菲律宾，2012.
② 亚洲发展银行．迈向对环境可持续发展的未来——中华人民共和国国家环境分析报告．菲律宾，2012.

员做出能够短期提高国内生产总值决策的收入和奖励制度。

（3）不完善的财政政策

自实施西部大开发以来，中央政府通过一系列国家政策给予西部地区许多财政优先权，其中大量的财政援助是通过中央财政直接投资、转移支付、生态保护和工程建设项目以及税收优惠来提供的。这些财政优先权主要在促进经济增长、增加区域税收收入、创造与提供就业机会和加速产业结构调整的加速等方面发挥了积极作用。然而，目前的财政激励政策也存在一些问题，阻碍了区域进一步发展，主要表现在以下六个方面：

第一，财政扶持额度与环境保护的责任不协调，一些地方对环境保护承担了更多的责任，但却得不到中央政府更多的财政资金。这个问题无疑是导致生态系统保护责任难以确定的主要原因。

第二，旨在平衡区域财政水平的转移支付制度还不健全。

第三，鉴于西部地区诸多特殊性，税收优惠政策需进一步完善，特别是税收优惠覆盖范围窄、门槛高，不能惠及大多数企业；国家鼓励产业并没有从税收优惠政策中真正受益（一些产业受国家激励）；税收优惠，如一把"双刃剑"，可能会导致当地政府收入损失，引发财政困难；税收收入划分方面，中央与地方政府采用统一的税收比例，其结果导致贫困地区税收收入减少，意味着只能从中央政府得到较少扶持。

第四，对西部生态保护和社会发展的长期而稳定的资金渠道尚未建立，这已成为制约西部地区进一步发展的重要"瓶颈"。

第五，现行有关生态补偿政策从概念到实施都不完善，有待提升。

第六，自然资源的获取需要基于适当的定价政策，鼓励政府和私人经营者有效地利用资源。

3. 机遇

制度和体制的确立过程中应该考虑西部鲜明的地方特征，国家相关规划应充分认识到西部地区人力资本和自然资本的局限性。短期内大力提升 GDP 或许能够消除地方贫困，然而，这种方案不能解决许多潜在的文化和环境问题，甚至能导致事态的进一步恶化。提升交通便利性、改善医疗条件等项目可以更好地与生物多样性丧失、增加水供应、废物处理等计划结合起来（避免出现课题组曾考察的青海省一家新医院的情况，医院已然建成但却没有水及相关公共服务设施与之配套）。贫困地区需要制定适应特殊文化、语言和其他少数民族生活习惯的体制和措施。

103

通过有效的生态补偿方案，使财政转移支付的效益直接惠及农村居民，由此可提升"十一五"规划和"十二五"规划中安排的"重大财政转移支付"决策对于推进生态环境监管与发展绿色商业模式的作用。

国家发改委已经负责制定了国家生态补偿的政策框架，并预计在"十二五"期间展开，甚至形成法律草案，然而，"仍有许多工作要做，各级领导必须与下级政府配合，发展地方试点案例，最终扩大到大范围甚至区域各级[①]"。

如果缺乏生态补偿措施，或缺乏各级政府的决策体系，生态功能分区计划就难以有效实施。

西部地区的发展机遇是显而易见的，中国长期重点关注西部地区，已经具备了一套复杂有效的规划体系，蕴含着巨大的转型潜力。课题组所访问的所有官员工作都十分专注及细致，他们需要一个明确、综合、一致和战略性的工作框架和方法。

专栏3—12　加拿大不列颠哥伦比亚省完善环境保护与社会发展的协调决策

挑战：

要及时地完善决策以实现目标，同时也要保证政策的相容性与可行性，实行使大众满意的资源开发与管理的政策。

背景：

经济的发展一方面依赖于各种资源（包括能源、矿产、森林、农业等），另一方面还要满足社会繁荣所需求的高质量的环境服务（包括水资源、生物多样性等）；

显著的地域差异性以及高质量的自然资源面临着愈来愈大的承载压力；

长期以来存在着社会发展与自然环境保护之间的矛盾；

社会愈来愈迫切的要求对协调好资源开发与环境保护的决策完善；

由于需求的竞争、经济全球化的作用以及气候变化等不稳定因素的影响，使决策背景变得更加复杂和不可预测。

实践措施：

综合完善以科学为基础的决策支持信息系统并提高决策的透明度；

决策与管理时采纳多方意见；

通过向社会咨询，发展建立综合的土地利用分区系统；

建立完全透明的环境评价系统，并设立一个专门的单独部门进行落实；

建立中立的法人单位对政策的落实进行考察和报告；

平等地考虑小众团体的利益。

经验：

在环境复杂、地域差异性大的地区，分区系统的作用是有局限的，尤其是在需要不断地调整决策以适应环境的变化的时候；

从计划开始就要不断改进决策的工具与方法；

---

① 亚洲发展银行. 迈向对环境可持续发展的未来——中华人民共和国国家环境分析报告. 菲律宾，2012：121-122.

> 制定管理部门间综合协调的职责分配制度是高效灵活的决策的前提；
>
> 建立并完善综合透明的决策支持信息系统；
>
> 实行公众认可的措施与建立法规政策同样重要；
>
> 要把针对累积影响的手段以及对风险评估的方法用在保障公众利益的决策上；
>
> 手段措施要能不断改善，不断地调整。
>
> **适用于中国西部地区：**
>
> 西部地区面临许多相同的挑战，但地区复杂性更深刻。中国可以借鉴这些省级水平上的经验，避免一开始实施就出现错误的情况。

资料来源：External Briefing Advice to British Columbia Government, Derek Thompson & Associates, 2012.

（七）小结

西部地区的价值观念和各种问题错综复杂，需要先进的管理方法。尽管已经对西部地区进行了重大投资和调整，西部地区的自然环境仍承受着很高的风险和影响，一些环境服务达到或濒临严重危及环境和健康的境地。

然而，在具备巨大的自然资源财富与文化多样性价值的西部地区，其机遇也是显而易见的。所需要的是一个明确、一致、综合、各级政府广泛参与的战略框架和实施方案。

在下一部分，课题组总结了主要发现，并提出了绿色发展的路线图，路线图的构建是在第二部分提出的绿色发展框架，以及第三部分挑战和机遇分析的基础上得出的。

四、主要结论及西部地区绿色发展路线图

课题组研究后认为，"十二五"规划中绿色发展相关目标的实现，以及中国未来 20 年绿色发展方向的明确，需要有路线图的指引、协调与佐证。对比西部地区绿色发展一旦失败可能带来的生态环境风险和成功实现绿色发展转型可能带来的收益，就能理解保障西部地区实现绿色发展急需的路线图引领的急迫。基于此，课题组就西部地区的绿色发展及绿色发展路线图设计提出了一些观点，供进一步讨论。

（一）什么是绿色发展路线图，为什么中国的绿色发展需要路线图指引？

105

绿色发展路线图是指引绿色发展目标实现的具体路径和方法，它整合了所有与绿色发展有关的活动，并明确这些活动中的重点和方向，将政府制定的发展目标、"五年规划"和绿色发展概念框架整合成为一个统一的绿色发展战略。

绿色发展路线图应当包括以下四个方面的内容：目标，明确绿色发展的总体方向；原则，指导区域绿色发展进程中的各项工作及目标的实现；整套机制，保证各个领域绿色发展目标的实现；监测和评估体系，监测、评价和跟踪绿色发展的进程，为区域绿色发展战略的调整提供依据。

绿色发展路线图并不是一套固化的政策措施的集合，与其他路线图一样，它提供一个框架用来回顾和评价现有政策、规划和管制措施，并帮助制定和实施进一步的政策行动。

主要结论1：政府将绿色发展纳入国家长期战略规划和实施机制是实现绿色发展的前提。

尽管国家在财政及其他资源分配上对西部地区绿色发展给予了大量的倾斜，也对西部地区绿色发展产生了一定的促进作用，但总体来说，效果并不明显。

"尽管每年都有一些环境监测指标得到改善，但西部地区环境恶化的总体趋势仍未得到控制，若不采取新的措施，2030年西部地区生态环境全面改善的目标将难以实现[1]。"

课题组认同2012年亚洲开发银行发布的关于中国的环境分析报告——《走向环境可持续发展的未来》中的观点，认为"中国实现绿色增长需要环境管理方式的战略转型"[2]。具体原因如下：

（1）"五年规划"中缺乏针对绿色发展路径的一个长期与综合设计

"五年规划"是西部地区绿色发展战略的重要组成部分，但若仅靠"五年规划"还不足以实现西部地区乃至全国的绿色发展。

一个有效的绿色发展规划应当包括长期的战略安排，正确的指导原则，以及能促进政府官员高效、务实地解决当前发展模式与绿色发展要求间冲突和矛盾的协调机制。

中国绿色发展战略的目标是实现全社会的"均衡、协调和可持续发展"，而这一目标的实现离不开持续、合理的资金支持，必须在中央和省级层面构建一个可持续且相互协调的绿色融资方案。在当前已有政策和执行机制下，西部地区绿色发展将面临巨大挑战，甚至难以实现。

（2）规划目标的设定需要更全面综合地考虑各个方面，并明确发展的优先顺序

课题组认为，"十二五"规划（尤其是"西部大开发'十二五'规划"）中已涵盖大部分西部地区绿色发展的目标（见专栏3—13），是西部地区绿色发展战略不可或缺的重要组成部分。

---

① 亚洲开发银行.迈向对环境可持续发展的未来——中华人民共和国国家环境分析报告.菲律宾，2012：125.
② 亚洲开发银行.迈向对环境可持续发展的未来——中华人民共和国国家环境分析报告.菲律宾，2012：126.

专栏3—13   西部大开发"十二五"规划环境与发展主要目标

生态环境：森林覆盖率达到19%，森林蓄积量增加3.3亿 m^3，草原生态持续恶化势头得到遏制，水土流失面积大幅减少。

生态补偿：建立省级财政对省以下生态补偿转移支付体制；研究建立资源型企业可持续发展准备金制度；逐步建立区域间生态补偿机制；加快研究制定生态补偿条例。

节能减排：严格实行主要污染物排放总量控制，与2010年相比，单位地区生产总值能源消耗量（不含西藏自治区）下降15%左右，化学需氧量排放总量减少4.5%，二氧化硫排放量减少3.5%，氨氮排放量减少6.8%，氮氧化物排放量减少3.4%；开展循环经济和低碳试点；严格控制高耗能、高排放行业低水平重复建设；坚决淘汰浪费资源、污染环境和不具备安全生产条件的落后产业。

防灾减灾：建立省、市、县、乡四级监测、预警、应急指挥体系。

经济发展：经济增速高于全国平均水平；特色优势产业体系初步形成；自我发展能力显著提高。

提高人民生活水平：城乡居民收入增速高于全国平均水平；城镇保障性住房覆盖面达到20%以上；城镇登记失业率控制在5%以内；贫困人口显著减少。

增强公共服务能力：义务教育、医疗卫生、公共文化、社会保障等方面与全国的差距逐步缩小；九年义务教育巩固率达到90%以上；城乡三项基本医疗保险参保率提高3个百分点；新型农村养老保险和城镇居民养老保险实现全覆盖。

基础设施更加完善：综合交通运输网络初步形成；重点城市群内基本建成2小时交通圈；基本实现乡乡通油路，村村通公路，群众出行更加便捷；铁路营业里程新增1.5万 km；道路交通、通信基础设施进一步完善；水利基础设施明显加强；新增生活垃圾无害化处理能力12万 t/d。

优化产业结构：第一产业就业人口比重明显下降，农业综合生产能力明显提升；第二产业竞争力显著增强；第三产业发展壮大，吸纳就业能力明显提高；大力发展可再生能源和新能源；

城镇化：城镇化率超过45%；加强社会管理法制、体制和能力建设，全面提高社会服务管理水平。

城乡统筹：增强中心城市辐射带动作用；培育中小城市和特色鲜明的小城镇；提升城镇综合承载能力；统筹城乡发展。

资料来源：国家发展和改革委员会.西部大开发"十二五"规划，2012.

在过去的两年里，结合"十二五"规划中设定的发展战略和目标，国家补充出台了一系列补充和支持措施，并承诺要加大对西部地区绿色发展的财政支持力度。

这一系列的补充和支持措施包括，提高现有空气污染排放标准至世界最高水平；有针对性地加强对西部地区城市基础设施建设的投资；强化环境影响评价过程的公众参与；严惩故意瞒报误报数据或行政腐败的公职人员；改革资源定价模式，引入绿色税收制度（见专栏3—14）。这些政策措施大多数已经得到了很好的落实，如气候变化的应对等，然而，这些措施尚未与西部地区绿色发展概念框架及西部地区绿色发展目标很好地结合起来。

专栏3—14   近两年（2011－2012）来出台的"西部大开发'十二五'规划环境与发展目标"补充政策

2011年4月8日，环保部发布《环境影响评价技术导则 生态影响》和《建设项目环境影响技术评估导则》两项国家环境保护标准，规定了建设项目环境影响评价的一般性原则、内容、工作程序、方法及要求。并首次发布煤炭采选工程相关标准，为煤炭采选工程环境影响后评价与煤炭资源勘探活动环境影响评价提供参考依据。

2011年9月8日，环保部发布《区域生物多样性评价标准》。标准适用于以县级行政区域作为基本单元的区域生物多样性评价，以规范生物多样性评价指标和方法，掌握并了解全国和各地生物多样性的现状、空间分布及变化趋势，明确全国和各地生物多样性保护重点，整体上提高中国生物多样性保护的管理能力。

发布《污染源编码规则》，并自2012年6月1日起实施。标准规定了全国污染源的编码规则，用于全国环境污染源管理工作中的信息处理和信息交换。防治环境污染，改善环境质量，实现对污染源标识和表示的规范化。

出台《环境监察办法》，并自2012年9月1日起实施。明确由环境保护部统一监督管理、县级以上地方环保主管部门负责、各级环境保护主管部门所属的环境监察机构具体实施的环境监察体系。建立健全工作协调机制，为环境监察机构提供必要的工作条件。

课题组发现，"十二五"规划中包括了一些相互矛盾的政策方向，如"双高于"的社会经济发展与生态环境改善的目标。而由于有效的引导、监督、评价及调整决策机制的缺失，政府机构在调和"十二五"规划目标间的相互矛盾时困难重重，且在一定程度上，加剧了西部地区绿色发展的不稳定性，增加了区域绿色发展目标的实现难度。

（3）强化部门协作和体制机制改革，推动绿色发展创新

推动绿色发展需要体制机制改革。一个被公众普遍接受的观点认为，各部门（横向和纵向）及不同项目间联系的缺失是西部地区绿色发展进程中的最大阻碍，体制改革势在必行①。

当前，国际上大多数国家已经出台了一系列措施，以期更有效地解决各部门间联系不足的难题。尽管不同地区的解决方案有所不同，但其核心都在于减少浪费、提高效率和改善效果，这就需要重新定义各级政府的关系。课题组深刻认同温家宝总理在"十一届"全国人大五次会议上作政府工作报告时提出"要深入推进经济、政治体制改革"，认为一个符合中国国情的、有中国特色的政府间协调机制对西部地区绿色发展至关重要。

此外，政府在进一步完善和强化传统的法律法规和强制措施时，还应当进一步加大对基于绩效表现的市场机制的探索。

（4）进一步完善信息系统，提升监测评估系统的透明度

"十二五"规划中已明确设定了西部地区绿色发展的绝大多数目标，当前中国西部地区绿色发展所面临的最大问题不是目标和计划的不明确，而是各级政府在制定绿色发展决策中国时缺乏"准确、可靠、易获取"的数据支持。这些数据对于监测和评估区域"四大资本"存量的变化具有重要意义。

造成相关数据缺失的原因很多，如因幅员辽阔、区域分异明显而造成的数据量巨大、获取困难、获取成本高等。相关数据的缺失加剧了决策者在判断当前经济增长方式是否合理抑或是能否满足绿色发展需求时的难度。

国际经验表明，大量可持续发展相关数据的获取是评估区域可再生、不可再生自然资源承载能力，编制区域可持续发展规划以及制定相关政策的前提。

当前缺失信息包括：可再生和不可再生自然资源存量、承载能力数据，以及现有资源利用情况的评估数据，如矿物和化石燃料资源已开采量占此类资源总储量的比例等；西部乃至整个中国的自然资源管理、生物多样性和生态系统安全等相关指标数据；确保"主体功能区规划"在"十二五"期间顺利实施所需的区域数据；中央和地方政府在相关数据收集、信息管理系统建设以及规划目标实施监测等方面的投资数据；与关键环境指标相关的数据等。

（二）为什么西部地区需要绿色发展路线图？

主要结论2：在绿色发展的进程中应当重点关注西部地区，率先在西部地区落实绿色发展路线图。

绿色发展路线图在全国范围内都适用。在充分分析当前发展过程中所面临自然资源和人力资本限制，并对全国绿色发展战略进行风险回报分析后，课题组认为，中国绿色发展的主要机遇和挑战在西部。

与其他地区不同，中国绿色发展过程中所面临的所有挑战在西部地区都已有所

---

① 亚洲开发银行.迈向对环境可持续发展的未来——中华人民共和国国家环境分析报告.菲律宾，2012:123.

体现。更重要的是，随着国家经济发展对自然资源依赖程度的增加，西部地区在生态环境方面所面临的挑战对中国的社会经济发展进程的影响将会进一步加剧。

西部地区当前的发展方式存在着较高的生态和社会风险。降低这一风险，实现区域绿色发展的关键在于正确处理区域差异性，解决历史遗留问题和推行新的绿色经济增长方式。

区域绿色发展路线图缺失会使西部地区脆弱自然生态系统和本土文化面临再次被破坏的风险，而丰富多样的自然生态系统和民族文化的保护是中国西部地区绿色发展最为重要的内容。

为提升西部地区绿色发展水平，国家已针对西部地区投入了大量的人力、物力和财力，也取得了一定的成效，但区域环境与发展的问题始终没能得到很好的解决。这一方面是由于西部地区广阔的面积及其问题的复杂性，但更主要的是由于西部地区绿色发展路线图相关配套措施的缺失。此外，当前许多绿色发展机遇的实现都依赖于方法和途径的创新，如果继续采用原有的发展方式，将会错过这些机遇。

当前，区域发展方式正面临"不得不实施转型与变革"的严峻挑战，且新一届政府及改革方案尚未出台或者重新定向，现在正是论证、尝试甚至试验实施绿色发展新模式的好机会。西部地区应当努力抓住此次"千载难逢"的机会，大力推进区域绿色发展，正所谓，"机不可失，失不再来"。

（三）西部地区绿色发展的路线图

本节将具体阐述课题组构建的西部地区绿色发展路线图，并对相关内容进行了进一步说明。值得注意的是，路线图所表明的仅是西部地区绿色发展目标和实现这一目标相关环节间的逻辑关系，并提出了可能的实现路径，并不能代替政府出台的更详细的相关政策措施和规划。

1. 西部地区绿色发展的目标

主要结论 3：西部地区绿色发展需要明确具体的目标

政府应当进一步细化西部地区"均衡、协调和可持续发展"的目标，通过设置更为具体的发展目标增加西部地区绿色发展战略的可操作性。本报告从保持和提升"四大资本"的角度出发，提出了西部地区绿色发展三大总体目标。

目标 1：环境友好

目标 2：社会包容

目标 3：内生增长

表 3—4　西部地区绿色发展路线

| 目的 | 指导 | 实现路径 | 方法 | 监管 |

目标	原则	主要关注领域	管治机制	监测评估体系
*总体目标（西部地区绿色发展） •内生增长力 •环境友好型增长 •社会包容 *具体目标 •生态系统保护及管理 •能源矿产资源开发与管理及污染控制 •扶贫与劳动力素质提升 •可持续城镇化 •产业绿色转型 •经济增长与社会公平	*政府主导 *体现区域差异 *相互协同 *权责对等 *理性决策 *长期规划 *市场与非市场机制相结合	*生态保护建设与扶贫开发 *绿色能源与矿产资源开发及污染控制 *产业绿色转型 *加强绿色城镇建设 *体制机制的完善	*政府管制（中央/省级/地方） •规划 •立法 •财政转移支付 *市场调节 •碳交易市场 •排放权市场 •自然资源定价制度改革 *法律制度	*环境评估 *针对各个主要关注点的监测评估矩阵 *第三方全过程监管 *公众参与 *四大资本的评估 •自然资本 •经济资本 •社会资本 •人力资本

2. 西部地区绿色发展的指导原则

主要结论 4：全方位多层次的政府参与是实现西部地区绿色发展的前提

课题组走访了各部委及典型案例区（四川省和青海省）政府和环境保护部门的工作人员及相关学者，并就西部地区绿色发展与其进行了交流。受访官员和学者普遍认为，"五年规划"在西部地区绿色发展进程中的指导作用不足，并结合自身工作经验，就促进西部地区绿色发展提出了如下八条原则（完整表述见附录1）。

坚持将政府主导放在首位；

区域差异化的原则；

区域间相互协调与合作的原则；

共同的目标与责任；

地方政府责任制原则；

构建准确、完整和各部门共享的数据信息系统以确保理性决策；

确保相关政策措施、规划的长期性；

政府监管与市场机制相结合的监督协调体系。

3. 主要关注领域和体制机制

主要结论 5：西部地区绿色发展需要一个能同时处理生态环境保护、区域贫困

和经济增长问题综合方案的指引。

（1）通过强化对基础设施、就业工程和人力资本的投资促进西部地区生态保护和真正的地区繁荣

要解决西部地区的贫困问题，首先要协调好基础设施（道路、学校、医疗卫生、社区服务以及环境服务）建设、提升教育水平以及创造就业机会间的关系。这是因为大部分贫困集中区有着极为脆弱的生态环境，需要大力实施生态补偿工程以及生态建设工程，而同时这些地区自然资源以及文化旅游资源极为丰富，具有巨大的开发前景，需要制订长远的发展计划来实现环境与文化资源的双赢。

（2）以扩大就业和防止污染行业扩散为目的的产业转型

充分利用国家及地方政府在西部地区生态建设项目、旅游开发、农产品加工、服务业等方面的投资，扩大西部地区就业机会和投资规模。此外，西部地区的绿色产业转型一方面要针对过去"高污染、高排放、高消耗、低效率"产业（即"黑色"产业）发展所产生的环境污染进行环境治理，消除其负面影响；另一方面，要采取一系列的环境措施，防止这类"黑色"产业从东部再次转移过来。

以促进西部地区产业转型为目的相关措施的出台与项目的上马，尤其是政府出资项目在西部地区的安排，既要注意其在西部各地区间的协调，也要理顺其在各地区间实施的优先序。这些措施包括（不仅限于），基础设施建设工程、扩大资源税征收范围和地方提留比例、成立创新基金、设置限制开发区废弃物排放标准等。

（3）将可持续的城镇化建设作为区域经济的新增长点

以主体功能区规划牵引，实施因地制宜的差异化城镇发展政策，构建多样化的城镇规模、类型、结构和功能。西部地区的城镇化建设应当成为主体功能区规划落实的动力而非阻碍。

强化城镇基础设施建设，减少环境负荷。鉴于西部地区在国家水资源供给等方面的突出战略地位，以及因社会经济发展水平和财政能力相对较低而无法负担城镇基础设施建设前期大量投入的现实，国家有必要通过构建一个有效且高效率的财政机制来确保西部地区城市环境基础设施的前期投入，而不是等到西部城镇自身获得相应财政能力后再去建设。

制定并实施以发展绿色、生态城市为目标的城镇化发展长期战略。具体包括：完善和实施城镇建筑质量控制标准与规范；实施紧凑型城镇发展模式，避免城镇无序扩张；优先发展城镇公共交通基础设施建设；建立长期的绿色产业发展战略，并将其作为城镇化发展战略中不可分割的一部分，完善西部地区现有城镇功能；推广应用优选且适用的技术、规划及管理模式。

加强城镇软环境建设。投资建设一批中等大小，吸引力高的宜居城市，这些城镇应当具备提供最先进物质文化生活环境的能力，拥有一批高等教育和研究机构；

应当具有吸纳高水平人力资本和高附加值产业的进入的能力，并能最终成长为区域枢纽城市。

采用城乡相互支持与共同发展的统筹发展系统模式。改变当前"城乡二元分割"的现状，减少城乡资源与能力的竞争；增强城镇化发展的正溢出效应。

主要结论6：西部地区绿色发展需要制度改革与方法创新。

（1）主体功能区规划面临的挑战

主体功能区规划的出台对于中国主要生态系统的保护和区域绿色发展的实现具有重大意义。然而，当前中国的主体功能区规划还处于功能区规划的初级阶段，在对其进行进一步完善及规划实施的过程中，有很多国际经验可供借鉴。

然而，当前中国的主体功能区规划还停留在国家战略层面，在地方层面上并没有得到很好的应用，功能区规划对于全国绿色发展的意义在很大程度上还没有被政府和工业行业主要决策者所充分认知。因此，必须进一步将其细化到地方层面，这就要求将其与区域"四大资本"存量的提升联系起来，使之成为区域生态环境与发展问题决策的主要依据。主体功能区规划作用的充分发挥，需要准确的数据支撑，需要训练有素的工作人员，还需要与城市发展规划、生态保护、及工业和基础设施发展环境影响评估等相配套。这些需要各级政府、各部门之间的密切合作。

（2）财政机制和基础设施建设

政府直接投资项目是改善区域基础设施建设的重要战略手段之一。为推进西部地区绿色发展进程，改善区域基础设施水平，中央政府在西部地区投资了一系列工程项目（如"京津风沙源治理工程项目"等），然而这些工程大多是对于突发紧急事件的应对，多为短期项目，且各项目间相互独立，缺乏联系和统一规划，项目实施效果不明显。要充分发挥政府直接投资项目在西部地区基础设施建设中的作用，必须对这些项目进行统一规划和协调，提升政府财政资金利用效率，同时，成立专门的监督机构，对项目实施进行统一监管。

（3）市场机制

市场机制是协调西部地区绿色发展的另一重要机制。仅靠传统政府强制手段难以覆盖绿色发展进程中的各个方面，因此，在协调西部地区绿色发展进程时，必须引入市场机制。然而，由于当前中国市场机制本身的不完善，这一协调作用尚不明显。需要由中央政府主导去开展这方面的尝试，并建立长期市场机制建设规划[1]。

（4）独立的监督和评价体系

绿色发展规划的实施需要具备创造性的灵活适应能力和全新的综合措施，以有效适应实际情况的变化，这就需要构建一个公众普遍认可的监督和评价体系。如果

[1]Han, G., M. Olsson, K. Hallding, et al. China's Carbon Emission Trading: An Overview of Current Development, January, 2012.

没有公开透明的信息系统，中立的监督和评估体系，西部地区绿色发展规划将难以充分实施。

4. 监测与评估体系框架

主要结论7：西部地区绿色发展需要新的监测和评估体系。

有效地监测和评估体系对于及时了解和跟踪区域绿色发展进程，实现绿色发展至关重要。所有成功的变革都是不断调整的结果，而一个基于可靠和准确的信息数据建立起来的完善的监测和评估体系是确保每一次调整都能更接近最终目标的前提。

当前，中国在构建区域发展监测和评估体系方面已做了大量的工作，监测结果也已广泛应用到政府工作报告和官员政绩考核中。然而，由于各部委间统计口径的差异以及彼此间数据共享系统的缺失，一个全国统一的监测评估体系始终没能建立起来。此外，现有监测评估体系中，并未涵盖绿色发展的相关内容，对区域社会经济发展水平的评估仍以GDP为导向。本文提出了一个新的西部地区绿色发展监测评估体系概念框架（见图3—5），这将是西部地区绿色发展监测评估体系构建的第一步。

西部地区绿色发展监测评估体系概念框架的主要作用在于收集和提供西部地区绿色发展的相关信息，这些信息的主要用途包括：跟踪西部地区绿色发展各个方面的进展；明确当前绿色发展进程中的缺陷与不足；对资源的规划、安排、分配及管理；监测西部地区发展对区域"四大资本"的影响；评估西部地区绿色发展相关措施的实施效果；公布区域绿色发展关键衡量指标监测数据。

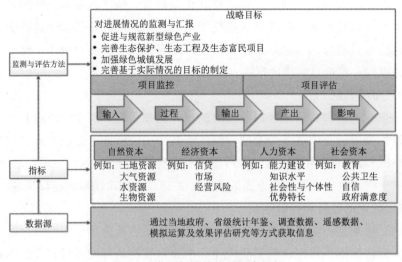

图3—5 监测与评估体系概念框架

五、政策建议

基于研究的主要结论和已构建的西部地区绿色发展路线图，课题组选取几个当前最重要、最急切，短期内就能有效推进西部地区绿色发展的问题进行了分析，并就其解决方案提出了相应的政策建议。

（一） 中央政府应当尽快制定、出台和实施"西部地区绿色发展战略"

明确"西部地区绿色发展战略"是当前西部地区绿色发展进程中最为迫切和重要的需求。尽管当前已出台了一系列针对中国西部绿色发展的政策措施，但仍缺乏一个统筹区域整体推进绿色发展的战略框架。若仍遵循旧的发展模式，则注定将导致绿色发展的失败。总体战略框架的缺失，使得当前西部地区发展各个方面的目标不能很好地协调和统一，增加了"十二五"规划相关目标实现的难度，并进一步影响未来"五年规划"发展目标的设计。这些无疑会制约西部地区绿色发展新发展模式的建立，以及区域特色资源优势的发挥。

中国西部地区绿色发展总体战略应当包括以下几个方面：一是以"西部地区绿色发展线路图"为基础和原则构建区域绿色发展战略；二是制定西部地区中长期全面发展规划（至 2030 年），其内容应涵盖基础设施建设、人力资本投资、城镇化发展、工业化发展、环境污染控制、生态系统建设和生态服务供给等多个方面；三是以西部地区绿色发展总框架为指导，西部各省（区）应当结合本省实际，按照差异化的原则，制定本省的绿色发展战略实施方案；各省内部各市（区）也应结合本地区实际制订具体的绿色发展行动计划；四是保持资金来源和税收收入稳定，确保西部地区绿色发展的顺利推进。

（二）在省级和地方层面，将以保护中国西部生态服务功能、维持生态系统稳定和生物多样性为目的各类生态保护手段（如生态工程建设等），与区域扶贫开发结合起来，生态环境保护与扶贫开发相关手段的长期有机结合

与世界其他地区一样，中国西部地区的贫困和生态环境保护问题也是相互交织，难以分割，如果想解决其中的一个问题，就必须同时解决另外一个问题。应当认识到的是，生态保护和生态建设工程本身就具有创造新的教育、培训和工作岗位的可能。然而，当前在西部地区实施的生态和扶贫工程项目大多是短期的，且彼此间缺乏联系，这大大削弱了其创造教育、培训和工作机会的能力。西部地区应当将更多的当地居民纳入到这些工程的建设当中，在这些工程的建设中承担更多的责任，并

在工程建设结束后积极参与工程的后期管理和维护。

要更好地实现区域生态环境保护工程与扶贫开发工程间的结合，应当重点考虑以下几点：一是在全区更大范围内开展相关工程试点，并以之作为区域内大规模长期生态系统重建与保护的基础；二是由中央政府负责安排对这些工程的布局、实施、资金补贴，并对项目实施进行统一指导和监管；三是项目资金尽可能由中央财政直接划拨给社区实施项目；四是确保当地居民的土地可持续利用行为能获得长期稳定的财政支持；五是重点保护好草地资源；六是优先安排有实效的项目资金。

（三）重点加大对以提升西部地区人力资本为目的的各类工程的投入，强化区域绿色基础建设和生态服务供给，缓解西部地区贫困，提升区域绿色发展进程的速度和质量

几乎所有成功解决扶贫问题的国内外案例和经验都表明，基础设施（交通、通信、教育等）建设是有效解决区域贫困问题的重要手段之一，这与中国在西部地区扶贫开发过程中着力改善区域基础设施水平的决策是一致的。绿色发展所要求的基础设施水平改善尤其强调与生态服务供给和保护相关的基础设施水平的改善（如污水排放与治理，环境监测站点建设，旅游相关配套设施建设、草地资源保护等）。无论是西部区域整体还是某一具体地域的基础设施的改善都应当被尽快推进，而对区域人力资本的关注与提升是确保这些措施顺利推进的根本和关键。

西部地区人力资本建设应包含以下几点内容：一是增加居民受教育和培训的机会，重点考虑贫困和生态脆弱地区居民的受教育问题，完善学校及相关机构、医疗服务部门、通信及教师培训等软硬件设施的建设；二是抓住机遇，着力提升西部地区人力资本和劳动力素质水平，充分发挥其自然资源优势，培育区域内生增长能力；三是提供针对妇女的小额贷款，鼓励妇女创业，提升妇女的能力及其在家庭和社会中的地位；四是在西部广大农村地区，加大对有利于社会长期可持续发展的生态保护、管理和环境工程的财政支持力度。

（四）开展财政体制机制改革，提高各级财政资金的使用效率，通过长期稳定的财政支付促进西部地区绿色发展

当前，中国政府财政投入的重点主要在区域生态环境管理和社会发展方面，且政府财政对这两大问题的关注和倾斜在今后仍将继续。然而，由于当前分散的缺乏统一设计的财政资金使用方式，使得这些财政投入并未达到应有效果。资金安排和使用方式的不合理进一步加剧了那些自身发展能力不足的贫困地区的财政投入资金使用难度，而这些贫困地区正是发展需求最为迫切的地区。课题组提出三项关键措施，即建立绿色发展基金，实行资源税归地方的税收政策以支持地方绿色发展，以

及加速环境财政制度改革。此外，还需要中央和地方政府开展金融体制的改革。

1. 绿色发展基金

鉴于西部地区长期以来遵循以政府财政投入为主的经济增长方式，其未来社会经济的发展在很大程度上仍将取决于稳定的财政收入来源，绿色发展基金的成立将为西部地区绿色发展提供更有效的资金保证和动力。绿色发展基金将被用于省级和地方层面的绿色发展及创新，且最好能让社区分享一部分因绿色创新而产生的直接效益。资金的使用方面，在省级和地方层面，基金将主要用于鼓励相关"绿色产业"的发展；在地方层面，基金则将主要用于对发展本地特色产业企业的直接经济补贴；此外，基金还将用于以改善生态系统健康状况的相关活动和工程建设。绿色发展基金建立可采用以政府直接投资为主，以鼓励资源高效利用和回收为目的相关税费（包括排污费和资源使用税等）为辅的方式。

2. 资源税归地方

地方税收可为西部地区一些小型生态建设工程提供资金支持。当前，西部地区非但没有从资源消耗型企业中获取足够的直接经济收益，反而承担着其因过度消耗资源和环境所产生的机会成本。当前，中国政府已明确提出要将资源税改革及其他相关财政措施延伸到经济、环境和社会的各个领域。这些措施应当立刻付诸实施。资金应被用于国家和省级政府（合作或者配套）共同确定的绿色发展优先项目，这些项目应与省级绿色发展战略相一致（包括就业机会创造以及劳动力素质培训等）。

3. 环境财政制度改革，例如生态补偿

当前，中国的生态补偿机制还停留在概念讨论层面，并未延伸到政策执行层面，一个能充分实现个人、集体和省级层面公平的生态补偿机制需要从中央政府层面建立并给予明确规定。生态补偿系统应当充分认识到西部地区的生态服务供给功能，并对长期承担生态系统保护工作的农村居民给予充分公正的补偿。要达到这一目标，必须明确各省的一般性的转移支付水平，而不是目前依单纯依靠一些短期的资助项目。

有关提高财政投入资金的使用效率的建议如下：

（1）逐步实现国家财政资金使用方式从以短期项目支持向以构建系统长期的生态补偿机制为导向转变。生态补偿资金的安排应当以其生态系统服务功能的大小为分配标准，且这些生态补偿资金应当直接支付到与保护系统相关的农牧民手中。

（2）成立绿色发展专项基金，为西部地区绿色发展成果提供激励和保障，如出资鼓励新型绿色产业发展；在社区层面通过资助引导生态系统恢复以及鼓励创新。

（3）对所有主要工程强制执行战略环境影响评价制度，保障区域绿色发展；

117

为省级政府开发适当的风险评估模型。

（4）加强不同财政投资渠道的集成与改善，并结合区域实际设立差异化的项目目标，避免不同财政手段的重复使用和彼此间对资源的竞争。

（5）重点培育和扶持具有本地特色的"绿色产业"的发展，如与资源产业和环境相关的环境技术服务和创新，特色优势农产品和食品加工产业、生态旅游、中药产业、文化产业、羊毛地毯、旅游休闲（例如成都周边的农家乐）。

（6）落实最近改革的资源税收体系，通过将资源税留在地方来提升地方政府对绿色发展行为的投入能力，并把资源税的收益通过具体工程回馈给当地人民。

（7）鼓励外资投入到能源、环境保护、基础设施和矿产资源领域（包括研发方面）。

（8）将"污染者付费"的原则延伸至自然资源和矿产开发的各个领域。区域资源、能源开发企业的职责不应仅停留在创造就业机会上，还应积极响应当地的发展需求，包括参与发展当地的医疗保健水平、提供教育与贸易学校培训、参与生态工程建设与恢复、开发当地旅游资源等，为当地居民带来一些看得见的实惠与收益。

（9）为现有的不可持续和高污染高能耗企业（特别是中小企业）的转型提供资金支持。

（10）构建绿色基础设施建设专项基金，确保西部地区现在及未来公共基础设施建设与绿色发展原则及区域绿色发展的优先序相一致，更好地利用当前预算内的绿色发展资金，提高资金利用率。西部地区绿色基础设施建设专项基金的安排能更好地规划和协调区域基础设施建设，也能节省省级政府在基础设施建设方面的财政支出。

（五） 强化"全国主体功能区规划"牵引作用，将其作为制定差异化区域发展策略并实现区域均衡和绿色发展的重要决策与行动的依据

"主体功能区"概念的提出对于中国生态保护、城镇化和工业化发展意义重大。西部地区是中国的生态功能主要供给区，主体功能区规划的提出，尤其是不同功能区差异化发展原则的设定，为西部地区绿色发展相关决策的制定提供了参考和依据。然而，当前区域分异政策体系的构建还不完善，仍有许多政策的制定并未将主体功能区规划结果考虑其中。一个主要的原因在于，当前的主体功能分区仍停留在一个相对宏观的层面，缺乏具体的实施细节，这在一定程度上影响了其实施的效果。因此，一个亟待解决的问题是如何提高其在执行层面的落实力度，使其在区域均衡和绿色发展道路上发挥更大的作用，而不是成为其发展的阻碍。

为提高《全国主体功能区规划》的可执行性，对中央政府提出如下建议：

（1）针对限制开发区和重点开发区，制订更为详细与具体的发展计划，遵循

地域特征的差异提出更详细的分区开发方案，为当前决策者制订详细的发展规划提供更多、更好的参考信息。

（2）生态功能保护区必须专注于生物多样性和重要栖息地的鉴定和保护。对于那些位于重点和限制开发区内，但又未被包含在已设定自然保护区范围内的生态敏感和关键地区尤其需要特殊的管理。

（3）国家自然保护区规划、西部地区的城镇化和工业化发展战略必须与国家主体功能区规划保持一致。

（4）明确限制开发区内所限制和禁止的行为，并结合不同限制开发区的区域特征，构建具有区域特色的限制开发区的绿色准入门槛。

（5）加强针对采矿业的监管制度，包括生态补偿机制和现有矿山企业的监督管理机制等。

（6）充分利用现代高新技术，构建区域开发监测机制，确保不同主体功能区开发行为与其开发原则相一致。

（7）通过当地社区的介入，加强执法能力建设。重点开展对各地政府官员的执法能力培训，严格实施生态环境质量的当地政府首长问责制。

（8）将环境影响评价制度与主体功能分区相结合，在区域环境影响评价的过程中，尤其是对限制开发区环境影响评价的过程中，要充分考虑风险评估、累积环境影响和社会影响等方面的内容。

（9）完善区域内自然资源数据的收集工作，尤其是区域生态价值、发展潜力等数据，为主体功能区规划的实施及相关配套政策的制定提供数据支持。

（10）在全国范围内开展自然资源资产审计制度，并将其引入不同功能区域生态环境保护与开发过程和效果的评估中。

（11）完善不同尺度的数据（地理尺度／细节）规划编制方法，支持区域和地区绿色发展（包括土地利用、水资源开发、生物多样性保护以及资源利用等）。

（12）优先推进可持续水资源规划和分配框架的制定以及适当的资源定价机制，支持西部地区绿色发展。

（六）结合各省发展需求与条件实施以生态城市为发展目标的可持续城镇化发展模式，制定差异化的城镇化发展战略

城镇化是保障西部地区绿色发展的一个重要途径。城镇建设可以吸引投资、促进改革创新，提供新的发展机遇，吸引农村地区和生态脆弱地区的剩余劳动力的转移。然而，如果没有处理好城镇化建设与生态环境保护间的关系，城镇化也会带来集中污染、降低居民生活质量以及加重区域环境负担的问题。

对西部地区城镇化发展的建议如下：

119

（1）结合主体功能区规划，因地制宜，制定差异化的城镇化发展战略，实现区域城市规模、类型、结构与功能的多样化。

（2）加强城市基础设施投资，预防和减少城镇化的负面环境影响。

（3）基于各地区当前的发展水平，制定一个长期稳定的绿色生态城市建设规划；在当前生态城市建设试点的前提下，加快推进区域生态城市的建设；区域生态城市的建设要充分借鉴国内外的已有成功案例，少走弯路。

（4）加强城市软环境建设，改善西部城市的可居住性和吸引力。建成几个中等规模的、有吸引力的、生态宜居的城市，这些城市应具备先进的设施和健康的文化环境，以及良好的教育院校和研发中心，具备成为区域知识创新和产业孵化枢纽城市的潜力。

（5）采用城乡相互支持与共同发展的统筹发展模式。城市环境与发展相关规划、管理和政策的制定应当致力于最大化城市的正面溢出效应，同时在城市周边地区最小化各类负面的资源、环境和社会影响。

（6）将建筑和工作场所安全放在首位。

（七） 在西部地区重点和限制开发区尤其是贫困集中和区域发展潜力较大地区，鼓励具有区域特色的新型绿色产业的发展

西部地区区域特色与绿色发展相结合能产生巨大的发展潜力，然而这一潜力在当前的区域发展中并未得到很好的体现。当前西部产业发展还是主要集中在有限的几类产业，如资源加工业等，创造就业机会的能力有限，产业发展的富民作用不明显。充分发挥区域自然和社会资源优势，培育区域特色产业，对于提升区域竞争力具有重要作用。值得注意的是，在西部地区产业发展的过程中，尤其是承接东部地区产业转移的过程中，"高污染、高能耗"产业的进入可能会对原本脆弱的生态环境造成更大的压力。

对西部地区绿色发展体制机制改革的建议如下：

（1）通过专项资金和激励措施鼓励西部有潜力的地方重点开展"绿色产业园区"的建设。

（2）因地制宜，明确西部不同地区的绿色发展潜力，如，西宁地区可通过发展草原相关生态产业提升区域发展水平，通过鼓励农村剩余劳动力参与草原生态保护工程建设创造就业机会等。

（3）结合主体功能分区，特别是限制开发区，制定一套差异化的区域产业绿色准入门槛，防止中东部地区污染产业向西部地区的转移。

（4）积极扩大外商投资渠道，同时确保外商直接投资必须符合中国的环境和社会发展相关标准，并且在条件合适的情况下应该高于这些标准。

（八）加强制度创新来引导长期绿色发展

绿色发展转变的核心在于组织和管理制度的创新，这一观点在中国高层领导人的讲话及国家发展报告间已得到广泛认同。省级和地方政府执政能力的缺失以及西部地区自然资源的分散，使得体制制度改革对于推进西部地区绿色发展进程的推进尤为重要。以各级政府在横向和纵向协调推进为目的的体制机制创新是西部地区绿色发展目标实现的重要前提。

有关西部地区绿色发展体制机制创新的建议如下：

（1）以课题组提出的路线图为原则，启动西部地区绿色发展战略的编制工作，明确西部地区不同阶段的绿色发展目标。

（2）恢复并加强国务院西部地区开发领导小组办公室的管理，协调各部委在促进绿色发展，基础设施建设及人力资本投资等方面的合作。

（3）强化对地方政府高层领导的绿色发展绩效管理，并将绿色绩效纳入官员的考核指标体系。

（4）在中央政府层面建立一个中立的政府监督汇报机构，开展公众监督和报告制度。

（5）在省级层面成立专门的绿色发展协调机制，协调绿色发展建设过程中的各项工作（如绿色基础设施建设、人力资本开发、执法监管等）。

（6）强化和推进环保部已经开展的区域生态环境保护建设工程，并将其与其他部委的类似行动相协调。

（7）开展省级生态建设工程外包在当地社区的试点。

（8）整合各项财政措施，通过财政手段促进区域绿色基础设施建设。

如何在确保当前经济增长速度不减缓的情况下，保证生态环境不被破坏，并修复过去发展带来的生态环境问题是中国绿色发展进程中的最大挑战。由于目前尚没有国家成功解决这一问题，因此没有相关经验可供借鉴。作为中国生态系统最为弱、贫困问题最突出、民族文化差异最显著的地区，这一挑战在西部地区尤为明显。只有遵循清晰的路线图，制定全新的区域长期综合发展战略，才有可能实现西部地区的绿色发展。

附录 1：西部地区绿色发展主要原则

（1）坚持将政府主导放在首位

西部地区的绿色转型必须坚持以政府主导和战略规划为基础，且有赖于全国、省和地方层面上超越 GDP 的区域增长理念的建立。政府的主导作用可通过出台政策和监管措施，制定适当的监管框架，释放价格信号以及建立相关激励机制等来实现。

（2）区域差异化的原则

西部地区内部自然条件状况和社会经济发展水平的差异明显，若在制定和出台国家及地方有关西部地区发展战略和措施时将其看作一个整体，对西部各地区发展采用同一套标准，将无法解决各地区所面临的所有问题，从而导致区域绿色转型的失败。因此，必须认识到 "一刀切" 政策在解决西部地区环境与发展问题方面的不足，结合各地区的实际，实行差异化的区域绿色发展政策。

（3）相互协调与合作的原则

西部地区绿色发展仅靠一个部门的行动是不可能实现的，各部门间的相互协调与合作是处理协调西部地区环境与发展间矛盾，解决其当前所面临各项问题的前提。跨地区，部门和行政区的区域绿色发展规划是构建各部门间绿色发展战略合作（而不是竞争或转移成本）关系的重要手段。

（4）共同的目标与责任

共同的绿色发展目标需要各个地区的合作和协调，承认西部地区区域内的差异性以及各地区的相互依存，同时也需要明确相互间的责任。

（5）地方政府责任制

将西部地区绿色发展的权利和责任适当下放给西部各省级和地方政府部门，以减轻中央政府在引导西部地区绿色转型方面的压力。地方政府在享有被赋予的行政和财税权力的同时，也应承担与之相对等的区域绿色发展义务与责任。

（6）构建准确、完整和各部门共享的数据信息系统以确保理性决策

构建一个综合的数据信息共享系统，确保各部门间有关资源环境方面数据的真实性、准确性和完整性，促进各部门信息的流动。数据信息系统的运营应独立于各部门，不仅对政府部门开放，而且应向公众全面开放，以强化公众监督。只有这样，

才能确保区域自然资源开发和土地利用行为的科学性和合理性。

（7）长期目标的决策机制

绿色发展是一个长期的挑战，需要长期坚持实施可持续发展措施，并且制定和出台一个至少至 2030 年的相关发展规划。相关的决策需要平衡长期目标的实现和现实的压力。

（8）政府监管与市场机制相结合的监督协调体系

明确政府调控和市场调节在促进绿色改革中的相互补充的关系。市场信号和机制对区域发展过程中经济效益的提升更有效；而政府监管手段，如行政干预等，在区域环境保护中的作用更为明显。

附录2：各利益相关方代表意见反馈

充分考虑各地区的独特性和区域间的差异性。如果在中央和地方，不同地区间采取同一套绿色发展评估标准和方法，将不能很好地反映不同地区自然条件及所面临问题间的差异，从而导致区域绿色发展进程的低效。

辅助性原则。通过授权和提供财政支持等手段确保相关服务在地方层面的有效供给。

协调机制。需要探索一种能明确西部地区绿色发展各个方面的相互关系的新方法，调动不同机构政府工作人员通力合作，共同解决当前西部地区绿色发展所面临的问题。

整合。高度协调合作，同时进一步调整各项功能和服务，确保以绿色发展为目标各项措施的有效实施。使这些措施既要能保护自然价值，又要能促进社会和经济进步。

以建设全国重要的自然价值保护区为目的，加快推进西部地区建设。通过政策和财政倾斜明确西部地区的特殊价值，同时明确西部地区的发展将不会以追求工业产值最大化为目标，即自动放弃一部分财政收入机会。这就需要清楚地认识到西部地区绿色发展的一些特殊费用，而在现行的财政政策下地方财政可能无法承受。

充分利用全国主体功能区规划的成果。区域主体功能区的划分对于西部地区绿色发展进程的推进具有重要意义，但其当前还没有在区域绿色发展相关决策制定中得到很好的应用。

完善环境评估工作。自然资源价值和限制对某些地方发展至关重要，必须提高环境门槛，在进行区域发展战略决策的过程中充分考虑累积影响。这对于采矿业有效合理限制条件的设置尤为重要。

全面和具体地规划能源资源。能源资源会对绿色发展产生长远而深刻的影响，因此，需要一个单独的计划。

扶贫是西部地区绿色发展的核心。绿色发展归根结底是为了改善贫困人口的生活水平和社会经济发展水平，同时确保这两类水平的提升过程从长期来看不会损害区域自然环境的生产能力。

完善对个人和具体工程项目的绩效评价。改变当前以GDP为导向的绩效评估体系，将更多的考核指标（尤其是生态考核指标）纳入绩效评估系统，构建一个全新的综合绩效监测评估体系。

正确评估区域发展成本及其可能造成的环境影响，并适当补偿这些不利影响。这一点对于资源型产业尤为重要。

生态补偿机制法制化。必须充分意识到西部地区居民因国家生态保护工程需要而搬离原居住地时所遭受到的利益损失，并通过法律手段保障其获得应有的补偿。

将现有针对西部地区的财政转移支付计划充分整合。这意味着资金需求的流向应更好更直接地与各级政府的实际需求相结合。目前的转移支付体制没能很好地体现这种关系。

对少数民族地区在政策和措施上要区别对待。西部地区是中国少数民族分布最多、最广的地区，区域内民族文化、社会习俗和宗教信仰差异明显，在区域绿色发展过程中必须充分考虑这些差异。

第四章
中国东部发展转型中的环境战略与对策

一、引言

自改革开放以来，中国经济长足发展，成为全球增长速度最快的经济体，并在2010 年超越日本成为全球第二大经济体。始于 1978 年的改革开放政策，不仅推动了中国经济增长，同时也产生了极大的社会变化和环境影响。

从 1978—2010 年，中国人均国内生产总值从 381 元增长至 29 992 元，增长了79 倍，同期出口增长了 129 倍，其他主要经济指标也均有很大变化。很多研究均表明，中国经济增长的背后是巨大的环境破坏代价。例如，1995—2010 年，二氧化硫的排放量增加了 15.5%，废水的排放量增加了 65%，而同时期人均国内生产总值增加了 6 倍。

虽然有迹象表明，中国部分区域实现了经济发展与环境破坏的脱钩现象，但由于经济的高速增长及城镇化建设的加快，中国的环境形势仍然严峻。环境污染、生境丧失及生物多样性减少等都是中国面临的重要环境问题。

中国政府的高层政治承诺以及一系列措施和行动，表明中国正致力于在未来成功向绿色经济转型，并期望在未来的几十年里能够走上绿色发展的道路。近年来，中国政府积极推进环境问题的整体解决方案，力图在经济发展与环境恶化之间寻求平衡，并具体体现在"十一五"及"十二五"规划中，特别是"十一五"规划首次正式将节能和减排作为约束性指标，并体现在具体的定量管理目标上。"十一五"的能效提高 20%、污染物排放量降低 10% 的总体目标得以实现。"十二五"规划则继续深化"十一五"期间的节能减排工作，除继续提高能效并控制二氧化硫、氮氧化物和化学需氧量等之外，对其他的污染问题以及生态系统功能修复，比如森林植被保护等，也给予了极大关注。

尽管中国在环境保护以及环境与经济协调发展方面做出了极大的努力，并产生了很好的效果，但挑战依然巨大。比如，在环境破坏和资源保护特别是水资源保护方面，已经从被动应对转向主动调整和预防性措施，并有效遏制了东部较为发达的沿海省份和地区的环境恶化趋势，且部分区域的环境质量有所改善，但倘若缺乏全国性的制度保障和整合性的政策措施以及适宜的区域经济发展规制，东部发达地区限制或控制的污染产业有可能向中西部相对不发达乃至落后地区的迁移。同时也需要看到，东部地区尚未完全实现绿色转型，也依然需要足够有效的政策来强化目前的转型趋势。所有这些，均需要从现在开始继续深化和变革环境与发展政策，以推进中国整体的绿色转型进程。

二、中国东部地区：发展轨迹与环境质量

（一）中国东部地区经济变革、结构调整以及环境质量变迁

东部不同地区的发展模式和轨迹各不相同，由于历史背景、区位、资源禀赋和发展战略方面的差异，各地区在共性发展轨迹的同时也有各自的特点。为识别经济发展与环境质量之间的关系，本研究在整体分析的基础上，对北京、上海和珠江三角洲地区进行了详细的案例分析。

中国改革开放政策率先从中国东部地区开展。自 30 多年前开始城镇化与工业化进程以来，东部地区发生了翻天覆地的变化，不仅体现在国内生产总值持续和快速发展，同时，城镇化和城市化进程加快。一方面，农村居民到城市务工人数增多；另一方面，农村居民变为城市居民的比例快速增加。这意味着对城市各类基础设施需求的快速提高。但近期的社会经济发展变化表明，随着城市可容纳的就业人口、城市生活成本的变化以及国家政策调整，开始出现了城市人口逐渐从城市核心地区转移至边缘地带或郊区的现象。

东部地区的产业结构在过去 30 多年发生了很大的变化，逐步从第二产业主导的重工业发展阶段，发展到第三产业快速发展的阶段，区域内的主要城市和地区第三产业产值均已占国内生产总值的 50% 以上，以北京和上海为例，两个城市分别在 1994 年和 1999 年，第三产业就开始占有半壁江山。从区域整体看，经济结构已经出现了第三产业最大、第二产业其次、第一产业最小的 3—2—1 格局，表明以服务业为基础和主要驱动力的后工业化时代的开始。

与经济发展历程对应，过去 30 多年，东部的环境质量也经历了从不断恶化到恶化趋势减缓到主要城市环境质量改善的进程。特别是，产业转型和结构调整在减少环境污染方面发挥了重要的促进作用。例如，城市居民的能源结构调整，包括通过集中供热供暖取代一家一户的分散供热供暖方式、以天然气替代居民燃煤、工业用能源的清洁化以及清洁能源发电、提高能源利用效率等措施都在很大程度上降低了污染物排放。

这些发展趋势并非中国所独有，西方国家也经历过类似的工业化和城镇化过程 127 以及环境质量从恶化到改善的进程。尽管如此，由于中国人口基数大、经济总量大、环境容量有限、资源基础薄弱且发展速度快，不可能按照"先污染、后治理"的思

路完成中国的现代化进程，而必须在发展过程中，同时保护环境和资源，亦即必须在发展过程中综合考虑经济增长与环境保护之间的权衡。

同时，一方面，东部转型中的成功经验和困难与教训，应成为中西部地区发展的借鉴，更重要的是，东部以何种方式实现转型和绿色发展，对中西部地区的可持续发展具有重要影响，比如，假如东部产业优化和结构调整是以污染产业向中西部的迁移为前提，则将对中西部地区的环境保护带来不利的影响并影响整个中国的可持续发展进程。

（二）北京

作为中国的首都，北京是中国的政治、文化、教育和国际交流中心。北京的经济发展经历了 4 个主要阶段。第一阶段（1949 年至 20 世纪 80 年代），主要侧重于重工业经济发展；第二阶段（20 世纪 80 年代至 90 年代中期），北京作为经济中心的作用逐渐减弱，经济发展的重心从重工业转向服务业；第三阶段（20 世纪 90 年代中期至 21 世纪初期），北京积极推广全球化和"首都经济"的理念；第四阶段（21 世纪初期开始），自"十五"计划开始，北京明确了进一步发展的目标和城市定位，包括：以科技为基础的经济、以服务业为基础的经济、以文化为基础的经济和开放经济。如今，"首都经济"的理念仍然在不断发展中，该理念将北京推向以知识、总部和绿色为基础的经济发展模式。

改革开放以来，北京人口迅速增加。庞大的人口规模已经对北京的自然资源和基础设施的承载能力形成了极大的压力，引起了一系列的社会、经济和生态环境问题。2011 年，北京市总人口数（包括户籍人口和流动人口）已达到 2 018.6 万人，与 1978 年相比，户籍人口和流动人口分别增加了 2.2 倍和 32 倍。

自 20 世纪 90 年代起，北京的国内生产总值保持快速增长势头。自 2001 年北京成功申办奥运会之后，其年经济增长率一直保持两位数。到 2011 年，北京的国内生产总值已经超过 1.6 万亿元人民币，是 2000 年的 4.5 倍。而人均国内生产总值则超过了 8 万元。

正如以上所指出的，改革开放政策和 1998 年提出的"首都经济"理念推动了北京第三产业的发展，也促进了北京从主要的工业基地转型为以服务业为主导的经济。1994 年开始，北京市的一、二、三产业结构就从原来的 2—3—1，转变为 3—2—1。此后，第三产业的发展更为迅速。1994 年，三大产业的比例为 5.9:45.2:48.9；2010 年其比例为 0.9:24.0:75.1。这标志着北京已经从制造业转变为以服务业为基础的经济转型已经完成，北京已经进入了后工业化时代。

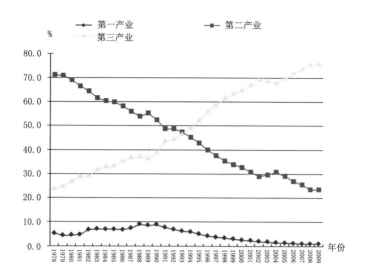

图4—1 北京第一产业、第二产业、第三产业比例组成的变化情况（1978—2009）

资料来源：北京统计年鉴（1979—2010），北京市统计局。

　　除经济结构转型之外，北京的各产业部门内部也经历了现代化进程。第一产业的经营逐渐由传统种植和养殖业转变为现代农业，例如种子农业、观光农业等。第二产业以高科技企业为驱动，实现了汽车业、电子业和建材业为支柱，制造业、钢铁业和化学工业为基础的第二产业结构。第三产业内的传统服务业呈现稳定增长态势，例如交通物流业、批发零售业等；现代服务业也有一定发展；更为重要的是金融、信息和技术服务产业的快速发展。城市建设的模式已经从单一中心向多中心转变，建立了一些工业区、高科技区、文化产业区和其他集中性工业区。尽管如此，通过对北京过去几十年发展的调查显示，北京作为中心城市对于其周边城市发展的带动和影响力十分有限，北京市与周边省市产生的经济协同作用尚未有效发挥。

　　自1972年建立市级的三废治理办公室以来，北京市的环境管理和环境质量发生了很大变化。20世纪70—80年代主要注重于减少煤烟灰尘排放，并控制其他的主要污染物如酚类化合物、氰、汞、铬和砷的排放。初期北京市的环境治理力度没有跟上经济发展的速度，只能勉强抑制污染排放的增速，北京市的环境持续恶化。到20世纪90年代，煤的使用量达到3千万t，环境污染更加严重。90年代开始，北京市开始加强环境管理并通过能源结构调整以及污染治理工作，使得传统的煤烟型污染得到有效控制。但是，过去10年里，随着汽车保有量快速增加，交通污染日益严重，北京市的污染特征已经从煤烟型污染转变为煤烟型与机动车污染并存，且机动车污染贡献较大的局面。90年代后期以来，在北京市加大治理力度和产业转移等多种措施的推动下，北京空气质量达到2级的天数连续10年(2000年至2009年)

稳步增加，表明环境治理已初见成效。然而，空气质量指数仅概括地反映某些空气污染物的水平，这问题已引起公众的广泛关注。

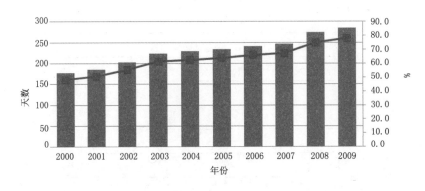

图 4—2 北京空气质量 2 级以上数据统计（2000—2009）

资料来源：北京统计年鉴（2001—2010），北京市统计局。

（三）上海

上海市的发展历史也很久远。作为中国最大的贸易港口和工业基地，上海如今已成为经济、科技、工业、金融、贸易、展览和航运中心。自改革开放至今，上海在城市定位和发展策略方面经历了巨大变化，逐渐从工业基地转变为多功能城市。其发展轨迹可分为 3 个阶段。第一阶段从 1978 年至 20 世纪 90 年代早期，在改革开放政策的影响下，上海从单纯的经济中心转变为工业生产基地，逐步成为主要的经济、科技、文化中心和国际港口城市。第二阶段发生在 20 世纪 90 年代，当时政府确立了发展策略，以浦东作为经济发展的龙头地区，目的在于促使长江附近的沿岸城市更加开放，使上海成为国际经济、金融和贸易中心，同时带动周边城市经济发展。第三阶段开始于 20 世纪 90 年代后期，在政府颁布的《上海总体规划（1999—2020）》中，明确表示上海未来将要成为一个国际大都市，并且成为国际经济、金融、贸易和航运中心（即"一个龙头四个中心"）。

在过去的几十年中，上海人口总数增长迅速，尤其是改革开放以后，大量流动人口涌入上海。在 20 世纪 90 年代，上海以浦东为中心，在中国经济发展中起到带头作用，吸引了大批外来务工人员到上海寻找工作机会，造成了人口的快速增长。到 2010 年，常住居民已经达到 2 300 万，与 1978 年相比，增加了 108.6%；2010 年户籍人口达到 1 405 万人，与 1978 年相比，增加了 27.9%。同年的流动人口数量达到 898 万。

过去 30 年中，上海的国内生产总值增长迅速，2011 年 GDP 总量为 1.9 万亿元人民币。在 20 世纪 90 年代发展浦东经济期间，上海经济增长率连续 16 年达到双位数（1992—2007）。自 2008 年开始，由于受国际金融危机和国内经济增速下滑的影响，上海的经济增长速度放缓（2008 年和 2009 年增长率分别为 9.7% 和 8.2%）。2010 年举办的上海世博会将经济增长率暂时提高至 10.3%，但 2011 年又降至 8.2%。

在改革开放之前的很长一段时间里，上海一直是"工业基地"。进入 20 世纪 90 年代，上海在发展第三产业方面付出了更多努力。到 1999 年，第三产业规模首次超过了第二产业。到 1998 年底，鉴于当时国际和国内发展形势，上海政府决定建立高科技园区，以促进工业投资。从"十一五"开始，上海的工业结构就开始以节约能源和减少碳排放量为导向，进行了进一步的调整。随着第二产业重要性的降低，第三产业开始迅速发展。第三产业、第二产业和第一产业在工业结构中所占比例分别为 57.3%、42.1% 和 0.7%，这表明，"3—2—1"模式的工业结构已经逐渐形成。

在环境质量方面，由于工业化、城镇化和人口快速增长，废水排放量持续增加，居民生活废水排放比例不断加大，在 1996 年居民生活废水排放量已经首次超过了工业废水排放量。

上海的废气排放量正逐年增长。由于工业活动的大量增加，2010 年废气排放总量已经达到 13 667 亿 m³，是 1991 年的 3 倍。过去的 20 年中，二氧化硫的排放量呈现波动态势。近年来，二氧化硫排放量有了显著降低。20 世纪 90 年代至 21 世纪初期烟尘排放量显著下降，并一直保持稳定状态。过去 10 年中，二氧化硫、二氧化氮和 PM_{10} 的浓度均有所下降。3 种主要污染物浓度已经达到国家环境空气质量二级标准。2010 年，上海环境空气质量良好的天数已占全年总天数的 92.1%，其中达到一级标准的天数有 139 天。

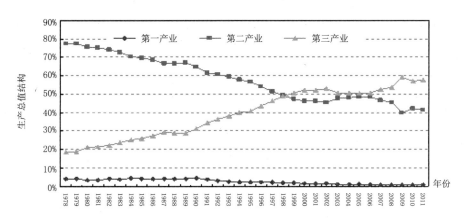

图 4—3 上海第一、第二、第三产业的构成变化情况（1978—2010）

资料来源：上海统计年鉴（1979—2011），上海市统计局。

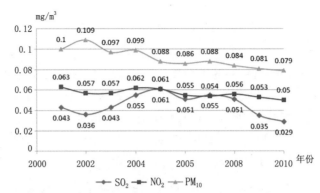

图4—4 上海市污染物浓度变化水平（2001—2010）

资料来源：上海统计年鉴（2001—2011），上海市统计局。

（四）珠江三角洲地区 [①]

位于广东省的珠江三角洲地区的发展模式与北京和上海不同。珠江三角洲地区的兴起与广东省的经济发展有密切关系，改革开放以来，广东省的经济发展快速并出现了阶段性的变化。改革阶段（20世纪80年代至90年代早期），通过三类主要的变革，包括：农业生产的结构性转变，价格改革，加强对外联系和引进外资，以珠江三角洲地区为中心的广东省经济在20世纪90年代至2000年达到顶峰，经济特区低廉的地价、税收减免政策，以及低成本的过剩劳动力，吸引了大批香港工业公司在此寻址。广东经济的快速发展也吸引了来自外省的大批不熟练和半熟练劳动力。中间生产商也随之为"特区"所吸引，形成了一批乡镇企业。由于城镇地区和工业发展迅速且缺乏管控，广东省也同样面临着严峻的环境挑战。2000年开始的经济结构调整确定了两个发展战略：提高信息通信技术等高附加值产业比例；从劳动密集型产业向高附加值产业转型。

2010年，广东省总人口达到1.043亿，成为除上海、北京和天津外，中国城镇化水平最高的省份。广东也是中国国内生产总值最高的省份，2011年，全省生产总值达到5.3万亿元人民币，占全国国内生产总值的12%。自1978年改革开放以来，广东省已经从落后的农业经济转变为工业经济。该省经济的特点在于工业经济比重高，第一产业所占比例低于全国平均水平。2009年，全省三种产业结构比例如下：第二产业50.1%，第三产业47.4%，第一产业2.5%。

广东省的经济发展模式与其他工业化国家不同。在过去20年的工业化进程中，制造业为工业总附加值的增长作出了很大贡献。广东省的经济增长特点是贸易总额占国内生产总值的比例较高。这种模式的主要发展特征是"加工贸易"，进口、组装、再出口到香港，企业从中受益良多。广东也因此成为中国最大的出口省份。据2010

---

① 珠江三角洲地区主要包括广东省及香港和澳门等区域。这里主要分析广东省的变化。

年数据显示，广东省的出口额占全国出口总额的 28.7%。

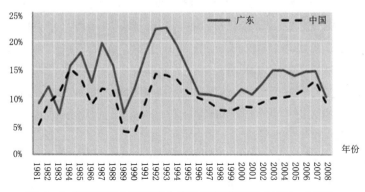

图4—5 广东省和中国国内生产总值年增长率（1981—2008）

资料来源：OECD.OECD Territorial Review: Guangdong, China2010。
注：数据按照可比价格计算。

由于产业结构调整，广东省的生产总值比重逐渐由第一产业向第二、第三产业转移，珠江三角洲地区的城市经济发展常常表现出两个极端——去工业化和过度工业化。广州市就是去工业化的典型代表。深圳市也开始了去工业化进程，然而其他城市仍然处于工业化进程中。最近几年，重工业（例如汽车制造业）出现了重返广东省的迹象。这解释了过去20年第二、第三产业的比重不断波动的现象。

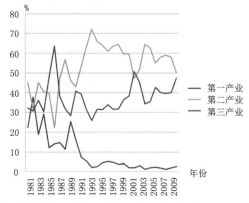

图4—6 广东省三大产业所占比重（%）（1981—2009）

资料来源：广东统计年鉴（1982—2010），广东省统计局。

广东省的环境数据显示，工业粉尘和二氧化硫排放量分别于1996年和2005年出现高峰值后，已经逐渐下降，而1996—2010内工业废气排放量则持续增长。与此相对应，珠江三角洲地区空气质量监测数据表明，2006—2011年间二氧化氮、二氧化硫和可吸入悬浮颗粒物（RSP）的年平均浓度下降，显示空气污染问题正在逐渐好转。通过比较2006年6月和2012年6月珠江三角洲地区空气质量指数，结果显示即便在污染最严重地区——东莞市，其空气质量也呈现好转趋势，但是邻近区域

133

(如广州市以北和肇庆市等地) 的空气质量评级却在下降。此外，由于该指数没有涵盖 $PM_{2.5}$ 和近地面臭氧等二次污染物，所以未能充分反映区域空气质量的实际状况。

为了进一步调查该地区空气质量，本研究按照时间顺序，对香港和广东省的空气质量关系进行了对比，分析结果表明：广东省和香港的主要污染物（二氧化硫和可吸入悬浮颗粒物）浓度变化关系密切。香港的可吸入悬浮颗粒物浓度有跟随广东的迹象，可以通过广东省的可吸入悬浮颗粒物浓度看出同时期香港的浓度（无滞后），甚至预测 1 年后的浓度水平（滞后期 =1 年）。同样，也可以通过广东省的二氧化硫浓度测算出香港的二氧化硫浓度 (无滞后）。

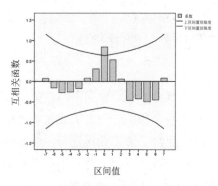 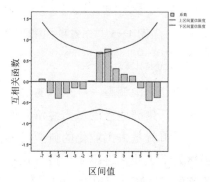

图 4—7 广东省与香港二氧化硫浓度交叉对比　图 4—8 广东省与香港可吸入悬浮颗粒浓度交叉对比
资料来源：数据来自于珠江三角洲地区空气质量监测网站。

（五）　大型活动及其影响

中国政府和社会一般都会借助于举办大型活动，拉动经济并加强基础设施建设、推动社会各方面的发展。这些大型活动筹备时间普遍较长，一般为 6—10 年不等。从申请到举办过程中，在推进环境保护以及环境与经济共同发展方面发挥重要的和特殊的作用。本研究主要涵盖三项大型活动，按时间顺序，分别为 2008 年北京奥林匹克运动会、2010 年世界博览会及 2010 年亚洲运动会。

1. 北京奥林匹克运动会

北京奥运会的筹备工作始于 1999 年。根据国际奥委会提出"绿色奥运"的要求，政府在环境保护、资源与生态平衡方面皆遵循了可持续发展原则，将工作重点放在对空气污染的治理上。政府采取的主要措施包括：通过更多地使用天然气和清洁能源来改变能源结构，发展轨道运输和公共交通，执行更严格的车辆排放标准（即从欧 I 标准上调为欧 III 标准），迁移重污染企业（如首都钢铁厂），在污染控制方面进行有效的区域合作实现区域空气污染的控制。

北京奥运会还开展了环境宣传与教育等方面的工作，包括如"绿色小区"、"绿色学校"、"绿色出行"以及开发生态区、休闲乡镇和发展生态文化等项目。这些项目通过强化公众参与，不仅在提高全民环境保护责任与意识方面起到了重要作用，还引起了消费行为的变化，使生产过程更加绿色和安全，从而创造了一个可持续的生活环境。政府出台的政策，虽然有一些仅在当时短期内实行，但大部分仍被保留下来。北京奥运会为"绿色发展"树立了典范，为北京，也为全中国留下了一笔珍贵的遗产。

2. 上海世界博览会

上海世博会贯穿了绿色发展理念。为举办世博会，上海市出台了多项政策与措施，按照《三年环境行动计划》的部署来优化环境：强化综合环境管理体系；对长江三角洲地区实行联合污染预防与控制；改进环境风险防范与应急反应系统；开展全方位的环境监测与检查工作；宣传并实践"绿色世博"和"低碳世博"的理念。评价认为，上海的环境质量在过去10年中已大幅度改善。世博会期间，环境空气质量优良率高达的98.4%。空气污染物如二氧化硫、氮氧化物和可吸入悬浮颗粒物也降至过去10年最低水平。世博会还促进了城市的社会发展，为国内和国际层面的环境保护工作与思想交流提供了平台。

3. 广州亚洲运动会

广东政府采取了与上述两大活动类似的办法，在亚运会前期和亚运会期间出台了多项政策。所采取的一些关键措施包括：区域合作推动环境质量监督工作；工业厂房实行脱硫与减排；推广使用国 III 型车用燃料；绿色出行活动，控制私家车出行，鼓励使用公共交通。数据显示，亚运会期间，一氧化碳、碳氢化合物、氮氧化合物和可吸入悬浮颗粒物分别减少了 42%、46%、26% 和 30%。在推进公路与铁路运输基础设施建设的同时，亚运会也促进了旅游业与其他经济发展形式的繁荣。

以绿色为主题的大型活动实实在在的成为绿色发展的最佳催化剂。它们为改善环境条件吸引了大量投资。许多此类绿色措施都是永久性的，随之而来的收益也是长期性的。明显的例子包括扩大的公共交通铁路系统，跨越式提高车辆排放标准等。当然，也有一些措施是暂时性的，比如降低生产规模以减少能源消耗及相关的空气污染。绿色发展最重要、也是无形的意义在于提高了公众的环保意识，促进了人们对更好环境的向往。

表 4—1　三项大型活动举办期间实施的临时或长期的关键措施

临时措施	长期措施
工业减产	基础设施——铁路轻轨
活动期间关闭污染企业	工厂迁移
严格的交通管制	污水处理
区域合作的加强	固体废弃物处理
国际投标	调整燃料比例
	交通管理及车辆拥有政策

三、中国东部地区的绿色发展经验：进程与教训

（一）四个论断

基于对国内外环境与发展经验的总结，以及对中国东部地区的文献、统计资料的分析及具体案例研究，有四个要素影响绿色转型过程，我们将其作为四个研究假设或者说四个论断，以此作为研究和验证的出发点。这四个主要影响因素是：政府政策与法规、自然资源约束与公众意识、市场力量、区域合作以及中国东部地区绿色发展的机遇与挑战：

论断一：政府制定的政策与法规有助于加速绿色发展进程。中国东部地区的经验表明，各类出台的政策、法规及行政措施推进了增长方式转变和产业结构的调整。需要注意的是，相关的政策和制度安排以及实施效果尚有很大的改进空间。

论断二：自然资源的制约与增强的公众意识对绿色发展有促进作用。各地自然资源禀赋的差异以及自然资源对发展的制约与公众环境保护意识增强是绿色发展的两大重要推动因素。资源禀赋决定了部分产业发展的可能性，而公众环境意识的提高，推进政府不断严格环境标准并进行更多的改善环境的努力。需要注意的是，伴随生活水平的提高以及物质消费主义的盛行，对未来的环境保护提出了更为严峻的挑战。

论断三：市场作为有效配置各类资源的平台，其有效运作影响绿色发展进程。中国东部地区最先开始向市场经济转型，市场发育相对完善。市场经济在多个方面促进了绿色发展，包括促进了生产过程和生产标准的国际化以及达至规模经济效益等。但是，需要注意的问题是：市场力量失衡也可能导致生产过剩、生产成本上升以及就业变化等问题。

论断四：区域间进行有效的经济和环境合作是区域内实现绿色发展的重要条件。区域内的经济联系、产业关联、环境影响等虽与行政区划有关，但其自然意义上的关联却不受行政区划的限制。一方面，由于各区域资源禀赋差异、产业结构差异和人力资本差异，以及污染控制成本的差异，使得有可能通过区域合作方式，以区域内的资源有效配置进而以较小的成本实现发展目标；另一方面，区域发展阶段的

差异，中心城市和区域发展不以周边区域环境和资源基础破坏为前提是一个广泛关注的问题。目前阶段，尽管存在众多促进区域合作的激励因素，但通过区域合作促进共同发展的障碍依然很大。

（二）经济发展与环境压力的脱钩

1. 脱钩趋势

研究经济增长与环境之间的相互作用，对在快速经济发展的背景下影响绿色发展的因素进行认定和评估非常重要。在定性分析经济发展各要素与环境保护各类指标之间关系的基础上，针对案例地区的数据进行了定量分析。研究结果表明，在几乎所有案例中二者均存在重要联系（积极或消极的）。例如，对北京的分析结果显示，选定的环境变量（如排放浓度）与经济变量呈负相关关系，这表明，北京的环境压力已与经济增长脱钩。

由于经济增长与环境质量的关联必然存在，但仅仅进行相关性分析和检验并不能证明二者之间的关系是否确实处于脱钩的趋势。分析相应的动态变化会有助于检验经济增长与环境质量之间在过去甚至未来一段时间的关系模式，并能进一步分析二者的相对脱钩情况。以下三张图表分别显示了北京、上海与广东的情况。三个地区经济与环境变量之间的关系及发展趋势表明：经济增长与环境质量存在相对脱钩状态，即三个地区的经济增长率均远高于其污染物排放量和环境浓度恶化速率。

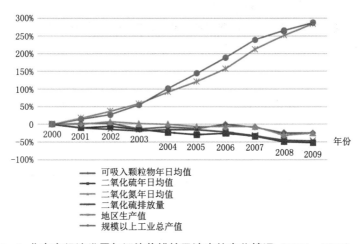

图4—9 北京市经济发展与污染物排放及浓度的变化情况（2000—2009）

资料来源：北京统计年鉴（2001—2010），北京市统计局。

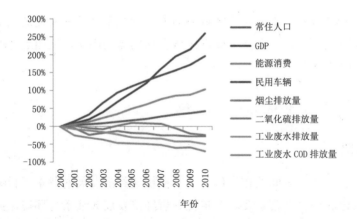

图4—10 上海市经济发展与污染物排放的变化情况（2000—2010）

资料来源：上海统计年鉴（2001—2011），上海市统计局。

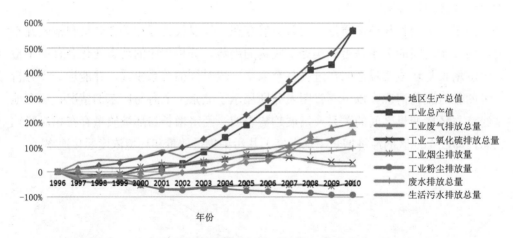

图4—11 广东省污染物排放与经济发展的变化情况（1996—2010）

资料来源：广东统计年鉴（1997—2011），广东省统计局。

2. 能源消耗变化

因能源与经济和环境之间的密切关系，可以从一个侧面看出经济增长与环境质量之间的发展态势，特别是按行业划分的能源消耗状况可以在一定程度上反映经济转型和能源结构变化的可能影响。数据表明，第三产业发展对能源消耗日益增加，带来了能源消费结构的变化。同时，能源生产和能源消费结构本身也在发生变化，能源生产和终端消费中的绿色能源比例在持续增加。但就总体发展趋势而言，中国能源消费总量依然持续增加，而清洁能源的比例依然很低。

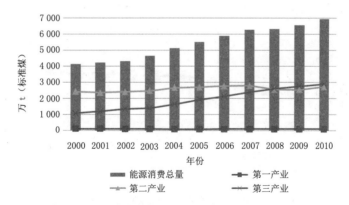

图 4—12 北京市各行业的能源消耗（2000—2010）

资料来源：北京统计年鉴（2001—2011），北京市统计局。

3. 家庭消费情况与排放量

工业企业一直是最大的污染源，但随着民众收入增加，生活水平不断提高，城市居民家庭消费对污染的贡献率亦不断上升。图 4—13 和图 4—14 显示了北京与上海城市家庭呈现增持空调、计算机、手机、机动车辆等耐用消费品的趋势，各类消费的增加导致了污染的增加。2006 年至 2008 年，北京地区一半以上的二氧化氮排放来自于城市家庭排放 (图 4—15)，表明因消费带来的环境影响需要给予足够的关注，消费行为转变与未来环境质量改善关系重大，并直接影响着绿色发展进程的转型与实现。

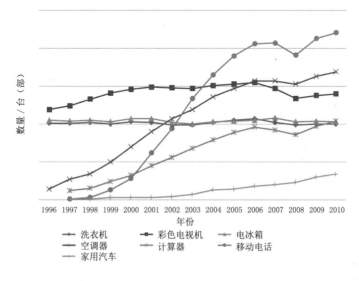

图 4—13 北京市每百户城市家庭年耐用消费品持有量（1996—2010）

资料来源：北京统计年鉴（1997—2011），北京市统计局。

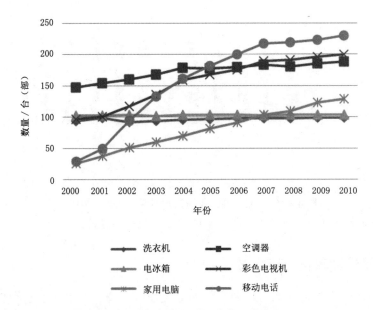

图4—14 上海市每百户城市家庭年耐用消费品持有量（2000—2010）

资料来源：上海统计年鉴（2001—2011），上海市统计局。

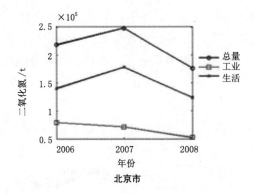

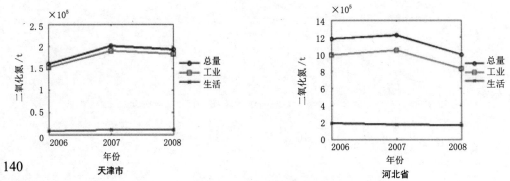

图4—15 二氧化氮排放（2006—2008）

资料来源：中国环境统计年鉴（1999—2009），国家统计局、环境保护部。

（三）结论

经济发展与环境压力呈现脱钩趋势表明，政府的措施及政策能够有效减少污染，这也意味着政策法规能够拉动绿色发展。但同时，需要关注经济的持续增长依然会对环境带来持续的压力，国内和国际市场变化也会影响绿色发展的进程；能源与环境保护之间的关系密切，清洁能源的有效提供和终端消费影响未来的环境质量改善进程，能源结构调整和能源效率提高依然是未来的关键任务；居民消费能力的增强与家庭排放量的不断增加是未来的环境保护政策和社会发展政策需要关注的重要议题；区域间的有效合作，不仅影响区域经济的发展和资源的有效配置，也对中心城市和区域绿色发展趋势产生重大影响。

1. 通过制度建设和政策的有效制定与实施，促进绿色转型和绿色发展

中国政府已经认识到绿色发展符合中国人口数量大、发展不平衡、自然资源日益减少、生态环境脆弱的基本国情，也是中国的必然战略选择。中国政府已经有意识地确定其环境政策的方向和路径。20 世纪 70—80 年代，中国将环境保护作为基本国策，强调工业污染的控制与预防（尤其是末端污染控制）。1994 年，中国政府批准和发布了《中国 21 世纪议程》，为可持续发展提出了一项更全面的战略、对策与行动法案。中国政府正式确立了经济发展应当建立在"循环经济"的基础概念之上，并随之提出了"科学发展观"，并推进环境友好型和资源节约型的和谐社会的发展。这些努力取得了很好的效果，特别是有效遏制了中国环境质量恶化以及资源基础耗竭的趋势。

但是，还应该看到，在制度和政策上依然存在一些问题，需要不断改进，包括①政府运行效率有待提高。政府机构运行效率偏低妨碍了（省级和地方）政府部门对各项环保法律法规的贯彻落实。更重要的是，在国有经济占主导地位的背景下，政企不分导致政府与企业的职责之间缺乏明确的界限。因此，地方政府总是优先考虑经济增长与投资，而不是严格执行环保法规。这样一来，地方法规贯彻起来就变得效率低下，有时甚至被忽视。②中央政府的决策与地方政府的决策，特别是重大的发展决策，包括五年规划等重要战略性决策之间还存在脱节现象。部分地方政府经济增长优于环境保护的现象依然突出。同时，即便在政策方向上取得一致，在具体的政策制定和政策执行方面也存在很多差异，缺乏针对性的政策推进绿色经济发展进程，特别是为确保绿色转型的社会、经济和环境政策的针对性调整。③从环境治理的角度来看，政府、企业和公众在推进建立环境与经济综合决策机制的过程中均具有非常重要的作用，但目前公众参与以及公众和企业的作用尚未有效发挥。今后的环境治理需要强调利益相关者的参与、信息公开等，鼓励公众、行业与企业加

141

强自我监管，推动企业进行"最佳环境实践"等自愿行为改进。④政府的直接管制政策固然重要，但基于市场的旨在提供有效市场信号的各类政策将在促进绿色发展中发挥更重要的作用。同样重要的是，政府必须借由有效的制度安排，包括综合的政策手段制定、有效的监督和执行、公众的参与和监督以及政府管理工作的透明度都需要得到进一步的强化。

国家环境保护部最近提议，应推动大型环保项目的建设。这些大型环保项目可能包含了可持续模范城市等的建设内容，可以借助于这个平台，开展针对性的制度变革和政策创新，以便带动中国的整体环境制度变革和环境—发展决策机制的改进。

2. 将自然资源禀赋以及环境质量作为经济发展目标的约束性条件，并借由公众环境保护意识提高推动绿色发展

资源禀赋决定了部分产业发展的可能性，而公众环境意识的提高，推进政府不断严格环境标准并进行更多的改善环境的努力。需要注意的是，伴随生活水平的提高以及物质消费主义的盛行，对未来的环境保护提出了更为严峻的挑战。

对化石燃料能源的严重依赖限制了中国东部地区绿色发展的进程。自实施改革开放政策以来，该地区经济的快速增长就主要依赖对环境产生严重污染的制造业。制造业是主要的能源消耗行业，其能源消耗在某些领域占总能耗的一半以上。在广东省，每年的最终能源消耗呈稳步上升趋势，其中，对煤和石油组成的污染性混合燃料的消耗量每年增长 30% ～ 40%。中国电力企业联合会的数据显示，在过去10 年中，电力消耗占 40% ～ 50%，而由再生能源生产出的电力还不到总发电量的20%。利用天然气和其他清洁能源进行电力生产的情况仍不多见。

本研究对三个地区所做的分析表明，家庭和其他的能源消耗在不断增加，这类消耗所造成的污染排放也随之上升。可以预见，在生活水平提高的同时，中国东部地区的第三产业也在不断发展，家庭住户带来的污染也将与日俱增。然而，公众对资源消耗对环境质量造成的影响仍然缺乏认识。

但这种情况正开始改变。在政府以一种自上而下的方式不断促进绿色发展的同时，社会各界也在这方面获得源源不断的动力。由于资源较少、动员能力有限，又受到法规的限制，绿色环保组织在评估与监测环境质量方面遇到了一些困难。但更多的绿色环保组织正变得越来越有影响力，一些环保组织还能监测到与企业经营相关的环境影响，这些第三方的数据收集、处理以及公开，直接影响了企业环境行为的转变，并间接提高了公众的环保与参与意识和对企业行为的监督能力。

社会进步的同时带来了促进和阻碍绿色发展的有利和不利因素。工业的快速发展导致其对不可再生能源产生了严重依赖，不断地给环境造成压力。但是，随着可再生能源的不断发展、对环境质量的关注的不断上升以及绿色环保组织和社会各界

影响的不断扩大，这些制约性因素的影响可能被减至最小。

3. 有效发挥市场作用推动绿色发展进程

市场对于中国东部地区的绿色发展而言既是推动因素也是拉动因素。市场带来的影响可以是外在的，也可以是内在的，能够推动可持续城市化进程，促进知识型、创新型经济的发展，而这两者恰恰是绿色发展的关键因素。

自从实行改革开放政策以来，中国经历了从计划经济向市场经济的转变，经济行为从过去的绝大部分由国家控制的经济模式转变为发展经济特区、私有制经济以及引进海外投资等经济模式。市场的开放不仅加速了第三产业的发展，也提高了东部地区人民的生活水平。

中国向市场经济转变的同时，也逐渐受到全球经济的影响。一旦宏观经济环境不景气且复苏缓慢，中国必须通过扩大内需来保持国内生产总值（GDP）的增长。而内需的增长要靠经济重组、发展第三产业、城市化、发展区域合作及加大个人消费需求来实现。政府不仅在刺激国内市场和推动城市化方面起到了重要作用，同时也通过各种管道促进了经济结构的重组，例如建立工业园区等。私营企业也通过搬迁和升级生产设备等方式在经济结构重组上起了一定的作用。而经济重组趋势同样加强了第三产业的发展。第三产业在许多地区都得到了快速增长。北京和上海的第三产业比重已经超过了传统的第二产业，并已经成为占GDP比重最高的产业。上述各项因素都促进了经济结构重组和第三产业的发展，对国内需求的平稳增长起到了一定作用，最终有助于促进中国的绿色发展。

举办大型活动的经验表明，市场通过规模经济和国际招投标等方式在促进绿色发展的实践中起了巨大作用。举办大型活动所产生的巨大市场为国内和国际市场都创造了效应。这些活动降低了开展绿色创新活动所需的技术成本。

市场经济促进绿色发展，还体现在对出口产品执行更加严格的环保标准上。国际市场对产品和生产过程中的环境保护和安全标准十分重视，许多国家对本国产品及进口产品的原材料、产品生命周期及环保标记都执行了更加严格的标准。为了使产品符合国际环保标准，同时满足全球客户的要求，中国需要使其生产制造过程变得更加环保。

国际市场的影响也在使中国更加注重研发工作。中国的企业花在研发方面的经费逐年增长，企业在专利申请方面也投入了巨资，这样的努力有助于社会向知识型、创新型的经济转型。

向市场自由化的转变同样也引发了一些问题，例如生产过剩以及可能的破坏性竞争等。国有企业（SOE）在资金和资源分配方面享有优先权，在竞争方面有国家的保护，导致在生产过剩时可能还会继续生产产品，使市场无法吸收剩余的产品。

这种供需关系的不平衡在许多领域均有出现，例如太阳能板的生产。

随着私有化的扩大，越来越多的地区，尤其是内陆地区不断开放其市场，使竞争变得愈加激烈。地方政府不惜以牺牲环境为代价追求地方 GDP 的增长。私营企业的经营面临越来越大的压力。土地、原材料、劳动力等生产成本在过去 10 年里急剧增长。由于竞争的加剧和成本的上升，一些企业有的倒闭，有的迁往内陆发展，它们无力进行生产设施的升级换代，这无疑减慢了绿色发展进程。

鉴于市场力量对经济转型的重要作用，为此建议政府需要进行有效的制度设计，发挥市场促进绿色转型的作用，同时纠正市场在环境管理工作中的失效现状。

4. 激励和推进区域合作，实现国家的绿色发展

根据过去 30 年经济自由化政策的实施经验，中国的区域合作已经得到了加强并在更大范围得以实施。在泛珠三角地区，"泛珠三角地区跨界污染纠纷解决行政方案"促使环保部门建立了联合区域委员会来处理跨界污染纠纷，要求所涉及的省份建立信息交流平台、污染执法监察员和边境水质监测系统。在长江三角洲地区，建立了各类区域合作项目以集中解决水污染和二氧化硫排放问题，例如建立城市间联合水污染整治系统以及水资源信息传播系统。

通过举办大型活动，包括北京奥运会、上海世博会和广州亚运会，推进区域合作机制。以下通过三个主要方面进行分析：

第一，这些区域合作项目采取了整体方法，包括目标、行动计划、具体措施、监测机制，甚至有的还包括了临时应急方案，覆盖了诸如环境、经济、交通以及城市规划等广泛领域。大规模区域合作的一个实例就是北京奥运会期间的空气质量保障与监测工作。这项工作中应用了空气流域模型，综合考虑了包括北京、天津、内蒙古、山西、河北以及其他周边地区的空气污染趋势和气象因素。除了建立各类活动前补救和临时控制措施以外，空气流域模型还可以在空气质量超过开幕式前预定的指标时有效地确定相应的应急措施。

第二，区域合作的焦点，已经从过去的单纯强调经济转型，转到了现在的同时关注经济发展与环境问题。自从中国实施了《中国 21 世纪议程》以来，区域合作的目的不再仅限于提高生产力水平，还要实现对环境的保护。

第三，区域合作是解决跨境污染问题的可行办法之一。在香港和广东等地进行的特定污染物趋势分析和相关性测试表明，一个地区的空气质量会受到另一个地区的影响。由于人为和自然活动（如风向、风力等因素）导致的空气污染物扩散问题不可能仅在一个单独的行政区域内通过减排措施得到解决。

区域合作促进了中国的可持续发展，但同样存在着困难和挑战。从经济角度来看，企业倾向于选择向环境成本低廉的省份发展，而各省为了扩大本省的 GDP 在招商引

资方面必然存在竞争，这使得合作本身变得困难，也导致了各省制定的制度和规划得不到实施或实施率很低。从政治角度来说，管辖权限的不同使得香港特别行政区与珠三角地区其他城市间在空气和水资源管理方面进行区域合作变得十分困难。

四、从政治共识到制度建设和政策制定：推动中国绿色发展的原则和建议

绿色发展已经成为应对环境恶化、生物多样性缺失、气候变化和全球经济不景气等诸多问题的全球战略议程的一部分。对中国而言，绿色发展也是解决中国所面临的诸多问题的战略选择，包括人口多、发展不平衡、自然资源衰竭、环境质量堪忧和生态系统脆弱等问题。

通过绿色发展实现中国的可持续发展已经成为中国政府高层的政治共识。早在1995年制订"九五"计划时，中央首次正式提出要从根本上转变经济增长方式，即从粗放型向集约型转变。2005年中央关于制定"十一五"规划的建议再次强调转变经济增长方式，同时其内涵有所扩展，提出要形成低投入、低消耗、低排放和高效率的节约型增长方式，并且明确了具体要求，如提出到2010年单位国内生产总值能源消耗比"十五"期末降低20%左右，着力自主创新，大力发展循环经济，建设资源节约型、环境友好型社会等。2007年党的十七大提出加快转变经济发展方式，这意味着转变经济增长方式进一步丰富发展为转变经济发展方式，其内涵也从一个"转变"扩展为三个"转变"，即促进经济增长由主要依靠投资、出口拉动向依靠消费、投资、出口协调拉动转变，由主要依靠第二产业带动向依靠第一、第二、第三产业协同带动转变，由主要依靠增加物质资源消耗向主要依靠科技进步、劳动者素质提高、管理创新转变。2010年年初以来，中央一直强调加快转变经济发展方式，指出国际金融危机爆发后，转变经济发展方式已刻不容缓。加快经济发展方式转变是适应全球需求结构重大变化、增强我国经济抵御国际市场风险能力的必然要求，是提高可持续发展能力的必然要求，是在后国际金融危机时期的国际竞争中抢占制高点、争创新优势的必然要求，是实现国民收入分配合理化、促进社会和谐稳定的必然要求，是适应实现全面建设小康社会奋斗目标新要求、满足人民群众过上更好生活新期待的必然要求。

《中共中央关于制定国民经济和社会发展第十二个五年规划的建议》（以下简称《建议》）指出："制定'十二五'规划，必须以加快转变经济发展方式为主线；坚持把经济结构战略性调整作为加快转变经济发展方式的主攻方向。""这是根据我国基本国情和发展阶段性新特征、针对我国经济社会发展面临的突出问题、应对后国际金融危机时期世界经济形势新变化作出的战略决策，对于顺利完成'十二五'

经济社会发展目标、实现国民经济长期平稳较快发展具有重要意义。"《建议》指出，加快转变经济发展方式是我国经济社会领域的一场深刻变革，必须贯穿经济社会发展全过程和各领域，提高发展的全面性、协调性和可持续性。

明确政治承诺和发展方向，是中国绿色转型的最重要的前提条件。基于本研究，我们着眼于推动未来中国绿色发展，提出进一步的原则建议和具体的政策建议。

（一）指导方针与原则

如前所述，明确的政治承诺和发展方向，是中国绿色转型的最重要的前提条件。各级政府应引入政策机制并做出相应机构调整，以确保绿色发展始终作为中国各级政府的核心任务。基于本项目研究结果，我们建议中国政府在推动绿色发展时遵循以下指导方针和原则。

（1）绿色转型是一个长期而艰巨的过程，应体现在今后相当长一段时期的每一个"五年计划"和重大国家战略中；

（2）绿色发展不仅是经济发展模式，更是社会发展模式，绿色发展不仅是一个目标，更是一个过程；

（3）中央和各级地方政府都要保持政策的连续性；

（4）应该树立一个综合、全面、并适用于所有政策领域的发展观；

（5）应该认识到技术和市场的潜力与局限性；

（6）应该认识到发展过程中存在的社会问题以及发展的目标和方向；

（7）应该妥善处理发展所带来的积极和消极影响；

（8）应该意识到对自然资源和文化遗产资源进行负责任管理的重要性；

（9）应该坚定不移地遵守可持续发展和绿色发展的国际公约。

通过政策体系及其辅助机制来执行这些方针将影响绿色发展的实施进程。决策者应该认识到这些方针的重要性，定期重申并完善这些原则以减少"政策偏移"和"政策无效"的可能性。

（二）推动绿色转型的国家层面总体建议

在中国东部以及其他地区推行绿色发展战略，需要在国家（战略或国际层面）、地方以及实施层面做出系统性的改变。在多方研究的基础上，我们提出以下适用于全国的六条建议。

1. 建议一：政策统筹与政策协调

统筹不同领域的政策，尤其是能源、交通、基础设施、教育和经济发展领域的政策，并在中国绿色发展政策体系框架下，整合各类相关政策；

（1）作为关键性的战略规划，未来的"五年计划"中应该持续明确地强调，并通过具体的管理目标和定量指标表明，追求经济发展不应以牺牲环境质量为代价；

（2）在国家层面建立"五年计划"实施评估机制，对"五年计划"的实施情况进行切实的评估，识别存在的问题和潜在的可能问题，并通过具体方式进行公布和告知，同时提醒各级官员注意关键政策目标之间的潜在冲突（例如经济发展、环境质量、生物多样性、文化及自然遗产保护等）。

2. 建议二：强化监督能力和监督手段

（1）建设和加强区域环境保护与监测中心 (Regional Environmental Protection Inspection Centre) 的监督和监管作用：

——中心应该适当增加人力和物力资源，包括先进的设备（硬件）和数据库管理（软件）来履行新的职责；

——中心应被赋予专门的监管权力，以加强监查和执行力度，例如审查工厂的排放清单，包括火力发电厂等，并创立逐年更新的管理数据库；

——中心应该成为主要职能部门，加强运营过程中的环境检测，在环境影响评价（EIA）中明确通过实施减排措施后所要达到的环境质量。

（2）设立一个隶属于国务院的协调机构（提议命名为绿色发展委员会／环境与绿色发展委员会）：

——该协调机构的主要任务是为能源、工业、交通、基础设施、经济、农业、环境保护和自然资源保护等领域的政策讨论提供平台，并将这些政策提交国务院，使之能够得到及时有效的实施；

——各相关部门负责人应该成为委员会的核心成员，定期会晤，讨论政策重点，回顾各项战略的实施情况并制订未来计划，合作不应局限在单个项目层面。

3. 建议三：强化政策执行和实施

执行更加有效和严格的管制，减轻经济发展对环境的影响：

（1）严格贯彻环境准入机制（例如执行更加严格的排放标准和污染治理技术要求）以防止新型污染源和污染工业向欠发达地区转移；

（2）加强环境评价机制，加大执行力度，并与国际惯例接轨：

——工业废弃地（棕地）的土壤和地下水污染阻碍了土地重新开发利用的进程，而对棕地实施监管的有效机制尚未建立，应该出台更加完善的法律法规对棕地进行适当规划，环境评估系统应该对土地污染补救修复制度制定更详细的标准和要求；

——严格环境影响评价制度，并对企业和地方政府执行情况进行监控和评估，对不符合环评有关要求的企业和管理部门，应该予以定期披露并通报；

——建立企业环境行为数据库,建立企业环境行为评估制度,促进其向社会公布,并接受公众监督,同时政府组织人员对其进行定期评估。

4. 建议四：建立地方政府的绿色发展业绩问责制

研究和建立评估和报告标准,对地方官员的业绩进行监管。建立绿色发展目标、具体指针和激励机制以激励地方官员,使其综合妥善处理其经济、环境和社会业绩(例如经济增长、社会进步、人民生活水平、生态环境保护等指数)。

5. 建议五：提高公众的环境保护和绿色发展意识、促进公众参与

(1)加大环境管理的透明度和信息公开度,包括污染排放(排放源与排放量)、污染状况、污染趋势分析、污染事件的性质;

(2)建立政府与公众意见的有效反馈机制,并提高公众意见反馈透明度和实效性;

(3)各级政府应加强环境宣传教育,提高公众环保意识,建立有效的媒体监督渠道;

(4)加大对低碳生活方式和节能行动的宣传,并于家居和社区层面推动绿色发展。

6. 建议六：通过示范项目扩展绿色发展态势

(1)在现代服务业、高技术产业、可持续能源和交通系统等领域建立绿色发展试点示范区;

(2)建立工业园区,推行经济、工业和环保相融合的政策和措施,对污染排放进行集中管理;

(3)国家电力监管委员会 (SERC) 应该在选定的城市中心区安装"智能电网"系统作为试点项目,有效开发和利用可再生能源,使电力需求侧管理的效益达到最大化。

(三)对中国东部地区的绿色发展建议

基于以下原因,本报告对较发达的东部地区的绿色发展提出如下六点具体建议。包括：制定更加严格的标准和目标;加大信息透明度;倡导绿色消费;对地方污染防治提供专项资金;实行区域性财务转移支付机制;强化企业环境行为改进。

首先,随着市场经济的开放程度和市场化进程的日益深化,东部地区需要在产品生命周期内实行更高水平的环境与安全保护标准,提高技术创新和管理能力以增强自身在全球贸易中的竞争力,对公众逐渐增强的环保意识作出回应。

其次,政府有责任为公众提供充分信息及定期公开重要信息。公众对信息与数据的接收有利于政府减少管理成本,便于政府与公众的交流与互动。

第三,公众的消费活动对环境的影响日益凸显,例如过度消费是造成污染和浪费的主要原因之一,因此应该号召公众共同努力,进行可持续消费以减少污染排放。

随着东部地区越来越富裕，人们对环保产品的消费能力有所提高，他们的消费行为将直接影响到生产模式，因此东部地区应该重视倡导可持续消费。

第四，在过去30年中，东部地区发展迅速，大量环境风险和生态破坏也随之产生，例如土壤、地下水、空气污染等。这些污染影响人们的生活质量，但是通常很难发现其源头，因此需要设立区域性环境污染综合防治基金。

第五，地区性合作的全面展开取决于欠发达地区的环保工作。财政激励措施的出台将会对环境保护、生态保护、防止污染转移等方面的区域合作起到积极有效的促进作用，同时也会推动不同发展水平的地区之间的共同发展。

第六，企业的社会作用日益突出。它们必须履行政府制定的各种环保义务，并承担更加重大的社会责任，因此在推进绿色发展过程中，应该将促进企业环境治理作为重点工作来抓。

1. 建议一：制定更加严格的标准和目标

在中国东部地区执行比国家标准更加严格的环境保护标准，例如对能源集中型和高污染型产业实行更加严格的污染物排放标准。

在地方政府实行政绩评价机制，以评估其在节能减排方面所取得的成绩。

2. 建议二：加大信息透明度

定期并广泛地公布信息以促进公共监督，尤其是：

（1）关系到群众利益的信息，例如，悬浮颗粒物（$PM_{2.5}$ 等）、近地面臭氧、重金属等可能对人身健康产生明显影响的重大污染事件的性质、时间和地点等；加大环境管理的宣传透明度和信息公开度，包括污染排放（排放源与排放量）、污染数据及污染趋势分析和污染事件的性质。

（2）影响研发和政策制定的信息和数据。

3. 建议三：倡导绿色消费

通过以下方式倡导"绿色消费"的理念和行为：

（1）通过提高环保意识和信息共享等志愿者行动来促进行为方式的转变；

（2）利用税收政策（例如环境税和资源税），推进企业和消费者行为转变，并提升绿色经济组分与产品的市场竞争力。

4. 建议四：对地方污染防治提供专项资金

149

设立"环境污染防治地区性基金"试点，以促进：

（1）对环境健康风险的评估（例如以前的工厂遗留下来的危险化学品导致的

土壤和地下水污染）；

（2）对工业废弃地脱污／脱毒／污染补救；

（3）对受影响人群进行补偿和重新安置；

（4）对当地环境污染防治提供资金支持。

5. 建议五：实行区域性财政转移支付机制

建立区域性财政转移支付机制以：

（1）推进欠发达地区的环境保护工作；

（2）鼓励相邻区域的合作发展。

6. 建议六：促进企业环境行为改进

为了提高企业的社会责任感，推进绿色企业治理机制：

（1）应创立绿色企业联盟并实施绿色产业链管理战略。

五、未来研究议程

与本项研究相关的一些领域被列为未来的研究项目：

（1）环境保护和绿色经济发展的政策整合的机制性阻碍成为进一步研究的重点，其中包括当前的机制如何运作、阻碍出现在哪里。

（2）对环境质量、健康影响以及相关政策进行相关性研究（例如土地规划、城市建设规划、公共健康政策等）。

（3）通过案例，对空气／水污染和地方生物多样性缺失的关系进行评估。

（4）用页岩气临时代替煤的可行性分析，重点分析页岩气的开采、贮存、运输和消费者使用情况。根据页岩气在国内和国际的供应情况制定中期能源策略。

（5）对中国经济重组／绿色转型过程中涉及选址和投资的企业决策进行详细分析。收集资料，并调查不同领域、不同类型、不同规模和不同成本结构的公司的选址和迁移受到哪些因素的影响（例如：环境成本、土地和劳动力成本、外部经济环境，等等）。了解地方政府（例如省市县级）提供的招商引资的投资鼓励机制，调查这些机制是否与国家战略方针协调一致。

（6）中国环境与发展国际合作委员会作为中国政府的高级咨询机构，应该考虑建立一个由行业内部、政界和学术界专家人士组成的特别任务小组，对面向地区发展的气候变化和能源政策进行综合研究，并对所做研究进行定期审查与更新，以建立能源和工业发展的长期可持续性战略目标和规划。

第五章
以渤海溢油为案例的中国海洋环境管理机制研究

一、引言

海上油气开采和运输作为海洋经济开发活动的重要内容，往往会造成海洋溢油事故。油轮和采油平台是海洋溢油的主要来源。海上石油生产条件复杂，极易造成突发性海洋溢油事件。实际上突发性溢油在全球范围内广泛发生，对海洋生态环境普遍造成了巨大损害。

2011 年发生的我国渤海蓬莱 19-3 油田海底漏油事故处理处置过程，不仅暴露出我国在海洋突发环境事件中应急能力不足、机制不顺、保障不畅等问题，也凸显出我国海洋开发与环境管理之间存在的深层次矛盾。2011 年，第四届国合会第五次年会以"经济发展方式的绿色转型"为主题，为促进海洋开发与环境保护的良性互动，推动"蓝色经济"发展方式的绿色转型，开始积极探索"在发展中保护，在保护中发展"的环境管理新模式，经国合会主席团批准成立此项专题政策研究。在国家大力发展蓝色经济战略下，如何实现海洋资源开发与海洋环境保护的协调，已经成为一个亟待解决的典型问题。而渤海溢油事件为改进海洋环境管理机制，实现海陆统筹的经济"绿色转型"提供了经典案例。

我国海洋石油开发始于 20 世纪 60 年代，20 世纪 80 年代初期开始对外合作。近 20 年来，我国海洋溢油呈现发生风险高、损害范围广、持续时间长以及评估难度大等特点。随着海上石油开发规模不断扩大，渤海已经成为我国近海石油开发的"主战场"，至 2009 年已建成海上油田 21 个，钻井和采油生产平台 178 座，油井1 419 口。2010 年产油超过 3 000 万 m³[①]，渤海已成为"油池子"。东海和南海石油开发规模也日益扩大，加之众多国际大型石油公司相继加入，海洋溢油事故的风险不断提升。近几年来中国海洋溢油事件平均每年发生 500 余起，而且呈逐年上升趋势。此外，我国海上石油运输量目前仅次于美国和日本，港口石油吞吐量正以每年1 000 多万 t 的速度增长，船舶运输密度增加，油轮日益大型化，个体油轮与外资油轮涌入油运市场，这势必引起海洋溢油事故风险增加，我国海域在未来有可能成为

---

① 郭小哲.世界海洋石油发展史.石油工业出版社，2012：129、337。

海洋溢油事件的多发区和重灾区。

本研究针对我国目前的海洋开发和环境保护现状，对比剖析 2010 年发生在美国墨西哥湾的"深水地平线号"钻井平台爆炸沉没溢油事故以及 2007 年挪威北海溢油事故的应急处置，从世界范围内众多的溢油事故应急处置中汲取经验和教训，进一步加强海洋环境保护和管理的统一监督，将有助于改善我国目前的海洋环境管理状况。

本研究旨在通过渤海溢油事故案例分析，对比国际相关海洋环境灾害应急处置的经验教训，揭示我国海洋环境应急乃至常态管理的体制、机制与法制问题，提出切实可行的海洋经济发展与海洋环境保护相协调的环境管理政策建议。

二、中国海洋经济发展及其对海洋环境保护的挑战

（一）中国海洋经济发展加速，海洋开发战略有待完善

1. 发展海洋经济具有坚实基础

我国是一个海陆兼备的国家，具有发展海洋经济的自然地理基础和巨大潜力，其中领海面积 38 万 km^2，管辖海域面积约 300 万 km^2[①]，岸线总长度 32 000km，包括大陆岸线 18 000 km，岛屿 6 900 多个[②]。我国两千多年来经济发展的历史经验表明，沿海开发与海外经济交往是国家经济发展的重要组成部分。随着国家发展和对外经济联系的增强，我国经济活动重心逐步由内陆向沿海趋近，历史上的民族团结与社会经济繁荣时期，都伴随着沿海经济的开放与发展以及海上贸易活动的增加。

2. 海洋开发战略强势推进

我国现阶段正处在国家复兴和经济稳定发展的战略机遇期，沿海及海洋经济发展具有广阔前景，而国家不断强化的海洋强国建设意识和不断升级的海洋开发战略也使得这一趋势更为明显。2003 年国务院印发《全国海洋经济发展规划纲要》，并提出建设海洋强国的战略目标。2006 年国家公布了《国民经济和社会发展第十一个五年规划纲要》，进一步提出了"强化海洋意识，维护海洋权益，保护海洋生态，开发海洋资源，实施海洋综合管理，促进海洋经济发展"的发展方针。尤其值得关注的是，2010 年 10 月，党的十七届五中全会提出了详细的海洋经济发展战略建议，即"坚持陆海统筹，制定和实施海洋发展战略，提高海洋开发、控制、综合管理能力。科学规划海洋经济发展，发展海洋油气、运输、渔业等产业，合理开发利用海洋资源，

---

① 杨金森 . 中国海洋战略研究文集 . 海洋出版社，2006：271。
② 全国人大常委会法制工作组编 . 中华人民共和国海岛保护法释义 . 法律出版社，2010：165.182。

加强渔港建设，保护海岛、海岸带和海洋生态环境。保障海上通道安全，维护中国海洋权益。"2011年《国民经济和社会发展第十二个五年规划纲要》在第十四章以"推进海洋经济发展"为题，对未来中国海洋经济发展作出了具体部署。

3. 海洋经济在国民经济中居重要地位

自20世纪90年代以来，海洋经济在国民经济中的地位稳步提升，已经成为国家经济发展的重要支撑力量。据国家海洋局海洋经济公报数据显示，2006年全国海洋生产总值20 958亿元，同比增长13.97%，占国内生产总值比重达10.01%；2011年全国海洋生产总值45 570亿元，比上年增长10.4%，占国内生产总值的9.7%。根据国家海洋局海洋发展战略研究所预测，中国海洋经济在国民经济中的比重至少到2020年还会进一步提升[①]。

4. 未来海洋经济发展战略有待调整

应该清醒地看到，与北美、欧盟、东亚、大洋洲等地区海洋大国的海洋开发战略及海洋经济发展对策相比，我国海洋经济发展依然存在一系列深层次的问题。首先，我国依然缺乏在海洋开发战略层次的有序安排，已有的沿海经济战略升级属于"归纳式"各区战略叠加，还缺乏明晰的开发与保护协调、海洋与陆地统筹的海洋经济发展与布局政策。其次，各省区海洋发展战略的开发活动，过度集中于海岸带和近海海域，俨然是陆地粗放开发模式的海向延伸，已经造成海岸带开发过度拥挤与近海环境质量明显下降，专属经济区及深远海的开发意识和能力有待提高。再次，海洋传统产业的领军企业及产业集群在全球经济竞争中处于"边缘化"或"低端化"的状态，产业升级面临风险和困难。此外，我国海洋经济发展需要处理与周边国家在海岛归属、海域划界等方面的棘手问题，海洋问题争端使得深入推进海洋开发战略面临空前挑战，而相关各方的竞争式开发态势，更为相关海域海洋环境保护带来巨大不确定性和环境灾害风险。

我国经济发展的历史经验和现实选择表明，海洋经济发展是国家中长期的战略选择。改革开放30多年的经济高速发展，为今后的海洋经济发展奠定了一定的基础，而"自上而下"和"自下而上"[②]的海洋经济发展战略陆续启动，使得海洋开发成为沿海地区经济发展的主导方向。

---

① 国家海洋局海洋发展战略研究所.中国海洋发展报告（2010）.海洋出版社，2010：226。
② "自上而下"是指国家海洋强国战略的提出，引导各省市区发展沿海和海洋经济；同样，"自下而上"是指沿海地方经济主体自发开展海洋经济相关规划，并积极向国家申报，争取成为国家级海洋开发战略。

（二）中国海洋环境问题凸显，呈现加剧趋势

1. 海洋产业发展的环境负面效应显著

相对于经济发达的世界海洋大国，我国海洋经济整体发展还处于起步阶段，海洋产业结构仍然以第二产业为主导，产业结构有待提升。2011年，海洋第一、第二、第三产业增加值占海洋生产总值的比重分别为5.1%、47.9%和47.0%[①]。海洋渔业、海洋交通运输业和滨海旅游业三大主导都属于劳动力和资本密集型的传统产业。造船业、海洋工程产业、海洋石油天然气产业和海洋石油化工产业，也大都属于资本密集型产业，其技术创新能力低于国际先进水平。海洋生物医药、海洋电力和海水综合利用产业近年发展迅速，但是所占比重较低，近期难以成为海洋主导产业。不同海洋产业所带来的环境问题有着较大的区别，并且随着产业发展规模的变化和层次转变，其环境问题也会有所不同。尤其是稳定发展的大规模传统产业和较快发展的中等规模产业[②]，其运行和发展会成为海洋环境问题产生的主要和直接影响因素，其产业活动中所发生的事故将会成为海洋环境灾难的主要根源。在涉海企业层面所表现的问题更为直接。旅游、渔业、海洋造船等产业的企业组织规模较小，产业集

表5—1 我国海洋产业发展的环境影响

海洋产业部门	相对增幅	环境影响	环境影响程度
海洋渔业	++	海洋生态系统损失	++
海洋石油天然气	+++	海上溢油污染	+++
海洋矿业	++++	海底（海岸）破坏、海水污染	++
海洋盐业	+	滨海占地	++
海洋化工	++++	向海洋排污	+++
海洋生物医药	++++	向海洋排污	++
海洋电力	+++	滨海（风电）占地	++
海水利用	++++	可能向海洋排污	+
海洋船舶制造	++++	滨海占地	++
海洋工程建筑	+++	滨海占地	++
海洋交通运输	++	海洋、大气排放	+++
海洋旅游	++	旅游垃圾	++

资料来源：根据2011年国家海洋局海洋经济统计有关数据及中国海洋状况公报有关描述等文献整理。

①国家海洋局2011年中国海洋经济统计公报。
②此处"大规模传统产业"是指海洋运输、海洋渔业和海洋旅游等行业规模相对较大而发展不快的传统海洋产业；"中等规模产业"是指海洋石油、海洋造船及海洋工程等产业。

群层次偏低，企业生产和服务设施相对落后，企业环境责任意识和环境问题应对能力较低。海洋运输、海上石油、海洋化工等企业虽然具有较大规模，在国内处于强势地位，但其对海洋环境的责任感和灾害预防能力有待提高。

2. 海洋经济空间布局的环境压力加剧

国家海洋开发战略在空间上表现为几乎所有沿海省市区都成为各种称谓的"国家级"海洋经济或沿海经济区，并且还有如横琴、平潭、舟山等副省级国家战略新区，使得地区性的海洋经济发展日益上升为"国家行为"，也必将导致沿海经济与海岸带及近海环境的关系日趋紧张。我国主要海洋经济分为环渤海经济区、长江三角洲经济区和珠江三角洲经济区。其中，环渤海经济区的海洋经济总体规模最大，而且近年增长依然比较强劲，在全国海洋经济的比重略有上升；海洋经济活动以资源密集型和劳动力密集型的传统产业为主，对岸线空间和海域生态环境产生较大的压力。加之未进入海洋产业活动统计口径的一些大型滨海产业园区和工程建设，甚至是"滨海新城"建设，不仅占用、破坏了宝贵的自然岸线及近海空间，更带来长远时期的海域环境水体污染威胁。再考虑到我国长时期内陆经济发展所带来的排海陆源污染

表 5—2　中国主要海洋经济活动分布及环境影响

海洋经济区		环渤海经济区	长江三角洲经济区	珠江三角洲经济区
海洋生产总值占全国比重 /%	2008 年[①]	36.1	32.3	19.6
	2009 年[②]	37.6	29.6	20.7
	2010 年[③]	34.5	31.4	21.6
	2011 年[④]	36.1	30.1	21.5
同比增长 /%	2008 年[①]	0.1	－ 1.4	0.0
	2009 年[②]	1.5	－ 2.6	0.5
	2010 年[③]	－ 0.1	－ 0.6	0.9
	2011 年[④]	1.1	－ 1.9	0.6
主要海洋产业		海洋交通运输、海洋渔业、滨海旅游、海洋油气	滨海旅游、海洋交通运输、海洋船舶、海洋渔业	滨海旅游、海洋交通运输、海洋化工、海洋油气、海洋渔业
海洋环境影响		陆源污染较重；岸线及海域产业活动密度高，海洋环境压力大	陆源污染中等；岸线及海域产业活动密度较高，海洋环境压力较大	陆源污染较轻；岸线及海域产业活动密度较高，海洋环境压力较大

资料来源：①国家海洋局，2008 年中国海洋经济统计公报。
　　　　　②国家海洋局，2009 年中国海洋经济统计公报。
　　　　　③国家海洋局，2010 年中国海洋经济统计公报。
　　　　　④国家海洋局，2011 年中国海洋经济统计公报。

的历史累积效应影响，渤海海洋环境对于今后滨海及海洋经济的开发已经是"不堪重负"，需要海洋经济可持续发展与环境治理方面的"特别关照"。此外，越是脆弱的海岸带空间，往往面临围海造陆规模激增的巨大压力，直接导致滨海湿地、滩涂大量丧失，近海生物多样性破坏，加剧了局部区域海洋生态环境灾害。

现有以各地区和各行业为主体的海洋经济发展模式，依然带有浓厚的传统陆地经济开发和单一产业发展特点，与海洋经济发展的整体协调、多元融合、开放互动等特质要求存在距离，导致海洋生态环境相关利益主体缺失，局部海岸带资源破坏和近临海域环境污染，为海洋经济的可持续发展带来巨大隐忧。

（三）渤海海洋环境污染严峻，呈现复合污染的特征

渤海流域包括黄河、海河、滦河、大凌河、辽河、山东半岛水系和辽东半岛水系七大水系，半封闭内海特征使得渤海水体交换能力极差。渤海是传统海洋开发活动的密集区，各沿海地区的向海开发竞争及各涉海行业间的相对孤立和非协同发展，使得海岸线与海洋环境面临空前巨大的污染压力，并导致环境灾害性事件频发。目前渤海环境污染相当严重，近岸海域污染面积不断扩大，海水中主要污染物是无机氮、活性磷酸盐和石油类。2010年，渤海近岸海域37个站位海洋生物质量监测结果表明，六六六、滴滴涕、多氯联苯等指标均符合第一类海洋生物质量标准；总汞、石油烃和金属镉含量符合第一类海洋生物质量标准的站位比例分别为92%、73%和68%；辽东湾贝类体内六六六和多氯联苯的残留水平连续三年降低[1]；渤海湾贝类体内石油烃和铅的残留水平连续三年升高，镉的残留水平连续三年降低。尽管如此，渤海生态监控区的生态系统仍处于亚健康或不健康状态。从污染形式来看，现在渤海环境污染已经从最初的以石油、重金属为主的单一工业污染，逐步向工业污染、生活污染、农业面源污染等复合污染转变。

（四）渤海海洋污染以陆源为主，海源污染比例增加

1. 陆域入海污染物排污总量居高不下，部分海区海洋功能严重受损

2010年和2011年，渤海沿岸入海排污达标排放次数仅占全年总监测次数的46%[2]。从2010年主要河流入海污染物总量监测结果来看：70%以上的入海污染物排入到敏感的海洋类型功能区，导致自然保护区、旅游区和渔业区达标率分别仅为79.8%、68.5%和58.8%。重点海湾沉积物污染严重，特别是汞、铅、砷、铜、石油烃和滴滴涕等污染。同时，湿地面积萎缩，流域淡水入海量减少，导致辽宁省环

① 国家海洋局北海分局.2011年北海区海洋环境公报.
② 国家海洋局北海分局.2011年北海区海洋环境公报.

渤海地区和山东半岛滨海地区海水入侵面积达 1 300 km²，占全国入侵面积 90% 以
上 ①。陆源营养盐对我国近岸海域的贡献占 70% 以上，是导致我国近岸赤潮、绿潮
灾害频发的主要原因之一。

2. 海源污染物排放量显现增加趋势，总体污染程度加剧

首先，生态环境灾害频发。2010 年，中国全海域共发现赤潮 69 次 ②，累计受污
染面积 10 892 km²，其中渤海发生 7 次，共 3 560 km²（以夜光藻和隐藻为主）。2011 年，
渤海发生赤潮 13 次 ③，污染面积约 217 km²。其次，部分海域大气沉降通量季节性
增大。2010 年渤海区域的大气污染物沉降监测结果表明：渤海春、秋季大气干沉降
污染物含量高于夏季，夏季大气污染物湿沉降通量高于春、秋季。在监测的 11 种污
染物中，铵盐和硝酸盐含量较高。重金属类污染物中，渤海海峡、辽东湾东部海域
大气锌含量较高，渤海湾、莱州湾海域锌、镉含量较高 ④。2011 年渤海大气污染物
湿沉降以硝酸盐为主，无机氮和重金属铜的湿沉降通量最高值出现在塘沽监测站，
分别为每年 11.0t/ km² 和 4.9kg/ km²，铅的湿沉降通量最高值出现在营口仙人岛监测
站，为 0.7kg/ km²⑤。再次，海水富营养化程度不断加重。与上个世纪相比，近 10
年来环渤海不仅赤潮的发生频率和累计面积呈现明显升高的态势，赤潮的时空分布
范围也不断扩大，而造成海水富营养化的主要来源是人类开发活动所产生的污染物。

（五）渤海海洋经济开发与环境污染矛盾激化

1. 海上溢油事故频发，加重海洋环境污染

石油溢出进入海洋后，对生物资源造成严重的威胁，被视为海洋中的第一污染
源和污染物。2010 年我国海上投产使用的油气平台达到 195 个 ⑥，渤海是中国海域
迄今为止最大的海洋油田。至 2009 年，渤海已建成海上油气田 21 个，共有采油井
1419 口，海上采油平台 178 个 ⑦。在我国沿海地区，平均每 4 天就可能发生一起溢油
事故，仅 1998—2008 年，我国管辖海域就发生了 733 起船舶溢油污染事故 ⑧。2010
年 7 月 16 日，中石油大连新港石油储备库输油管道发生爆炸导致原油泄漏事故；
2011 年渤海蓬莱 19-3 油田发生重大溢油事故，渤中 28-2 南油田、埕岛西 A 平台、

---

① 国家海洋局北海分局 .2010 年北海区海洋环境公报。
② 国家海洋局 .2010 年中国海洋环境状况公报。
③ 国家海洋局 .2011 年中国海洋环境状况公报。
④ 国家海洋局北海分局 .2010 年北海区海洋环境公报。
⑤ 国家海洋局北海分局 .2011 年北海区海洋环境公报。
⑥ 国家海洋局 .2010 年中国海洋环境状况公报。
⑦ 国家海洋局 .2011 年中国海洋环境状况公报。
⑧ http://news.sohu.com/20110707/n312681416.shtml。

绥中 36-1 油田和锦州 9-3 油田各发生 1 次小型溢油事故[①]。近年来，油气开发活动引起的溢油漏油事故频发，大量原油泄漏入海，给周边海洋环境造成严重影响。

2. 海洋油气区污染物排放增加，持续影响水质

海上油气区排放污染物主要来源于生产废水、钻井泥浆、钻屑和生活污水。2010 年渤海海上油气田生产废水、钻井泥浆、钻屑和生活污水排放量分别约为 623.19×10^4 m^3、1.04×10^4 m^3、3.04×10^4 m^3 和 12.05×10^4 m^3。2010 年渤海 17 个海洋油气田群周边海域海水环境质量监测表明：除锦州 21-1 油田春季海水中石油类浓度超第一类海水水质标准外，其他油气田海水石油类浓度均符合第一类海水水质标准，油气田周边海域环境状况与 2009 年相比明显好转[②]。2011 年渤海 22 个海洋油气区（群）及周边海域环境状况监测结果显示，"蓬莱 19-3 油田溢油事故"对所在油气区及周边海域环境状况产生十分严重的影响。"7-16 大连油污染事故"对海洋环境造成的影响至今尚未完全消除，海洋环境中仍存在明显的石油类污染，对泊石湾海水浴场和潮间带生物还存在影响[③]。

3. 海洋固体污染物倾倒增多，严重影响区域环境

2010 年渤海 5 个倾倒量较大的海洋倾倒区的水质、沉积物质量、底栖生物群落等跟踪监测结果表明，虽然仅有天津港临时倾倒区 C 区个别站位海水中的石油类浓度超第一类海水水质标准，但倾倒活动会对渤海海洋倾倒区的水深和海底地形产生影响。例如黄骅港 C1 区临时倾倒区南部区域水深明显变浅，最小水深已不足原水深的 60%[④]。除此之外，进入海洋的塑料袋、渔网等垃圾已是公认的"海洋环境杀手"。2010 年葫芦岛市高岭万家海域监测结果显示，海底垃圾（橡胶块、塑料瓶和油漆桶等）平均密度高达 313.8 kg/km^2。2011 年渤海批准倾倒量 2 268 万 m^3，比 2010 年增加 31.3%[⑤]。

4. 近海养殖污染凸显，极易造成水体富营养化

从 1990 年开始，我国水产养殖产量一直居世界首位，也是世界上唯一一个养殖产量高于捕捞产量的国家。目前渤海共有海水增养殖区 226 个，总面积占渤海近岸海域面积的 16.8%，其中以滩涂养殖方式的面积最大，为 4 240 km^2，占养殖区总面积的 71.7%；其次为筏式养殖，面积为 559 km^2，占总面积的 9.5%[⑥]。海水养殖迅

---

① 国家海洋局 .2011 年中国海洋环境状况公报。
② 国家海洋局北海分局 .2010 年北海区海洋环境公报。
③ 国家海洋局北海分局 .2011 年北海区海洋环境公报。
④ 国家海洋局北海分局 .2010 年北海区海洋环境公报。
⑤ 国家海洋局北海分局 .2011 年北海区海洋环境公报。
⑥ 国家海洋局北海分局 .2010 年北海区海洋环境公报。

速发展，给海洋造成了严重污染。研究表明，网箱养殖投入的饵料有 20% 未被食用，成为输出废物。海水养殖的排污量仅占排海污染物总量的 5% 左右，但由于污染物很大一部分是残饵、养殖物的排泄物等营养物质，很容易造成水体富营养化，这使得近海养殖很可能成为刺激近海赤潮发生的一个重要原因。

5. 船舶与港口作业污染遍布，严重影响近海养殖环境

截至 2008 年，我国拥有船舶总数 24 万余艘，7 000 多万总吨位，居世界第二位。我国拥有 1 430 个港口和 34 000 个码头泊位[①]。环渤海岸线港口 79 个，平均每 65km 一个港口，其中拥有 9 个超 2 亿 t 的大港口[②]。船舶污染是海洋污染的重要污染源，船舶在港口停留和在港口的各种作业将会直接污染港口环境。此外，船只碰撞和沉船造成的溢油、拆船过程中产生的废弃物（残油、废油、油泥、含油污水等）等都会对海洋环境带来严重威胁。据有关资料统计，海洋环境污染中有 35% 的污染为船舶溢油[③]。这些污染对于近海养殖业的发展造成了严重威胁。

三、海洋溢油事故应对典型案例的教训、经验与启示

（一）中国海洋溢油管理不畅，应急处置能力不足

2011 年 6 月 4 日和 6 月 17 日，渤海湾蓬莱 19-3 油田相继发生两起溢油事故，先后约有 700 桶 (115m^3) 石油溢出漂到海面，2 600 桶 (416.45m^3) 矿物油基泥浆泄漏并沉积到海床，造成油田周边及其西北部 6 200km^2 海域海水污染（超第一类海水水质标准），1 600km^2 的沉积物污染，其中 870 km^2 海域海水受到严重污染，给渤海海洋生态和渔业生产造成了严重影响。国家海洋局事故调查报告认为，作业方康菲石油中国有限公司（康菲公司）在作业过程中违反了油田总体开发方案，在制度和管理上存在缺失，对于应当预见到的风险没有采取必要的防范措施，最终导致溢油。此次事故是一起造成重大海洋溢油污染的责任事故。按照签订的对外合作合同，康菲作为作业者，应承担溢油事故的全部责任[④,⑤]。综合分析渤海溢油事故的发生前、发生中、发生后等系列过程存在的各方面问题，总结我国关于重大海上溢油事故应急管理的漏洞和问题如下。

---

① Dinesh C.Sharma. 港口污染备受关注 . 美国环境与健康展望杂志中文版 .2007,115(1C)：5-6。
② http://www.idoican.com.cn/ido/paper/briefArticle.do?article=nw.D210200xsb_201103114-03.
③ http://www.simic.net.cn/news_show.php?id=113965.
④ 国家海洋局 . 蓬莱 19-3 油田溢油事故联合调查组公布事故原因调查结论，2011 年 11 月 11 日，http://www.soa.gov.cn/soa/news/importantnews/webinfo/2011/11/1320551791757083.htm。
⑤ 国家海洋局 . 蓬莱 19-3 油田溢油事故联合调查组关于事故调查处理报告，2012 年 6 月 21 日，http://www.soa.gov.cn/soa/news/importantnews/webinfo/2012/06/1339980559103721.htm。

1. 信息披露不及时，不充分

在事故发生长达 1 个月后，相关方在媒体和舆论压力下才开始首次回应公众，披露相关信息。而且国家海洋局只重复公布事故的具体产生原因，没有及时公布事故的其他调查结果。直到 2011 年 7 月 27 日，国家海洋局北海分局才开始在网站动态公布溢油量的基本信息[1]。到目前为止，相关方达成的海洋生态赔偿和渔业损失金额的评估依据以及协议内容一直没有公布。由于我国目前缺乏漏油事故处理相关的制度性措施，导致企业缺乏社会环境保护责任，公众处于信息不对称的不利状况。相关方没有依据《政府信息公开条例》等有关规定，及时充分地主动披露事故相关信息，引起了公众的普遍质疑和极大不满，严重削弱了政府部门的公信力。同时不利于调动各方力量应对事故，将污染损失降到最低，尤其不利于水产从业者及时控制和减轻损害，搜集证据以便进行有效索赔。

2. 监管不力，职责缺失

康菲公司自身监管不力，环境责任缺失。其石油生产和回注岩屑作业违反总体开发方案规定，因而引发此次海上溢油，造成井涌。需要指出的是，当出现事故征兆时，康菲并没有及时停止作业、查明原因，而是继续作业，造成溢油污染进一步扩大。同时，该井作业违反了环境影响评价报告书的要求，降低了应急事故处置能力，因而发生侧漏溢油[2]。康菲公司不正视事故的危害性和严重性，在整个事故过程中瞒报谎报，遮掩拖延，致使溢油持续渗漏，污染扩大蔓延，危害加重加深。2012 年 6 月 4 日，蓬莱 19-3 油田原油外输中再次发生溢油事故[3]，发生少量溢油，暴露出康菲公司内部管理存在很大问题。中海油作为央企、投资主体和康菲公司在中国的合作者，没有尽到《对外合作开采海洋石油资源条例》对合作方作业的直接监督管理的责任。国家海洋局及其北海分局作为《海洋石油勘探开发环境保护管理条例》所规定的海洋石油勘探开发环境保护管理主管部门，没有能力主动及时发现漏油。国家环保部没有能够发挥《海洋环境保护法》中所规定的统一监督和协调作用，仅是参加了事故联合调查组。国家海洋局至今没有充分查明康菲中国提出的渤海燃料油污染问题，增加了对渤海漏油事故的处理难度，同时意味着渔民利益受损的责任主体更加复杂化。国家海洋局主导的七部委联合调查的范围和深度不够，缺少司法、人大、证券、国资等部门的调查，不能对责任企业进行有效监管和威慑以及问责和索赔。此外，沿海相关省市以及相关部门未积极介入此次事故应对，如事故调查、

---

[1] http://www.ncsb.gov.cn/oilspill/index.asp?pageno=8&pagesize=1.
[2] 国家海洋局. 蓬莱 19-3 油田溢油事故联合调查组公布事故原因调查结论，2011 年 11 月 11 日，http://www.soa.gov.cn/soa/news/importantnews/webinfo/2011/11/1320551791757083.htm。
[3] http://www.ncsb.gov.cn/oilspill/file.asp?idnum=149.

溢油处置以及权益维护。这很大程度上是因为监管者与被监管者的利益常常一致，制度建设跟不上现实要求；监管手段和技术落后，特别是多头监管导致监管不力；对跨国公司和背后国有垄断企业的监管过于宽松。目前这种倚重衔入式的海洋环境行政监管体系，即使侵权主体的责任认定变得模糊化，又无法有效培育强约束的市场自律式维权体系。

3. 应急处置不力，反应迟钝

首先，溢油应急处置能力明显不足。由于国家海洋局不具备海上突发环境事故应急处置能力，此次油污清理主要是由中海油出动和租用企业打捞船进行，而具有清油能力的交通部海事部门并没有直接参与处置，清油回收时间从 6 月一直持续到 9 月。其次，相关方没有启动相应的应急预案。根据《海上石油勘探开发溢油应急响应执行程序》规定，此次事故无论是溢油量还是溢油面积均达到一级响应标准，属于重大环境污染事件，但国家海洋局并未启动《海洋石油勘探开发溢油事故应急预案》一级响应程序，仅是北海分局启动了三级应急响应。此次事故损失远远超过 1 000 万元，属于特别重大环境事件，环保部也没有按照国务院《国家环境突发事件应急预案》标准启动一级响应，国家安全生产监督管理总局也没有启动《海洋石油天然气作业事故灾难应急预案》，责任方康菲公司没有相应的有效应急预案和能力，造成初期处置不力。再次，不同层面和部门应急预案预警等级不一致。虽然目前我国从国家到地方政府、甚至到港口，各个层面都有相应的应急预案，但实际上很难被统一协调起来，如船只溢油和石油平台溢油预警等级不一致，导致最终应急处置效率不高。最后，缺乏国家层面的相关应急预案。国家海洋局《海洋石油勘探开发溢油事故应急预案》仅属于国务院部门预案，随着海上石油开发力度的不断加大，海上溢油事故对沿海渔业、旅游、经济的影响力日渐增强，有必要制定应对特、重大海洋环境（含溢油）突发事件的国家专项应急预案，以统一预警标准和级别，建立分级应急机构，构建顺畅的部门协调机制，全面建设应急基础条件，统一调配应急资源。

4. 处罚不力，赔偿过低

首先，处罚力度太小，违法成本过低。国家海洋局依据《海洋环境保护法》有关规定，仅能对康菲公司做出罚款 20 万元的行政处罚[①]。由于没有司法介入，因而没有依据《刑法》规定的重大环境污染事故罪，追究责任方的刑事责任。相对于事故油田每天 1 亿元的利润，20 万元的行政处罚实在没有足够的惩罚性和威慑力。其次， 161

---

① 国家海洋局. 蓬莱 19-3 油田溢油事故联合调查组关于事故调查处理报告，2012 年 6 月 21 日，http://www.soa.gov.cn/soa/news/importantnews/webinfo/2012/06/1339980559103721.htm。

溢油损害索赔无力，民间权益维护滞后。官方索赔仅以国家海洋局 16.83 亿元海洋生态损害赔偿款、农业部 13.5 亿渔业资源赔偿款而终结，但康菲公司仅支付其中的 23.03 亿元。民间索赔还没有正式开始，山东、河北以及辽宁的民间索赔款已经远远超过官方赔偿①。造成这种违法成本低、守法成本高的原因，主要在于目前的《海洋环境保护法》作为《环境保护法》在海洋空间的区域法和海洋区域中保护海洋环境的基本法，基本上是一部防止海洋污染的单行法，主要为促进经济发展服务，缺乏保护和改善海洋生态环境的内容②。

5. 执法不到位，法律规范不完善

渤海溢油案反映出我国海洋能源资源开发常态管理缺乏海上油田总体开发方案编制、审批、执行和监督的具体规范，尚未落实油气田开发过程中的环境影响评价和环境保护审查制度，缺乏对作业者实施油田开发生产过程环境安全的监督管理。康菲公司从 1999 年发现 19-3 油田到 2011 年发生事故的十多年的时间里，最初的油田总体开发方案在实施以及变更实施后，建设单位和有关主管部门都没有进行跟踪评价。企业信息主动报告和政府信息披露显得滞后，环境信息公开的立法不够完善和具体，可操作性不强，保护公众知情权的监督手段、责任机制、救济制度的保障体系不够健全。我国现行有关海洋油污染损害评估和海洋生态环境索赔的法律依据不足，无统一的体系，没有提供细化的法律规则和诉讼程序，可操作性也不强，在法律适用上较为混乱，在法律执行上难以有效进行③。虽然，我国《海洋环境保护法》原则性地规定了生态损害赔偿制度，但没有对海洋溢油事故生态环境损害赔偿的责任进行明确界定，且补偿内容、程序、标准、受偿者和补偿者之间的权利义务规定也不明确。此外，还缺乏对海洋生态损害赔偿等下位法④的进一步细化，生态补偿难以具体落实。2007 年国家海洋局虽然发布了海洋系统行业标准《海洋溢油生态损害评价技术导则》，但该导则并非行政处罚规定，在提起诉讼时仅能作为法院判罚的参考，并不是依据。2008 年，农业部牵头制定了国家标准《渔业污染事故经济损失计算方法》。2010 年 6 月，山东省率先出台了海洋生态损害赔偿和损失补偿相关办法。上述规定和办法虽然明确了补偿主体，但对补偿标准并未做出详细且明确的规定，比如补偿的具体标准和年限等，其可操作性仍需观察。

此次事故中媒体积极向公众及时披露有关溢油的基本事实、处置进展、损害性等信息⑤，舆论压力有效地迫使事故责任各方公布了有关信息以及进行积极处置。

---

① Dinesh C.Sharma，港口污染备受关注，美国环境与健康展望杂志中文版.2007,115(1C)：5-6。
② 王曙光．论中国海洋管理．海洋出版社，2004：56-57。
③ 国家海洋局海洋发展战略研究所．中国海洋发展报告（2012）．海洋出版社，2012：233。
④ "上位法"、"下位法"是《立法法》确立的区分法律位阶的两个基本范畴。下位法是指根据上位法确定的原则、程序等制定的相配套的法律规范。根据《立法法》第 87 条的规定，下位法不得违背上位法。对于我国《海洋环境保护法》而言，海洋生态损害赔偿等法律则属于下位法。
⑤ http://www.infzm.com/content/60932.

民间维权人士罕见地同时获得国家海洋局、农业部等部门的回函[①]，有效支持了民间索赔，而且官民联合积极开展索赔诉讼。国家海洋局、农业部等有关部门在环渤海地区建立了海上油气沟通机制，及时通报了环渤海人民政府以及相关部门，实现了一定程度信息共享，有效推进了事故应急处理的进程。

（二）美国海洋溢油管理制度齐全，应急处置迅速

2010 年 4 月 20 日，美国墨西哥湾 Deepwater Horizon 石油平台由于油井甲烷气体充溢立管和喷发，并燃烧造成爆炸，导致整个平台沉没。事故造成 11 人不幸遇难，17 人受伤，2 亿多 gal(1gal=4.546 0PL) 海底石油喷涌，受污染海域达 1 500km²，85 天后才堵住漏油。专家预测彻底清污需要十年时间。此次溢油属于深海作业事故，处理技术难度、影响规模、持续时间等均远超历史上发生的所有溢油事故。漏油对于港湾的环境破坏，需要数 10 年进行全面评估。行业专家担心海底 46 亿 gal 的石油和天然气储备中的很大一部分会喷涌入海湾。漏油严重影响海湾居民的经济发展。事故原因主要归结于三个方面。首先，行业自我监督不够，缺乏充分的技术安全性。油田作业方 BP 等公司的各级管理层之间沟通较差，相关决策缺乏风险意识；未能采用先进技术进行钻井，存在严重技术失误；作业安全程序不恰当，判断失误。其次，政府监管不力，未能降低油井爆炸的风险。美国内政部矿产资源管理局作为近海原油开采监管机构，被指责疏于管理。矿管局人员不具备监督深水海上钻井经验或未接受过培训，疏于坚守规章制度，风险评估跟不上深水钻井的发展水平。而且，奥巴马政府在宣布"解禁"墨西哥湾近海石油开采的同时，没有对近海油气开采实施严格的配套监管措施，对策准备不足。发放近海油气钻探许可证时未进行适当环境评估。再次，能源政策失衡，过度依赖油气资源。美国政府未能及时作出开采海上石油的能源决策，这使得当前一代美国人需要终身完全依靠外国石油资源，以确保国家安全与经济发展以及维持现有生活方式[②]。尽管美国墨西哥溢油事故处理存在诸多问题，但其应急管理方面的成熟经验可供中国借鉴。

1. 事故应急处置迅速有效

应急反应速度快。溢油事故发生后，美国政府迅速启动了国家、区域和地方的各级应急指挥系统，统一协调各部门进行海上溢油的堵漏、治理与回收。在发生爆炸的当天，美国就启动了国家海上溢油应急反应体系，成立了以海岸警卫队为核心的地方应急指挥中心。次日，区域应急小组启动，协调海岸警卫队、国土安全部、 163

① http://finance.sina.com.cn/chanjing/cyxw/20110905/205210435856.shtml.
② National Commission on the BP Deepwater Horizon Oil Spill and Offshore Drilling, Deepwater Report to President, January, 2011, p87-307.

商务部和内政部等部门，提供技术建议，并从下属部门和应急储备站中调集物资展开全面防治和搜救行动。第三天，国家溢油应急反应小组启动，负责协调应急准备和应对石油与有害物质污染，决定由BP公司负责堵漏以及溢油清除和治理行动。同时国家环境保护局专家指导帮助清除溢油，国家海洋和大气管理局提供溢油漂移轨迹预测，使得溢油清除小组能够根据天气的变化及时调整溢油防治方法。采用多种技术清除和防止漏油。BP公司最早派水下机器人检修失控的安全阀门，派船只清理油污，并新钻两口井以缓减漏油井压力，降低漏油速度。此次溢油事故治理过程虽然主要采取常规技术，但由于在国家海上溢油应急反应体系支持下，物资储备充足，布局合理，治理得当，因此效果较明显。积极吸收志愿者协助。约有2 000名志愿者协助处理溢油。BP设立在线网站接受来自（全球）公众的清理建议和意见，并且收到了成千上万条建议，其中一些被归类为可以采用。政府也征招了志愿者清理鸟类和野生海洋动物身上的污油。积极推进体制改革和补救措施。事故发生后，奥巴马宣布成立独立的总统委员会，对事故展开调查，半年内暂停发放新的深水钻探调查许可，并要求对已经发放的许可证进行重新评估，以避免类似事故再次发生。内政部已宣布将国家矿产管理局"肢解"为海洋能源管理局、安全和环境执行局和自然资源收入办公室三个独立机构。拟修改《1990年石油污染法》有关海上设施石油污染损害责任赔偿上限为7 500万美元的规定，提高上限或不设上限。政府还积极介入索赔工作，尤其是司法部展开民事和刑事双重调查，迫使BP公司设立200亿美元的损害赔偿基金③。

2. 海洋溢油应急管理制度完善

当然，此次溢油事故处置也存在一些问题。首先，应急准备不足，未能积极响应大规模深水漏油。油井爆炸时，联邦政府未能监督深水油井的围堵，而且低估了漏油量，妨碍了油井围堵措施、计划和分析的努力。BP公司采用未经证实的技术措施，防喷器缺乏可以协助围堵的关键诊断工具，不具备预期的响应能力。其次，大量使用消油剂，可能会造成二次污染。采用了大约7 000t油污分散剂来应对漏油，某些油污分散剂包含具有相当毒性的石油产品（水晶油和煤油）。

但是，美国海洋溢油应急管理制度总体完善④。《1990年石油污染法》的颁布，从根本上解决了美国海上溢油应急反应机制建立的问题。首先，建立了国家、区域和地方的各级应急指挥和反应系统等，海岸警备队具有高度的组织、协调和决定权，实行行政区域和片区结合的责任制管理，可随时开展国家应急计划和授权协调工作，以加强国家、区域等有关部门与当事人的联系，对推进国家应急反应策略起到了决

③ National Commission on the BP Deepwater Horizon Oil Spill and Offshore Drilling, Deepwater Report to President, January, 2011, p87-307.

④ Peter K. Velez, Summary of the United States Offshore Oil Pollution Prevention and Response Regulatory Scheme, August, 2012.

定性作用。其次，实施了溢油清污基金制度。联邦政府建立了 10 亿美元的溢油清污基金，并且可以向肇事者实行溢油污染责任追究；同时各州政府也通过立法建立了 1 亿美元油污基金。联邦溢油基金主要来源包括从国内及进口的每桶原油征收 25 美分油污费；油污基金的银行利息；油污损害肇事者的赔偿；油污损害肇事者缴纳的罚金；从其他基金紧急调用的款项等。油污基金由国家防污基金中心专门管理。再次，实施了溢油清除协会会员制度，保证了专业溢油清洁公司的机构正常运转和快速反应。这种专业溢油清除协会为非盈利组织，主要费用和设备通过炼油厂、石油公司等会员单位缴纳的会费解决；设备精良，联动性好；定期演练，训练有素；布局合理，反应快速。

（三） 挪威海洋溢油管理体系完善，应急处置得力

2007 年 12 月 12 日，挪威北海 Statfjord 油田的一个平台将原油通过输油管道输入到 Navion Britannia 号油轮时发生故障，致使约 3 220t（24 150桶）原油被倾入北海。此次溢油事故成为该国第二严重的原油泄漏事故 [1]。但是，由于挪威海洋溢油管理体系总体上比较完善，所以此次事故应急处置妥善有效。

1. 海上油气开发管理制度有效

首先，海上油气开发实行了一体化管理制度。海上石油开采活动的管理涉及多个部门，其中石油能源部挪威石油董事会全面负责开采活动；财政部负责财务，包括税收；劳动部石油安全管理局负责操作安全；环境部气候和污染署负责排放许可，包括污染防备和应对要求；医疗卫生服务部负责工人健康；渔业和海岸事务部海岸管理局负责政府溢油事故的防备和应对，包括清污。虽然不同机构有具体的责任分工，但在石油和天然气开采活动管理中实行了强有力的一体化管理。如果发生溢油事故，石油安全管理局将向挪威海岸管理局通报。前者监督经营者的石油设备安装，同时后者负责监督经营者的海上溢油事故处理。其次，石油生产排污实行了许可制度。已获得在大陆架某特定区域进行石油勘探和开发权利的石油公司，在开始钻井作业前需要办理一个排污许可证。如果发现石油并开始生产，则需要另外办理一个排污许可证。对其经营行为可能造成的污染，在环境风险已经解除后，需要更新或补发新排污许可证。排污许可证由气候和污染署审批颁发，主要针对公司的每一项活动，包括溢油应急预案和响应要求以及应对环境风险的各项要求。审查和修改应急计划以满足实际情况，这是经营者自始至终的义务。环境部门等相关部门自从项目启动时就开始对公司进行定期检查，以确保经营者的日常经营活动符合相关法律法规和许可证的特定要求。这种制度已经建立 30 多年 [2]，强调的是政府部门和石油

---

[1] http://www.coes.org.cn/shownews.asp?id=101.
[2] http://www.coes.org.cn/shownews.asp?id=101.

生产管理部门之间的信任、交流与透明度，再次，建立了溢油事故防备和应对明确的责任人制度。1981 年《污染控制法》是防备和应对溢油事故的法律基础，明确规定了石油天然气开采活动责任人承担防备和应对溢油事故的义务。该法律还规定了任何从事可能导致污染的开采人员必须配备必要的溢油防备和应对预案，防止、检测、阻止、消除和限制污染所产生的影响，应根据污染的概率和可能产生的伤害及损害程度的合理比例，制定溢油事故防备和应对预案。石油开采活动采用风险导向法，经营者都必须有一个始终与动态经营风险匹配的防备和应对预案①。

2. 海洋溢油管理体系完善

首先，应急计划充分保障了应急资源的共享。无论石油工业、政府当局，还是海岸管理局，都已制订了以环境风险和溢油应急评估为基础的应急计划。其主要原则是，在限定的响应时间内，作业者都必须要有可执行的溢油应急预案和必要的响应资源，通常需有可以自行支配的资源。业界还应负责检查在最坏情况下可用的必要物资储备，还包括通过协议而获得的其他人所拥有的可用资源。海岸管理局作为石油泄漏的监督机构，可以在必要的情况下依法接管行动管理，并根据情况使用从私人和公共部门获得的所有可用资源作为国家防备和响应储备。此外，还建立了一个由政府和公共咨询机构代表为组员的咨询小组，定期召开例行会议和进行演练，为应对突发性污染性事件做好准备②。其次，国家溢油事故防备和应急预案体系完善。海岸管理局提供了必要的溢油事故防备和应对预案，以处理重大污染事故，而此类等级的事故不在市政府或私人溢油事故的防备和应对范围内。海岸管理局还需要保证私人、市政府和国家等不同级别的溢油事故防备和应对工作相匹配和协调。国家预案不包括对近海石油和天然气开采活动的溢油事故进行处理，这些事故将完全由企业自行负责处理。经营者按照法律要求应始终拥有充分的应急方案。市政府应提供必要的溢油防备和应对预案以处理小型污染事故②。再次，溢油事故防备和应对组织实现了专业化。相关管理机构可以要求作业者基于协议成立单独的溢油事故防备和应对组织，并提交其溢油事故防备和应对的协议进行审批。如果没有协议，污染控制机构可以做出有关溢油事故防备和应对合作组织的决定，并分摊合作的相关费用。石油工业成立了挪威海洋清污联合公司，对其溢油事故应急方案进行管理。根据风险评估，如果该公司资源不足，经营公司可以利用自己的资源②。此外，公众参与是环境法律和规章有效实施和执行中必不可少的一部分，公众拥有了解相关部门工作、检查和审计报告结果的权利。

---

① Per W. Schive, Oil spill preparedness and response – Norwegian legislation and administrative arrangements regarding preparedness and response for accidental oil spill from offshore oil and gas activities, July 2012.
② Per W. Schive, Oil spill preparedness and response – Norwegian legislation and administrative arrangements regarding preparedness and response for accidental oil spill from offshore oil and gas activities, July 2012.

（四）高度重视完善海洋溢油管理制度，加快构建效率效益双高的应急处置模式

1. 国外通过相关法律明确规定了溢油应急管理制度 [1], [2], [3]

首先，内容齐全。包括组织机构及其职责，经费来源，必备的溢油防控设备和回收系统，溢油处理的程序和标准，溢油的惩罚制度，消油剂的使用规定。如美国的《1990年石油污染法》、挪威的《污染控制法》，主要侧重于保护自然资源。而我国的《海洋环境法》相应规定不明确或缺失，主要侧重于促进海洋经济开发。其次，法律制定建立在高度概括性、抽象性的概念基础之上。在立法方面，挪威法律的优点在于其类似于德国的大陆法系成文法特点。挪威的《污染控制法》可以适用于所有的污染类型，对于我国实践所困惑的复杂、交错的行政机构安排问题，挪威的法律中却只使用"污染控制主管机关"一个词贯穿始终，即使机构安排出现变化也并不会影响法律的统一性、权威性。挪威石油管理方面的法规将环保与健康、安全放到同一个框架性法规中，通过对产业活动的监管实现三个社会性目标。防止石油开发溢油事故很大程度上是靠保证生产安全、设备安全和职工操作来实现的。再次，精细化立法保证了法律的实施。美国立法优点是精细化。美国《石油污染法》、《联邦水污染控制法》、《国家油品及危险品应急响应计划》等法律法规制定得非常细致，条款之间逻辑结构严谨，并且通过指南、规则等配套性规定实现了法律法规的可操作性。相比之下，我国应健全法制法规，加强法律约束。当前作为索赔依据的行业技术标准约束力差，而《海洋环境保护法》的相关条款过于笼统。应以此次渤海溢油事件为契机，建立标准更高、更严厉的法规体系，让破坏环境、缺乏诚信的企业付出更高的代价。可以借鉴美国《石油污染法案》，制定一部国家和部门在溢油应急反应方面的法律。修改提高或废除《海洋环境保护法》中有关的行政处罚上限，增加与损害赔偿直接相关的条款，并赋予执法部门行政代执行制度等强制措施权；细化条款，区别对待轻微和严重海洋环境破坏行为以及排放污染物类型，明确界定和细化海陆区域和部门职能的划分，增加环境保护执法的可操作性和重要性。鉴于环境和资源的多元价值，环境法律关系在构成上往往兼具公权与私权性质，环境保护法的定位应从行政管制法本位向社会法本位推进，建立健全公众的参与机制，应强化企业的信息披露义务。

---

① 王祖纲，董华 . 美国墨西哥湾溢油事故应急响应、治理措施及其启示 . 国际石油经济，2010，(6)：1-4.
② 杨玉峰，苗韧，安琪，等 . 墨西哥湾漏油事件因果分析及对我国的启示和建议 . 中国能源 .2010，32(8)：13-17.
③ 王光辉，陈安 . 海上溢油事件应对机制研究 . 自然灾害学报，2011，20(增刊)：35-42。

2. 国外海上溢油应急管理对口部门主管，相关部门协调配合 [①],[②]

美国由海岸警卫队负责监管和牵头应对海上溢油。挪威由环境部气候和污染署负责海上石油污染环境的监管，渔业和海岸管理局负责事故应对。我国由国家海洋局负责监管和牵头应对平台溢油事故，交通部负责监管和牵头应对船舶溢油事故。中国的海洋溢油应急管理机构按行业设置，存在同一职能几方分割的现象，不利于海洋环境保护。相对而言，国外在涉海油气开发和事故应急管理方面具有良好的部门间协调性，通过行业主管部门统筹进行污染预防监管。挪威的能源石油安全局、美国的环境与安全执行局等机构在石油污染预防监管中发挥重要作用，这种机构设置安排也体现了对行业监管的重视和对产业技术特长的发挥，有利于增强产业自我监管的自觉性。挪威海洋石油开发的常态管理机关是环境保护机关，因此具有"专业管理"的性质，海洋石油开发排污许可证、消油剂使用等都是由环境保护机关进行审批颁发，这有利于环境保护的统一性，体现了环境保护的"跨行业"特征。当然，这种专业管理是建立在环境保护机关对污染物总量、污染物化学和生态性质实施控制的基础之上，而这个基础又是来源于环境数据的科学监控。相比之下，我国应健全应急机制，改进处置效果。通过建立陆海统筹和国家部门间的协调机制，巩固和稳定发展这种齐抓共管的体制，形成政策合力，以保障涉海政策和法律的执行。可以建立一种基于国家层面、由多部门参与的海上溢油事故快速联动处置机制，相关方通过联席会议等方式，实现信息共享，避免重复劳动，保证快速堵漏清污、事故原因调查、索赔诉讼受理、善后处置计划、相关信息发布等工作均可同时进行。应考虑建立以企业出资为主的专项风险基金。针对海上溢油这类严重环境事故，可以考虑实行举证责任倒置，引入国外的民事诉讼和惩罚性赔偿机制。应建立责任方主动披露与问责机制，使得企业乃至相关职能部门对海上环境事故必须主动公开、主动介入、主动处置。应建立第三方监督和评估机制，明确企业环保责任。构建生态补偿谈判机制，将损害生态系统的外部行为内部化，即评估海洋生态损害的价值，由损害者补偿生态损害的全部成本，调整环境利益与经济利益的分配关系，激励环境保护行为。

3. 国外应急处置模式重视效率与效益的结合 [③],[④]

应急管理不仅要求效率高，同时也要求效益高。应急响应效率高是指在最短时间内启动应急预案，这需要有完备的应急制度和常态化的应急机构进行支持。应急处置效益高是指在最大程度上降低事件影响，这需要有充足的应急储备和先进的应

① 王祖纲，董华. 美国墨西哥湾溢油事故应急响应、治理措施及其启示. 国际石油经济，2010，(6)：1-4。
② 杨玉峰，苗韧，安琪，等. 墨西哥湾漏油事件因果分析及对我国的启示和建议. 中国能源，2010，32(8)：13-17。
③ 王祖纲，董华. 美国墨西哥湾溢油事故应急响应、治理措施及其启示. 国际石油经济，2010，(6)：1-4。
④ 杨玉峰，苗韧，安琪，等. 墨西哥湾漏油事件因果分析及对我国的启示和建议. 中国能源，2010，32(8)：13-17。

急技术进行支撑。国外通过相关的法律规定了应急管理体制、机构、责任和权力，使权力相对集中，有可靠资金保证，由具有组织、协调和指挥能力的综合权威机构进行管理；拥有从国家到地方的多级管理体制，分布在不同层次的指挥机构和救援力量；根据溢油事故种类、规模、发生可能性、社会影响程度等因素，实行不同等级灾害的分级管理，规定相应级别的管理机构启动指挥系统实施应急；注意发挥社会和民间力量在应急管理中的作用[1]，有效保证了应急响应的高效率和应急处置的高效益。相比之下，我国应完善制度安排，提高反应速度。基于各部门重大海上溢油应急处置能力现状，突出国家主管部门的作用，整合相关部门的应急资源，统一安排，分工明确。非重大海上溢油应急处置应根据行业部门分工，实现属地管理和部门管理。借鉴美国经验，建立国家溢油应急指挥体系，加强各职能交叉部门的协作，提高反应速度。

（五）加快健全国家海上溢油管理体系，全面提高应急处置能力

1. 国外溢油应急管理体系健全

国外多以国家级应急计划为龙头，设有国家和地区等多级应急指挥协调机构，根据事故规模和涉及范围划定各级机构的职责[2],[3]。国外的组织机构可以分为管理层和操作层。管理层主要负责事故处置全过程的指挥和协调工作，而操作层主要负责现场污染清理工作。国外的国家级应急组织机构结构中都设有常设办事机构，如24小时值班的溢油事故报警机构和具有最高决策权力的溢油应急指挥中心。目前，我国主要是以交通部海事部门搜救中心为主建立的各级船舶溢油应急反应中心，建有自己的一套应急措施，但没有把国家其他部门，诸如气象局、农业部等关键部门纳入整体的应急体系，而国家海洋局、中海油、中石油和中石化等大型国企各自成立了海上溢油应急中心。国外的溢油清理有的是由专业清污公司来完成，有的是由政府专业机构来完成，有的是结合两者的力量来完成。如美国溢油清理是采用承包合同制形式来处理。挪威主要采用事先合同，由作业者自备和租用设备或委托专业清油组织来处理。美国和挪威均有国家级专项应急预案，而我国仅有部门预案。相比之下，我国应编制国家重大海洋环境污染事件（溢油）专项应急预案，形成国家、区域和地区三位一体的应急指挥体系，实现分级（分类）管理。根据海区差异，编制有针对性的区域应急预案，根据分级防备及应对原则，确保建立与当地、区域、国家或国际层面溢油风险相称的适当应变能力，并开展全面培训和定期演练。

169

① 高振会，杨建强，王培刚，等.海洋溢油生态损害评估的理论、方法及案例研究.海洋出版社，2007：389。
② 王曙光.论中国海洋管理.海洋出版社，2004：56-57。
③ 国家海洋局海洋发展战略研究所.中国海洋发展报告（2012）.海洋出版社，2012：233。

2. 国外溢油应急管理机制通畅

在应急防备和响应方面，挪威和美国都强调企业是第一责任人，并且强调用企业与专业的清污公司事先签订协议的方式预防污染，政府只是在事故到达非常严重的程度时，依照企业请求才介入应急响应。通过对环境污染损害赔偿责任范围的明晰界定以及对受害人、清污组织、政府机关等主体索赔的确认，使得应急、清污、环境恢复费用能够得到补偿。作业者承担应急计划制订与溢油应急组织设置以及应急响应的责任，包括培训、测试设备、定期演习以及应急设备库存建设。这种模式可以保证"污染者负担"的国际性原则得到落实，责任者负责承担所有应急费用，也促使企业提高预防能力、促进应急产业的发展，使环境保护在市场体制框架内运行。而我国政府主要负责动员和组织，确立分级应急响应的原则和制度，溢油事故发生后企业是溢油清污的责任者，政府是溢油应急响应工作的监督者。在信息报告与发布方面，作业者需要向主管部门主动报告溢油事故的发生、消油剂的使用情况等。如果作业者违反信息报告义务，可能承担行政责任、民事责任和刑事责任。而相关主管部门需要主动公开发布相关信息。我国政府也有信息公开的相关规定，试图保障公众对环境信息的知情权，但是信息公开的范围并不具体，比如对于海洋环境主管部门的检查和监督的报告，公众并无权了解。国外则不同，挪威公众有权了解主管部门的检查和监督报告，这种公众参与机制对于环境法的执行与遵守起到了非常重要的作用。在海洋生态损害赔偿方面，美国的生态损害赔偿制度及油污基金制度比较发达，保障了对生态修复的资金来源。美国《1990 年石油污染法》及相关法律中建立了自然资源损害赔偿制度，并根据《1986 年国内税收法》建立了溢油责任信托基金。挪威通过《污染控制法》规定了污染损害赔偿制度，通过《石油活动法》对于离岸油气开采活动造成的海洋生态损害作了具体的规定。我国国家生态损害赔偿制度包括生态损害赔偿基金的管理、使用制度等还没有建立，仅可以参考交通运输部 2012 年 5 月 11 日发布的《船舶油污损害赔偿基金征收使用管理办法》[①]。在公众参与方面，国外在重视专业清油组织的应急处置作用的同时，还重视民间和社会力量参与监督、实际清污工作，充分保障公众的参与和知情权。公众的参与有利于国家整体环保意识的提高，有利于环境保护的实践推动。在管理技术更新方面，挪威主要通过油气生产相关企业持续投入资金、委托研究机构和大学开展相关研究[②]等推动应急管理技术的改进，所以其海洋溢油应急管理体系风险防范性很高，应急系统效率高，应急效应显著。

---

① http://www.gov.cn/zwgk/2012-05/28/content_2147033.htm.
② 郭小哲．世界海洋石油发展史．石油工业出版社，2012：175-176。

四、 中国海洋环境管理的问题及其根源

（一） 海洋环境管理严重滞后

1. 海洋环境管理政出多门，缺乏战略规划和统一协调机制，效率低下 [1]

《海洋环境保护法》规定，国家环境保护、海洋、海事、渔业等行政主管部门以及军队环境保护部门行使相应的海洋环境监督管理权。据此，环境保护部负责指导、协调和监督海洋环境保护工作；国家海洋局负责全国海洋环境的调查、监测、监视和评价等管理工作；交通运输部负责管理和防止船舶、港口污染工作；农业部负责海洋渔业资源和渔业水域生态环境管理保护工作；沿海省市县环保局负责指导、协调和监督当地海洋环境保护工作。这种条块分割管理模式，使得有些领域出现重叠交叉，例如对海水质量监测而言，海洋局、渔政局、海事局等都有各自的系统和数据；有些领域出现运转不畅，例如部际协调机构设置缺失，区域横向联动机制滞后等。多部门管理本身虽不必然导致行政管理低效，但是国家如果缺乏宏观战略和部门协调部署，则行政管理的低效在所难免。我国海洋环境管理现状恰恰在这方面表现出短板。目前，我国环境保护部际联席会议制度主要有两个，即国家环保部的全国环境保护部际联席会议制度 [2] 和国家发改委渤海环境保护省部际联席会议制度 [3]。前者由环保部办公厅组织协调、相关业务司局辅助参加，属于临时办事机构，着重与水利部以及相关省区开展水体环境污染防治协调工作，在海洋环境等方面缺少作为。而后者由国家发改委牵头，主要目的在于推动实施加强渤海环境保护工作的组织协调，推动实施《渤海环境保护总体规划》。国家环保部在上述制度实施过程中，没有实现其对我国海洋环境保护统一监督的法定管理职能。2012 年 3 月，环境保护部与国家海洋局签署《关于建立完善海洋环境保护沟通合作工作机制的框架协议》，决定在重点海域污染控制、海洋生态保护等方面加强合作，合力保护海洋环境，促进沿海经济与环境协调发展 [4]。尽管如此，我国尚未建立有效协调海洋开发与环境保护的海洋生态调控政策体系，特别是海洋环境经济政策短缺，面临政策结构性缺位的挑战；缺乏可操作的行政法规、部门规章及相应的技术标准，无法解决海洋重要功能区的生态环境保护问题。首先，缺少国家海洋发展与海洋环境总体战略规划 [5]。从全球生态系统的角度来看，保护海洋环境最终要归结到如何处理与海洋经济以及与陆地经济的关系，作为政府必须对此提出与社会发展现阶段相对应的、有科学依据和可操作性的政策方针，也就是制定海洋发展与海洋环境的总体战

---

① 徐祥民、李冰强，等．渤海管理法的体制问题研究．人民出版社，2011：1-26。
② http://www.110.com/fagui/law_146722.html.
③ http://www.sdpc.gov.cn/gzdt/t20110727_425564.htm.
④ http://www.lrn.cn/media/seanews/201003/t20100315_471876.htm.
⑤ 谭柏平．海洋资源保护法律制度研究．法律出版社，2008：218-221。

略规划。进入"十二五"以来，国务院及相关部委已经先后制定并出台了《中华人民共和国国民经济和社会发展第十二个五年规划纲要》、《国家环境保护"十二五"规划》、《国家"十二五"海洋科学和技术发展规划纲要》、《全国海洋环境监测与评价业务体系"十二五"发展规划纲要》等多个纲领性文件，但还没有一个关于中国海洋发展与海洋环境的总体战略规划。其次，涉海环境法律与国务院海洋环境管理职能分工的"三定方案"之间存在不协调。目前国家涉及海洋环境的法律有两部，一部是《环境保护法》，另一部是《海洋环境保护法》。前者是国家环境管理的基本法，后者是针对海洋环境的专门法。二者之间的关系，属于一般法与特别法的关系。这两部法律确立了中国对海洋环境实行国家统一监督管理与部门分工负责相结合的管理体制。国务院根据这两部法律，规定了涉海环境管理相关部门的"三定方案"。"三定方案"虽然对海洋环境部门分工管理职责给予了明确规定，但对统一监督管理职责却缺少明确规定，在权限分工和配置上存在虚置现象（表5—3），使涉海环境法律与国务院海洋环境管理职能分工的"三定方案"之间产生了不协调。国家海洋环境管理实践表明，条块分割式的纵向管理不利于处理跨区域、跨部门的海洋环境问题，使得法定海洋环境统一监督管理部门在重大海洋环境事件应急处置中基本没有作为，在总量控制及陆源污染物排海等海洋环境常态管理中也显得力不从心。可能的解决途径有三种。一是把海洋环境归属到环境保护部统一管理。这是最理想的途径，其他被分工管理的水体环境、农村环境、水土保持等也需要这样解决。但这涉及国家权力机构的调整和部门利益的博弈，只有在国家体制进行大幅度改革时才有可能被考虑。二是修改或调整《中华人民共和国环境保护法》和《中华人民共和国海洋环境保护法》中有关海洋环境管理的条文，但最耗费时间，因为立法或修改法律条文需要全国人大决定，程序复杂、过程严谨，短时间内难以做到。三是修改或调整国务院"三定方案"，最容易实现。

2. 突发事件应急管理机制不畅，效益不高

虽然国家海洋局将蓬莱19-3油田溢油事件定性为重大环境事件，但是只启动了三级应急响应；而环境保护部也没有启动应对特别重大环境事件的一级响应。原因主要是国家尚未建立应对特别重大海洋环境突发事件的国家专项应急预案和应急管理机构。《国家突发环境事件应急预案》就是针对环境类突发公共事件而制定的国家专项应急预案，只是给出了国家处理突发环境事件的总体方针和体制机制，并没有针对海洋污染（海上溢油事件等）应急处置的基本原则和具体措施。此外，国家还缺少专门的部际、省区际协调机构以及环境应急管理机构。《国家突发环境事件应急预案》把全国环境保护部际联席会议确定为负责国家突发环境事件应对工作的综合协调机构，但无论是这一预案本身或者是国务院"三定方案"，都没有对这一

联席会议的牵头单位、成员单位、与之对应的国务院办事机构和各部委工作机构及其职责给出明确的规定，这就使得遇到特别重大海洋突发环境事件时，全国环境保护部际联席会议无法发挥其应有的综合协调作用。目前已经发布的涉海环境突发事件的部门应急预案主要包括国家海洋局《海洋石油勘探开发溢油事故应急预案》以及国家安全生产监督管理总局《海洋石油天然气作业事故灾难应急预案》。但是，当遇到跨越部门、跨越区域的特大海洋环境突发事件时，当需要协调其他部门和相关省市时，就难以依据应急预案对其进行快速、全面、科学的处置。

表5—3　海洋环境保护统一监督管理基本制度的制定法规定与国务院职能分工对比

统一监督管理基本制度	制定法依据		"三定"职能分工	
	《环境保护法》或其他环保法	《海洋环境保护法》	国家环保部	国家海洋局
1. 重点海域排海污染物总量控制		第3条		是
2. 海洋功能区划	第12条	第7条		是
3. 全国海洋环境保护规划	第12条	第7条		是
4. 重点海域区域性海洋环境保护规划	第12条	第7条	是（会同）	是
5. 重大海洋环境事件跨部门协调		第8条第2款	是	
6. 拟定污染物排海标准和总量控制制度	第10条	第10条		是
7. 拟定环境监测规范	第11条	第14条		是
8. 排污收费	《排污费征收使用管理条例》第12条	第11条		是
9 海上联合执法		第19条		是
10. 对海洋工程环境影响评价报告书的审批	《环境影响评价法》	第47条	是（备案）	是（核准）
11. 对海洋工程环境影响评价报告书的监督	《环境影响评价法》	第47条	是	

3. 海洋环境管理制度不健全，执法不力

主要表现为环境保护部对海洋环境的"统一监督管理"职能被虚置，海洋环境事故处罚力度不够，各部门之间信息共享机制不畅，信息公开制度不完善[1]，没有统一的海上监督执法队伍[2]，对海上经济活动开发方案的编制、审批、修订、执行、监管不到位，相关法律法规部分内容需要与时俱进，海上救助机制和损失赔偿机制不完备。

173

---

① 谭柏平. 海洋资源保护法律制度研究. 法律出版社，2008：218-221。
② 徐祥民，李冰强，等. 渤海管理法的体制问题研究. 人民出版社，2011：1-26。

（二） 重海洋经济发展，轻海洋环境保护

1. 国家重视海洋经济发展，放松了对企业环境责任的管制

国家以及有关部门对涉海企业环保责任的管理力度不够，具体表现为：涉海企业在海上生产活动中未能严格按环保标准执行；变动或修改开发及生产方案时不够重视海洋环境；海洋环境保护投入不足；缺少相关应急预案或缺乏应急处置能力；实施以降低环保标准去吸引国外企业的优惠政策。海洋污染物虽然主要来源于陆地，但海洋经济活动自身所产生的海源性污染物正在逐年增加，已经成为破坏海洋环境的另一个主要污染源。特别是海洋环境突发事件的产生，绝大部分是由涉海企业的生产事故或疏于环境管理所造成的。虽然《环境保护法》规定所有企业都必须履行保护环境的义务，谁污染谁治理。但企业的逐利性使其出于成本最小化、利润最大化的目的，往往会以牺牲生态环境和资源为代价来获取自身利润的增长，并不一定能自觉自愿地履行环保责任。而此时如果政府规制缺位，则势必会使企业逃避履行环保责任，并不断引发新的环境问题。企业环保责任得不到认真履行的规范性原因主要在于企业缺乏环境伦理道德，没有为社会尽责的自觉意识；环保责任主体不明确，环境污染原因与污染后果之间关系复杂，存在着滞后性或责任分散性，使得企业更愿意被动地承担环保责任；政府环保责任缺失，监管体系不到位；政府对大企业环保责任缺乏严格要求。海洋产业由于存在着对资金、技术、设备、物资、人员等高量级的需求，往往是大型企业涉足或垄断的领域，汇集了众多的大型国企、外企，这些企业具有强大的人脉关系和公关运作能力，有些国企甚至具有比海洋环境管理部门还要高的行政级别，一旦发生了环境问题，政府相关部门对这些大型企业的管理处罚就显得力不从心。渤海溢油事故中问题足以反映出政府处理大企业环保责任问题时顾虑较多，没有对大企业的环保责任和环保标准提出正常甚至更高的要求。解决企业环保责任问题，一方面政府要从明确企业污染防治责任和突发事件应对责任出发，完善企业防治污染和其他公害的责任制度，明确突发环境污染事件应对的规定；另一方面企业要加强环保责任方面的教育，发挥企业内部监督作用，加强企业管理者自律。

2. 国家轻视海洋环境保护，科技支撑能力不足

海洋环境管理主要包括海洋环境规划管理、海洋环境质量管理、海洋环境技术管理三方面内容。海洋环境规划管理着重解决沿海地区与开发建设、人口控制、污染控制、水质控制、应急能力储备等相关联的政策和规划问题；海洋环境质量管理着重解决海洋环境标准制定、海洋环境调查监测、海洋环境质量评价、海洋生态系统修复等问题；海洋环境技术管理着重解决污染防治技术、预报预警技术、信息平

台技术、应急处置技术以及与规划和质量管理相关联的其他技术。目前，国家海洋
环境监测能力和技术系统需要进一步加强，海洋环境预警系统尚不完备，海洋环境
应急信息系统和信息指挥平台亟待建立，海洋突发事件所引发灾害链形成过程与应
急技术体系有待于研究，海洋环境损失评估的理论和方法有待于深入研究。总体上，
国家对提升海洋环境管理科技支撑能力的研发投入不够。从"九五"到"十二五"，
国家在海洋环境领域的科研投入虽然呈不断上升的趋势，但与海洋能源、海洋勘探、
海洋资源利用等领域相比，不论是经费数量还是项目数量都相差甚多。国家相关部
门对海洋环境的科研投入相对集中在质量管理领域，主要包括海洋环境的调查、探
测、监测等，而对规划管理和技术管理领域科研投入要少一些。由此带来许多实际
需求与现有能力不相匹配的问题，例如在此次渤海溢油事件处置中，所投放的油污
分散剂会对海洋生态系统造成时间尺度更长的破坏。如果事先对此有较为充足的技
术储备，就可以避免这种问题产生。因此，需要对相关问题进行梳理、归类，通过
系统性的科技研发予以解决。

五、改进中国海洋环境管理的政策建议

通过分析国内外典型溢油事故案例以及中国海洋环境管理的问题与根源，可以
得到诸多启示。第一，政府对于油气开发等高风险活动进行事前监管是防范事故最
有效的手段。第二，政府构建统一的、跨部门的危机应对协调机制和制定完善的国
家应急预案是实现快速应急反应的前提。第三，加强企业环保责任规制是防范环保
风险的直接手段。第四，保证海洋环境保护技术的及时更新和先进性是企业应对危
机的关键。第五，加强应急能力建设与储备，开展区域和行业合作、实现资源共享，
是实现良好应急处理效果的基础保障。第六，建立合理的能源政策与结构，摆脱对
化石能源的过度依赖是实现社会经济安全和持续发展的基本保障。为此，专题组提
出建议如下：

（一） 加快编制国家海洋开发与环境保护总体规划

由国家发展和改革委员会牵头，会同国家环保部、国土资源部、国家海洋局、
交通部海事局、农业部渔政局等涉海部门以及沿海省市区政府部门，在已有的陆地
及海洋主体功能区规划，以及沿海省市区各国家级开发战略基础上，统合中国海岸
带、专属经济区海域和海岛（群），放眼未来参与大洋及深海开发与保护，推动制
定国家海洋开发与环境保护总体规划，提出海洋开发与海洋环境保护关系的基本政 175
策和策略，为海洋环境管理提供指导方针和依据。通过规划，建立海洋经济发展与
海洋环境保护的良性互动机制，协调涉海地区产业的发展与布局关系以及各产业、

各地区的涉海利益关系。

第一，深度整合各沿海省市区涉海发展战略规划。将近海海域空间整体规划与沿海省区规划统一考虑，形成围绕渤海、黄海、东海、南海的海洋经济发展与海洋环境保护区。

第二，梳理并规范主要涉海产业发展与布局规划。在整合已有陆地、海域功能区划中产业布局规划基础上，制定和修编主要海洋产业（包括传统和战略新兴产业）以及主要涉海产业（尤其是海洋石油与天然气、滨海核电、滨海或临港化工、滨海或临港钢铁、滨海房地产业等）的海岸带布局（选址、用地、用海、周边关联与竞争）规划，使其纳入海岸带和海洋空间总体规划范畴。

在规划编制过程中，应该注重海洋空间规划与周边国家和地区的相关规划协调，参与并引领跨海域国际、地区合作。通过海洋开发与保护的有序投入和海洋产业作业管理，促进国家海洋权益的维护和强化；对于存在实际有争议海域，积极进行制定特殊海域的专题开发与保护规划，以积极姿态和有效行动促进有关海域的共同开发或争议区的和平解决。

（二）建立国家海上重大环境事件应急预案体系

依据国家《环境保护法》、《海洋环境保护法》、《安全生产法》以及《国家突发公共事件总体应急预案》与《国家突发环境事件应急预案》，整合已有的《海洋石油勘探开发溢油事故应急预案》和《海洋石油天然气作业事故灾难应急预案》，建立"国家海上重大环境事件应急预案体系"。由国家环境保护部牵头，会同国家海洋局、国家安全生产监督管理总局、交通部海事局、农业部渔业局等部门，共同编制"国家海上特、重大环境事件应急预案"，使其作为"国家专项应急预案"，或者整合和补充现有相关部门预案并上升为国家专项应急预案，在处置跨部门、跨区域、跨国家的海上特别重大和重大环境事件时，发挥行政法规和处置规范的作用。由各涉海部门和沿海省区负责，各自编制"海上环境突发事件应急预案"，使其作为"国务院部门应急预案"和"地方应急预案"，在处置部门内、区域内的海上较大和一般环境事件时，发挥行政法规和处置规范的作用。

第一，该体系要针对各级各类可能发生的海上环境事件和所有危险源而制定的专门应急预案和现场应急处置方案，并明确事前、事发、事中、事后的各个过程中相关部门和有关人员的职责。各级是指海上环境事件的严重性和紧急程度，分为特别重大、重大、较大和一般四个级别；各类是指影响严重的危险源，主要有溢油、危险化学品泄漏、放射源失控等。

第二，该体系要特别明确具体组成与相应责任。该组织体系中的领导机构、协调机构、指挥机构、保障机构的具体组成及相应职责需要明确，并通过国务院"三定方案"，使这一体系与国务院（领导机构）、国务院应急管理办公室（办事机构）、各部委相关部门（工作机构）、各省市相关部门（地方机构）有机地结合起来，形成国家、部门和地方三位一体的应急指挥网络，成为关键时刻能及时运转并发挥作用的部门。同时，进行定期演习，常备不懈，建立相应的应急物资储备库，加强应急能力建设。

第三，该体系要特别强调应急响应的高效率和应急处置的高效益。构建双效型国家海上重大环境事件应急预案体系，是我国海洋环境应急管理的发展方向。构建时，要充分考虑环境事件的灾害链特征。海洋环境事件既有可能来自不可抗拒的自然力（如台风），也有可能来自海上生产事故，还有可能来自自然力与生产事故的结合。海洋环境事件虽然发生在海上，但其影响范围会波及海岸带和陆地，进而引发次生灾害。这种灾害链特征，可能会增加涉及应急管理的行业主管部门和不同的处置设备与技术。因此需要构建开放式预案体系，保证预案的操作性与有效性。

（三）全面协调涉海环境基本法律与海洋环境行政管理职能关系

第一，调整国务院"三定方案"。在三定方案中加入"建立健全对海洋环境保护监管的执法和督察体系"等方面的规定，使相关部门的职能分工与《环境保护法》、《海洋环境保护法》相统一，明确国家海洋环境行政主管部门对海洋环境保护"统一监督管理"具体职能。具体分工调整的建议如下（见表5—4）。

第二，在环境保护部新增设"环境应急与环境保护协调司"，使其承担起全国环境应急事件的管理职能，以及全国环境保护中的环境保护部主管与各分管部门之间的协调职能。"环境应急与环境保护协调司"，作为国家特、重大环境突发事件的应急管理部门，可在海上重大环境事件应急管理中发挥协调、指挥作用；作为环境保护部的"全国环境保护部际联席会议"和国家发改委的"渤海环境保护省部际联席会议"的工作机构，可在海洋环境和其他环境的常态管理中发挥协调作用。建议该新增设机构下设环境应急与环境保护协调部门，负责全国特、重大环境突发事件的应急管理、国务院其他部委和各省区环境保护工作的协调、年度环境保护应急和协调项目计划及其预算的编制等。

第三，在预防理念下完善有关海洋环境保护分管部门的职责，构建有效的部门间海洋环境管理协调机制。借鉴挪威和美国的制度，充分重视能源行业管理机关、安全监管机关、海洋行政主管部门、环境保护主管部门等在溢油事故预防及应急处置中的作用。从实际的应急能力来看，交通部海事局有丰富的海上船舶溢油清污经验与许多清污单位有长期的合作与联系，在应急处置能力方面是最强的，中编办确立其在重大海上溢油事件中应急处置的协调地位是合理的；其次，国家海洋局具有监测、监控、生态损害评估鉴定方面的业务专长，应继续发挥其在溢油事故应急响应中的基础作用，加强其溢油应急响应支持系统的业务能力建设。在国务院应急办统一领导下，"环境应急与环境保护协调司"，负责统一协调重大、特大海洋突发环境事件应对工作，保证各专业部门按照各自职责做好相关专业领域突发环境事件应对工作，各应急支持保障部门按照各自职责做好突发环境事件应急保障工作。

表 5—4　国务院职能分工调整建议

统一监督管理基本制度	制定法依据		职能分工建议	
	《环境保护法》或其他环保法	《海洋环境保护法》	环保部	国家海洋局
1. 重点海域排海污染物总量控制		第 3 条	编制方案，分配总量	执行方案，监督和监测
2. 海洋功能区划	第 12 条	第 7 条	与环境功能区划、国土主体功能区划统一编制	执行，监督和监测
3. 全国海洋环境保护规划	第 12 条	第 7 条	会同编制	参与编制
4. 重点海域区域性海洋环境保护规划	第 12 条	第 7 条	会同编制	参与编制
5. 重大海洋环境事件跨部门协调		第 8 条第 2 款	是	
6. 拟定污染物排海标准和总量控制制度	第 10 条	第 9 条	组织拟定	执行，监督和监测
7. 拟定环境监测规范	第 11 条	第 15 条	组织拟定	执行，监督和监测
8. 排污收费	《排污费征收使用管理条例》第 12 条	第 11 条	组织建立制度	执行，监督和监测
9. 对海洋工程环境影响评价报告书的审批	《环境影响评价法》	第 47 条：建议修改法律条文	改"备案"为批准，与《环保法》和《环评法》相统一	核准
10. 对海洋工程环境影响评价报告书的监督	《环境影响评价法》	第 47 条	海洋环境督察	监督和监测
11. 海上联合执法		第 19 条	海洋环境督察	海洋环境监督

（四）健全海洋环境管理立法

第一，完善海上油田总体开发方案的编制审批与实施监督的制度规范，重视和落实《环境影响评价法》及《规划环境影响评价条例》中规定的规划环评制度。油田总体开发方案作为一种专项规划，应当执行严格的环境保护审查程序，明确规定环境保护主管部门在审批油田总体开发方案中的职责和程序。能源行业管理机关与环境保护主管部门可以联合制定有关油田总体开发方案编制、审批、修订、执行、监管的部门规章。

第二，加强石油开发作业中污染防治与安全生产监督管理制度的实施。严格执行海上石油安全生产监督管理，防止生产事故造成的环境损害，将有关石油开发与生产过程中的设备、措施的技术要求写入法律，如国家能源局应对石油安全生产设备、设施制定具体技术要求。明确规定安全生产监督管理部门、海洋行政主管部门、环境保护主管部门开展联合执法检查，检查企业安全环保设施、作业情况，通报企业违规作业情况并进行查处，监督企业及时发现问题和消除隐患。

第三，完善信息公开制度。首先，应当确立信息统一接收和统一发布机制。《海洋环境保护法》等法律和法规应依《突发事件应对法》所确立的信息统一发布机制对信息收集、信息发布作出明确、具体的规定。其次，加强《政府信息公开条例》的执法力度，保障公众的知情权。制定配套的投诉、诉讼等具体程序规定，使信息公开责任落到实处。完善信息公开制度，一方面能够使事故受害人能及时掌握信息，做好应急防备和污染索赔，减少损失、保护环境；另一方面，有利于建立公众参与机制，加强对环境法的执行与遵守。

第四，完善生态损害评估及赔偿制度。制定《海洋生态损害国家索赔条例》等海洋生态损害评估和赔偿的具体法律规范和细则，完善生态损害赔偿法律制度，对生态损害的构成要件、赔偿范围、免责条件、索赔主体及权责、索赔流程、救济方式等作出明确的规定。对已经制定的海洋生态损害评估技术规范，进一步予以完善，增强其在司法实践中的应用性。应当完善鉴定与评估机构资质条件的规定，提高生态损害的监测和数据监控等技术保障条件。对海洋石油开发者征收生态损害赔偿基金，纳入政府性基金管理。尽快制定渤海溢油事故后设立的生态损害赔偿基金的使用办法，对基金的使用进行信息公开，促进公众监督。

第五，建立和健全应急处置费用负担制度。首先，应当在损害赔偿制度中明确由事故责任者负担应急费用的责任。在《环境保护法》、《侵权责任法》等法律中，或通过专门的《油污损害赔偿法》规定环境损害赔偿制度，在赔偿范围中明文规定应急费用的承担。同时，通过强制保险、企业环境公积金、行业基金等手段强化作业者应急处置义务和应急费用负担法律责任。其次，发展应急服务产业，建立应急处置体系的市场化运作机制。从国际经验来看，社会力量应该成为国家应急能力的重要组成部分，应当建立相对完善的市场环境，包括完善污染损害赔偿机制，建立应急服务机制，使应急清污成为市场行为，从而使社会化应急能力建设逐渐实现自我发展、走上市场化运作的道路。具体措施包括应急清污单位资质和能力建设，企业签订强制应急清污协议，应急清污费用财务担保制度等。

（五）强化海洋环境管理执法

通过立法授权和国务院授权，加强国家海洋主管部门的海洋环境保护执法监督管理能力，建立国家环境保护行政主管部门的海洋环境保护行政督察制度和执法体系，构筑我国防范海洋环境污染和破坏的执法监督体系。首先，组建统一的海上执法队伍，强化海洋环境主管部门对不同行业的海洋环境保护的监督管理和执法能力，改善目前条块化管理中执法不严、执法不一的现象，通过严格执法减少海洋环境污染和破坏事件的发生，真正实现国家海洋主管部门的以执法为主的海洋环境保护的监督管理职能。其次，建立中国海洋环境行政督察制度和执法体系，加强国家环境保护主管部门对其他海洋环境管理部门的行政督察和业务指导，通过日常的行政督查，及时发现需要协调解决的跨区域、跨部门的海洋环境问题，提升海洋环境管理的质量和效率。再次，加强海上能源开发活动环境影响评价制度执行情况的监督检查。上述海洋监督管理和督察管理的主体都应加强对环境影响评价、开发总体方案等防范性环境管理制度的监督检查。针对环境影响评价还要重视跟踪评价的监督执法，切实履行法律法规关于环境影响跟踪评价在时间间隔期限、评价的次数与报告的内容等方面的规定，对环境影响后评估及跟踪评价的主管部门、主管部门的职权与职责，以及违反法律规定应承担的法律责任的情况进行必要的监督管理。

（六）强化涉海企业环境责任与环境风险防范能力

第一，明确规定作业者未编制应急计划的责任以及作业者对应急计划作适时修改的义务。借鉴挪威和美国的做法，修订相关法律，明确强调作业者或石油公司应急在先，政府应急为补充的责任。挪威和美国的法律将作业者提前与相关应急组织签订合同作为石油开发活动审批的一个必要条件。第二，制定一整套可操作的相关涉海企业准入、作业以及灾害应对规范。建议国家环境主管部门牵头，参照国际同类产业的相关规范，会同行业协会和领军企业共同完成。第三，加强涉海企业环境保护的意识和责任。各海洋环境管理机构的宣传教育部门，强化对涉海企业环境责任意识的宣传和教育。各涉海工程审批部门，把涉海企业的海洋环境保护能力建设作为其参与涉海开发活动的必要前提。各地方海事法院和检察院，要明确涉海企业作业对海洋环境造成污染和破坏的法律责任，迫使其放弃侥幸心理。各涉海企业管理部门，通过行业协会、企业联盟、保险公司等组织构建相应的应对预案以及保险和赔付担保机制，为企业分散环境风险。第四，强化涉海企业环境风险防范。全国人大的立法工作以及发改委和环保部等政府部门法规的制定工作，都应当高度重视对所引进的外资企业在我国从事国际合作开发中的企业环境保护责任的担当问题，相关的法律法规应当明确国际合作开发与国际共同开发等活动中的国家责任和企业责任主体，约束参与企业或其他利益主体的过度开发与违规开发行为，减少甚至避免海洋事故的发生。

（七）强化海洋环境管理科技支撑能力建设

第一，加强海洋环境管理科技专项研究。通过环境公益性项目和海洋公益性项目或国家科技专项，重点开展有关加强海岸带与海洋空间总体规划、海洋与海岸带突发事件应急处置能力建设规划、海洋环境管理的法律法规与政策措施、海洋环境监测、预测预警的网络化精细化与信息化技术、海洋污染防治技术体系与标准、海洋生态环境损失评估与修复技术、海洋灾害风险评估与防范等方面的理论与技术的专项研究课题，通过加强海洋环境管理的技术支撑能力，提升海洋环境管理的科学技术水平。

第二，加强海洋溢油应急管理技术专题研究。紧急设置国家或行业科技专题，重点开展海上油气开发工程环境影响评价以及次生灾害造成的生态环境风险评价、溢油损害评估与赔偿技术规范、海上溢油应急监测和防治技术与体系、渤海石油类环境容量及减排决策支持系统、溢油溯源关键技术、重点海域溢油污染风险监测和评估技术、国家溢油相关应急预案体系、海上溢油灾害风险识别、防范和综合管理技术与体系、海洋产业政策与结构调整、国家能源政策与结构调整等方面的研究工作。可以强制规定油气从业者投入和建立相应的区域海洋环境研究基金。

第六章
区域空气质量综合控制体系研究

一、中国面临突出的区域大气环境问题

当前我国面临着十分严峻的空气污染形势。在传统煤烟型污染问题尚未得到解决的情况下，以 $PM_{2.5}$、O_3 为特征的区域性复合型空气污染日益突出。根据世界卫生组织 2011 年对全球 1 082 个城市空气 PM_{10} 年均浓度进行的评价，我国空气质量最好的省会城市海口排名第 808 位，空气质量最差的省会城市排名第 1058 位。根据 2012 年新修订并即将开始实施的《环境空气质量标准》（GB 3095—2012）进行评价，$PM_{2.5}$ 将成为对我国环境空气质量达标造成最大影响的污染物。

（一）$PM_{2.5}$ 浓度高，污染严重

从质量浓度看，我国的 PM_{10} 和 $PM_{2.5}$ 污染呈现三个基本特征：一是年均浓度绝对值高。我国城市大气中 $PM_{2.5}$ 浓度处于较高的水平，东部地区年均可达 $60 \sim 90mg/m^3$，主要工业区可超过 $100mg/m^3$，普遍远高于国际上一些国家和国际组织已颁布的关于 $PM_{2.5}$ 的环境质量浓度标准（大部分小于 $10mg/m^3$）。二是 $PM_{2.5}/PM_{10}$ 比值持续上升。根据北京地区的长时间连续观测，在过去的 10 年间，$PM_{2.5}/PM_{10}$ 比值呈现上升趋势（如图 6—1 所示），说明 $PM_{2.5}$ 对 PM_{10} 的贡献在持续加强。三是浓度分布呈较强的区域性。$PM_{2.5}$ 的质量浓度随地理位置有较大的变化，北方地区通常要高于南方地区，西部城市通常要高于东部城市；而在各区域中，冬季的浓度通常较高。

（二）$PM_{2.5}$ 来源复杂，二次颗粒物比重大

从 $PM_{2.5}$ 的化学物种构成看，我国不同地区存在较大差异，反映出其来源的不同。在全国范围内总体来说，颗粒物中的有机物（particulate organic matter, POM）与由硫酸盐、硝酸盐和铵盐构成的无机盐类（sulfate, nitrate and ammonium salt, SNA）是 $PM_{2.5}$ 的主要成分。这些组分易受到污染源排放时空分布特征（随地理位置和季节而变化）以及大气氧化活性（控制气态污染物向大气颗粒物转化过程）等因素的影响。在我国东部的城市、农村和森林地区，SNA 在 $PM_{2.5}$ 中占主导地位，比例为 40% ~ 57%；POM 的比例为 15% ~ 53%，其中在长白山最低，在乌鲁木齐最高。

在北京，POM 与 SNA 的浓度之和占 PM$_{2.5}$ 浓度的 53%。

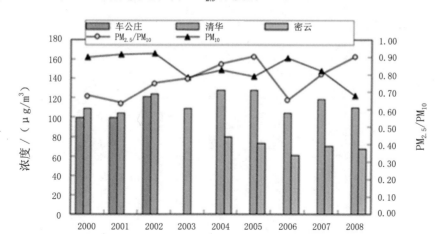

图 6—1 北京地区 2000—2008 年 PM$_{2.5}$、PM$_{10}$ 年均质量浓度以及 PM$_{2.5}$/PM$_{10}$ 比值的变化趋势

* 北京样品采集站点，车公庄站（CGZ，北京城区站），

清华大学校园站（TH），密云站（MY，北京农村站）

资料来源：贺克斌，等 . 大气颗粒物与区域复合污染 . 科学出版社，2011.

在受沙尘天气影响较大的地区和时期，矿物尘在 PM$_{2.5}$ 组分中可占到较高的比例。值得注意的是，除我国北部因有大片沙漠和干旱的黄土地带而易于受到区域源和（或）本地土壤尘的影响外，沙尘暴还会影响我国中部和西南部。矿物尘的含量高也是我国细颗粒物的化学物种构成不同于发达国家的一个特点。

通过对北京、重庆、广州、上海以及洛杉矶、布里斯班等特大城市的 PM$_{2.5}$ 主要化学组分进行比较，发现中国不同城市 PM$_{2.5}$ 中总碳（Total Carbon，TC）与 SNA 的含量相差均不大，差值小于 2%；而洛杉矶的 SNA 在 PM$_{2.5}$ 中所占的比例较总碳高出 26%，说明碳质组分在洛杉矶这种发达国家特大城市的 PM$_{2.5}$ 中相对较少。这种现象反映出燃煤过程排放的含碳颗粒物对我国 PM$_{2.5}$ 污染有很大贡献。上海、深圳 PM$_{2.5}$ 中元素碳（Element Carbon，EC）所占的比例远高于其他中国城市，反映出大型海港和船运的柴油机排放可能对 EC 具有较高的贡献。

天气系统能够影响颗粒物的区域性传输和转化，其周期性的变化导致 PM$_{2.5}$ 化学组成也呈现出一定的季节特征。通过对北京市 PM$_{2.5}$ 实验样本的分析，发现无机组分在 PM$_{2.5}$ 可鉴别物质的比例都在夏季达到高值。而在 1999—2008 年，北京市 PM$_{2.5}$ 中二次颗粒物的成分比例持续增长。从年均结果来看，2002 年 SNA 在 PM$_{2.5}$ 中所占的比例为 29%，而 2007 年 SNA 在 PM$_{2.5}$ 中所占的比例已经增至 36%（如图 6—2）。

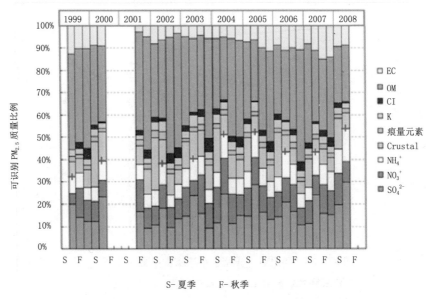

图 6—2 北京市 1999—2008 年 PM$_{2.5}$ 的化学质量平衡

资料来源：贺克斌，等 . 大气颗粒物与区域复合污染 . 科学出版社，2011.

此外，通过长期的观测发现，在重污染时段，PM$_{2.5}$ 中二次颗粒物的比重比平时更高。如图 6—3 所示，当 PM$_{2.5}$ 的质量浓度在 120mg/m^3 以下时，SNA 和二次有机气溶胶（Secondary Organic Aerosol, SOA）等二次组分在 PM$_{2.5}$ 中所占的比例随 PM$_{2.5}$ 质量浓度的升高而增加；当 PM$_{2.5}$ 的质量浓度超过 120mg/m^3 时，SNA 和 SOA 等二次组分在 PM$_{2.5}$ 中所占的比例一直维持在较高的水平。说明二次颗粒物是造成重污染的主要原因。

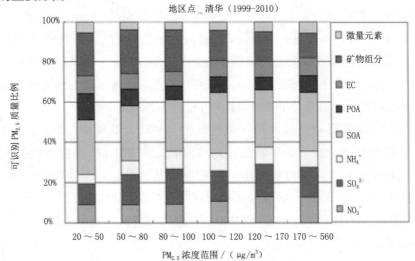

图 6—3 北京市不同浓度水平 PM$_{2.5}$ 的化学组成

资料来源：贺克斌，等 . 大气颗粒物与区域复合污染 . 科学出版社，2011.

（三）空气污染区域一体化特征明显

高速发展的城市化和区域经济一体化使得我国东部地区空气污染一体化现象日趋明显，各城市的大气污染正逐渐从局地污染向区域污染演变，区域性高污染日益频繁，其中长三角区域的空气污染一体化特征尤其突出。在冬春季节，受内陆污染、北方沙尘和本地不利气象条件等综合影响，区域性雾霾和浮尘影响突出；在初夏深秋季节，秸秆焚烧对区域大气 $PM_{2.5}$ 污染贡献显著，常引发区域性的大范围霾污染，使长三角城市空气质量出现同步变化趋势。

环境空气质量监测数据显示，2011 年上海共出现了 28 个空气污染日。分析这 28 天里上海、南京、苏州、南通、连云港、杭州、嘉兴、宁波 8 个城市的空气质量，发现其中 78.6% 的天数有 4 个以上城市同步出现污染；8 个城市全部超标的天数占 14.3%，上海作为唯一超标城市的情况仅出现 2 天（如表 6—1）。

表 6—1 2011 年上海市空气污染日的区域特性

指标	9 个城市全部超标	半数以上城市超标	仅上海超标	上海 API 高于区域中位数
污染天数	4	22	2	20
百分比	14.3%	78.6%	7.1%	71.4%

（四）重污染过程发生频率高，超标幅度大

我国城市不仅 $PM_{2.5}$ 等大气污染物的年均浓度高，重污染过程的日均浓度也非常高，且重污染过程频繁发生。以空气质量相对较好的深圳市为例，从上世纪 90 年代起，深圳市灰霾天数急剧增高，目前每年近三分之一天数出现灰霾。2006 年以来，深圳市 O_3 浓度逐年上升，超标率也不断加大，大气氧化性不断增强。2011 年深圳市 O_3 最大小时浓度高达 428 μg/m³，超过国家二级标准的 1 倍以上，部分站点接近 10% 的天数出现 O_3 最大小时浓度超标。

（五）超标污染物由单因子向多因子同时超标转变

伴随着 $PM_{2.5}$ 和 O_3 环境浓度的升高，我国东部地区的环境空气呈现出多污染物共存、相互影响、互为源汇的复合大气污染特征。尤其是在夏季，随着 O_3 浓度的升高，大气氧化性增强，更加推动了 SO_2、NO_x 等气体转化成硫酸盐、硝酸盐等二次颗粒物，促使 $PM_{2.5}$ 浓度升高，最终造成 O_3 和 $PM_{2.5}$ 同时超标。图 6—4 显示了 2011 年上海不同月份 $PM_{2.5}$ 与 O_3 同步污染的情况，可以发现在 4—7 月，同步污染的频率维持在高值，其中 5 月出现同步污染的频率达到了 39%。可见夏季大气氧化性的增强已成为造成 $PM_{2.5}$ 污染的重要原因。

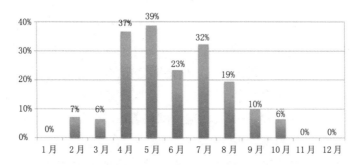

图6—4 2011 年上海市 $PM_{2.5}$ 和 O_3 同时超标率的月度分布

数据来源：上海市环境监测中心空气质量监测数据.

多种大气污染物的大量排放和集中分布是造成我国区域空气污染的主要原因。近年来，我国的燃煤消费量以每年超过 2 亿 t 的速度增长，目前燃煤消费量已超过全球总量的48%；机动车保有量迅速增长，"十一五"期间从 1.2 亿辆激增到 1.9 亿辆。燃煤量和机动车保有量的高速增长使我国的一次颗粒物、二氧化硫（SO_2）、氮氧化物（NO_X）和挥发性有机物（VOCs）的年排放量都在 2 000 万 t 以上，且主要集中在东部地区，造成了京津冀、长三角、珠三角等地的区域空气质量恶化。

严重的空气污染对人民群众的健康产生了严重影响，造成了巨大经济损失。根据世界卫生组织和其他国内外机构的估算，每年由于空气污染致使中国数十万人过早死亡；引发的呼吸系统和心血管系统疾病导致大量的误工、误学损失；夏季高浓度 O_3 导致农作物减产；严重的酸雨污染不仅危害森林、生态环境，还影响了建筑物的质量和美观。2011 年冬季在北京等城市发生的以持续大范围灰霾为特征的重污染过程还在一定程度上引发社会的恐慌心理，对政府公信力造成了极其不良的影响。

二、中国的空气质量改善是长期艰巨的任务

虽然我国大多数城市还没有开始开展 $PM_{2.5}$ 的环境监测，但是针对 SO_2、NO_2 和 PM_{10} 的环境监测数据表明，我国的城市空气质量与全面小康的要求差距仍然非常巨大。根据我国 333 个地级及以上城市的大气环境监测数据，2010 年我国地级城市的 SO_2、NO_2 和 PM_{10} 年平均浓度分别为 35 μg/m³、28 μg/m³ 和 79 μg/m³。根据 2012 年新修订并即将开始实施的《环境空气质量标准》（GB 3095—2012），这 333 个地级及以上城市中，不能达到 SO_2、NO_2 和 PM_{10} 年平均浓度二级标准的城市数量分别为 18 个、51 个和 201 个。即使不考虑 $PM_{2.5}$ 和 O_3 污染的问题，也有 216 个城市的空气质量不能达到年平均浓度国家标准，占城市总数的 2/3。

如果依据世界卫生组织 2005 年更新的空气质量指导值来衡量，我国城市目前列入常规监测的三种大气污染物中，NO_2 和 SO_2 年平均浓度与世界卫生组织的要求差距不大；而 PM_{10} 的年平均浓度则与世界卫生组织的要求（$20\,\mu g/m^3$）差距甚远，我国 PM_{10} 年均浓度最低的城市海口也未达到这一要求，而全国城市的平均 PM_{10} 年均浓度比其高出 3 倍。我国现在针对 $PM_{2.5}$ 监测的数据还相对缺乏，但是根据国内外开展研究的经验数据，大气中 $PM_{2.5}$ 的质量浓度约为 PM_{10} 质量浓度的 50% ～ 60%，由此判断，我国大气环境中 $PM_{2.5}$ 的质量浓度至少也比世界卫生组织的指导值高出 3 倍。以 PM_{10} 和 $PM_{2.5}$ 为代表的大气颗粒物污染将是我国相当长一段时期内面临的最主要的大气环境问题。

随着我国小康社会的建设和现代化进程的推进，人民群众对环境空气质量的要求日益提高。我国 2012 年修订的《环境空气质量标准》（GB 3095—2012）参考了世界卫生组织对空气质量标准的建议，加严了 PM_{10} 的限值要求，并把 $PM_{2.5}$ 纳入指标体系，使针对 PM_{10} 和 $PM_{2.5}$ 的标准与世界卫生组织推荐的第一阶段空气质量改善目标值接轨。为了满足人民群众对环境空气质量日益提高的要求，我国绝大多数城市需要在 15 ～ 20 年内使环境空气质量稳定达到标准要求；在 2025 年左右，全国空气质量达标的城市应达到80%左右。由于我国城市目前 PM_{10} 的达标率约为40%（如图 6—5 所示），这意味着在"十二五"到"十四五"的 3 个五年中，需要将我国城市的 PM_{10} 年均浓度达标率提高 40 个百分点。

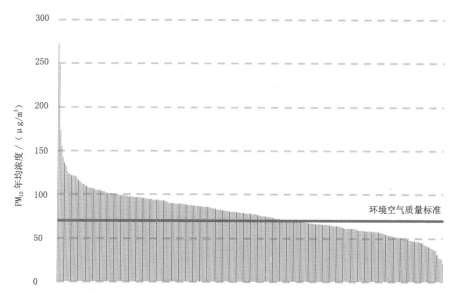

图 6—5　2010 年我国 333 个城市 PM_{10} 年均浓度及其与环境空气质量标准的差距

数据来源：中国国家环境监测中心空气质量监测数据.

为了达到这一目标，需要在每个 5 年计划内使全国主要城市的 PM_{10} 平均浓度降低 10% 以上（如表 6—2 所示）。根据已有的 $PM_{2.5}$ 监测数据，我国城市 PM_{10} 中 $PM_{2.5}$ 的比例大多超过 50%，这意味着我国城市 $PM_{2.5}$ 超标的形势比 PM_{10} 更为严峻。为了在 2025 年左右实现全国城市 $PM_{2.5}$ 年均浓度达标率 80% 的目标，在未来的每个 5 年计划内，全国主要城市 $PM_{2.5}$ 平均浓度的降低幅度至少需要达到 13%。

表 6—2　不同情景下全国城市 PM_{10} 年均浓度达标率

	2010 年	2015 年	2020 年	2025 年
PM_{10} 浓度每 5 年降低 10%	40%	50%	63%	77%
$PM_{2.5}$ 浓度每 5 年降低 13%[①]	27%	44%	60%	79%

注：①我国绝大多数城市尚无 $PM_{2.5}$ 监测数据，这里是假设 $PM_{2.5}$ 在 PM_{10} 中质量浓度的比值为 0.55，进行保守估算得到的结果。

$PM_{2.5}$ 来源非常复杂，既包括由污染源直接排放的一次颗粒物，又包括由 SO_2、NO_X、VOCs、NH_3 等气体在大气中转化形成的二次颗粒物。对于我国大部分城市，尤其是东部空气污染较为严重的城市而言，$PM_{2.5}$ 污染的控制难度大于 PM_{10}。由于天然源的影响以及二次颗粒物形成过程中的非线性特征，必须保证在每个 5 年计划内，使一次颗粒物和二次颗粒物的前体物排放量总体减少 15% 以上，才有可能达到 $PM_{2.5}$ 环境浓度降低 13% 的目标，进而在 2025 年前后使我国空气质量达标的城市增加到 80% 左右。

三、我国目前的控制措施不足以推动空气质量改善目标的实现

多年以来，我国针对大气污染实施了多项控制措施，有力地推动了大气污染防治工作。尤其是"十一五"以来，通过实施富有创新性的政策措施，首次实现了全国 SO_2 排放总量的下降，并使我国城市环境空气中的 SO_2 和 PM_{10} 浓度显著下降，城市空气质量得以改善。这些措施主要包括：

（一）进行主要大气污染物排放总量控制

在《中华人民共和国大气污染防治法》的基础上，我国划定了"两控区"，并开始实施 SO_2 排放总量控制。"十一五"期间，我国把 SO_2 排放总量控制作为约束性指标，采取了脱硫优惠电价、"上大压小"、限期淘汰、"区域限批"等一系列政策措施，实施了工程减排、结构减排和管理减排，取得了显著成效。从 2005—

2010 年，全国火电机组脱硫比例由 14% 提高到 86%，累计关停小火电装机容量 7 683 万 kW，淘汰落后炼铁产能 1.2 亿 t、炼钢产能 0.72 亿 t、水泥产能 3.7 亿 t；SO_2 排放总量下降了 14.29%，超额完成"十一五"减排目标。在此基础上，我国在"十二五"期间继续把 SO_2 排放总量减少 8% 作为约束性指标，并把 NO_x 排放总量减少 10% 纳入总量减排指标要求。

表 6—3　我国主要大气污染物固定排放源的排放标准

控制对象	标准编号	实施、修编年份
电厂锅炉	GB 13223	1991, 1996, 2003, 2011
工业锅炉	GB 13271	1983, 1991, 1999
炼焦过程	GB 16171	1996, 2012
钢铁生产过程	GB 28662 ～ GB 28666	2012
水泥生产过程	GB 4915	1985, 1996, 2004

（二）制定并实施更严格的污染物排放标准

大气污染物排放标准是我国对大气污染物排放源进行管理的重要法律依据。针对我国大气污染物排放贡献最大的几类固定源，我国从上世纪 80 年代就开始制定和实施各类排放标准，随着对污染控制要求的提高，排放标准也逐渐加严（如表 3 所示）。其中对电厂锅炉等的排放标准已经与国际先进控制水平接轨。我国对于移动源的排放标准也快速推进。从 1999 年开始实施轻型车"国Ⅰ"阶段标准开始，目前我国的排放标准已推进到"国Ⅳ"阶段，覆盖范围包括了轻型车、重型车、摩托车和非道路移动机械等。

（三）进行城市大气环境综合整治

全国各城市通过实行"退二进三"[①]政策，搬迁改造了一大批重污染企业，优化了城市产业布局；通过城市清洁能源改造，发展热电联产和集中供热，淘汰了一批燃煤小锅炉；京津冀、长三角、珠三角等区域启动了加油站油气回收治理工作，减少了油气挥发排放的 VOCs。城市大气环境综合整治工作取得了积极成效，2010 年全国地级及以上城市 SO_2 和 PM_{10} 的年均浓度分别为 35 μg/m³ 和 81 μg/m³，比 2005 年分别下降了 24.0% 和 14.8%；按照当时的《环境空气质量标准》（GB 3095—1996）评价，全国空气质量达到二级以上标准的城市比例从 2005 年的 52% 提高到了 2010 年的 83%（如图 6—6 所示）。

189

---

① "退二进三"通常指在产业结构调整中，缩小第二产业比重，提高第三产业比重。国办发 [2001]98 号文中把"调整城市市区用地结构，减少工业企业用地比重，提高服务业用地比重"也称为"退二进三"。

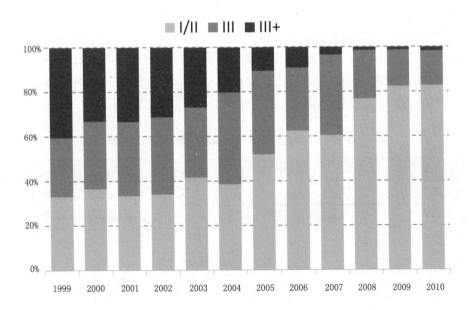

图 6—6   1999—2010 年我国城市空气质量达到一级和二级标准（I/II）、

达到三级标准（III）和劣于三级标准（III+）的城市比例

数据来源：中国环境状况公报 2000—2011.

（四）积极探索区域大气污染联防联控机制

为保障北京奥运会、上海世博会和广州亚运会的空气质量，华北六省（区、市）、长三角三省（市）和珠三角地区打破行政界限，成立领导小组，签署环境保护合作协议，编制实施空气质量保障方案，实施省际联合、部门联动，齐抓共管、密切配合，全面开展 SO_2、NO_X、颗粒物和 VOCs 的综合控制，统一环境执法监管，统一发布环境信息，形成强大的治污合力，取得积极成效，保证了活动期间主办城市环境空气质量优良，并为我国进一步开展区域大气污染联防联控工作积累了有益经验。

在未来几年，以上措施的绝大部分还将继续在我国的大气污染防治中起到重要作用，然而，仅仅依靠以上措施，并不足以使我国一次颗粒物和二次颗粒物的前体物排放量在每个 5 年计划内减少 15% 以上，进而实现空气质量改善的目标。首先，我国的大气污染治理法规基础尚显薄弱，对大气污染治理政策措施的支持不够；其次，我国大气污染综合控制的能力建设全方面滞后，从国家到地方，从固定源污染控制到移动源污染控制，从政策制定到管理实践，人力投入和科学支撑都非常缺乏，无法形成一套完整的管理体系，更无法应对压缩型、复合型特征突出的区域大气污染；第三，在未来相当长一段时间，我国的工业化、城市化和机动车化进程仍将继续，燃煤年消费量将持续增长并超过 40 亿 t，每年的新增轻型汽油车将保持在 1 500 万辆以上，我国的大气污染物削减必须在消化发展带来新增排放量的基础上，进一步大幅削减存量，压力巨大；第四，我国对燃煤和机动车污染的控制水平还非常低，目前主要还是依赖末端治理，缺少系统性、综合性的高效控制措施。

综合以上分析，为了确保我国空气质量改善目标的实现，我国需要在法规、管理机制、能力建设、控制措施等多方面进行完善。本研究总结了美国和欧洲的空气质量管理经验，结合我国控制实践，针对我国的区域空气质量综合控制提出了 5 条政策建议。

四、区域空气质量综合控制政策建议

（一）加快大气法修订

我国的《大气污染防治法》（以下简称《大气法》）于 1987 年制定。随着大气污染工作开展的进程，我国分别于 1995 年和 2000 年对《大气法》进行了修订，并在此基础上制定和实施了一系列的法律和规章，推动大气污染防治。多年以来，《大气法》对于减少大气污染物排放、防治大气污染、保护人民群众健康、促进经济和社会可持续发展发挥了重要作用。然而自 2000 年以来，我国的大气污染特征有了巨大变化，由典型的煤烟型污染向复合型污染转变。具体而言，在引起大气污染的主要污染物方面，由以 SO_2 和 PM_{10} 为主转变为以 PM_{10}、$PM_{2.5}$ 和 O_3 及其各种前体物为主；在污染的影响范围方面，由以城市污染为主转变为覆盖多个城市的区域污染为主；在主要污染源方面，由以燃煤污染为主转变为燃煤源、移动源和工业过程源的综合污染。目前，我国快速的工业化、城市化和机动车化进程造成了空气污染的区域性、复合性和压缩性特征，而现行《大气法》已难以适应新形势下大气污染防治的需求。我国必须在以下方面对《大气法》进行修订，以对相应的政策措施提供法律支持：

一是把对人体健康有重要影响的 $PM_{2.5}$ 和 O_3 作为我国大气污染防治的核心内容。由于 SO_2、NO_X、$VOCs$、NH_3 等污染物经化学反应形成的二次细颗粒物占我国空气中 $PM_{2.5}$ 的 50% 以上，NO_X 和 $VOCs$ 更是 O_3 形成的主要反应物，因此，《大气法》中必须强调对多污染物排放的综合控制。需要在继续深化 SO_2、烟粉尘治理的同时，强化对 NO_X、$VOCs$、NH_3 等形成二次 $PM_{2.5}$ 和 O_3 的重要前体物的排放控制；针对这些污染物的主要来源，在继续深化工业污染治理的同时，突出抓好中小锅炉、扬尘、餐饮油烟、装修喷涂等面源污染，以及机动车等移动源污染防治工作。

二是把空气质量改善作为大气环境管理的核心内容。进一步明确政府在其辖区大气质量达标管理中的责任和义务，并对各级政府在大气质量管理方面赋予更多职能。建立城市空气质量达标管理的技术路线，根据不同城市空气质量现状与达标的差距，规定不同的达标期限，并针对其整个达标过程提出分阶段目标和重点工作内

191

容；明确环境空气质量不达标的后果，对于不能按期达标的城市政府依法进行惩罚。

三是完善区域空气污染联防联控机制，解决大气污染物跨行政边界传输的问题。针对细颗粒物和臭氧不达标的现象，要求新增项目（包括固定源和移动源）都必须采用可获得的最优技术。借鉴欧洲和美国经验，针对 SO_2、NO_x、$VOCs$ 等能进行长距离传输、影响区域空气质量的污染物，通过完善区域总量控制制度，由环境保护部基于污染物的区域影响确定排放总量控制目标并分配至各行政区，减少区域内上风向大气污染物排放对下风向空气质量的影响，并通过区域大气污染联防联控机制保障其目标的实现。

四是进一步强化对违法行为的处罚，提高大气环境违法成本。首先要加大违法行为处罚力度，现行《大气法》中对于大气污染物排放主体超标排放、环境空气质量不达标、数据弄虚作假等行为的处罚标准过低，导致违法成本远低于守法成本，不利于推动大气污染防治工作的进行；其次要细化限期治理条款，并将限期治理决定权授予各级政府环境保护行政主管部门；此外，需要降低执法成本，加大执法力度，细化环境监管人员的法律责任，使违法主体受到相应处罚。

五是重视非道路移动源的排放控制。将船舶、飞机、火车以及非道路用机械的废气排放纳入大气法管辖范围，明确环保部在非道路移动源领域内的管理职责。

（二）完善空气质量管理机制，提升空气质量管理能力

自 20 世纪 70 年代我国开展大气污染防治开始，管理主要以重点污染源排放强度和主要污染物排放总量为中心，而非环境质量；大气污染物减排目标确定的依据主要是减排的技术和经济潜力，而非人体健康对大气质量的要求；大气质量评价的主要对象是 SO_2、NO_2 和 PM_{10} 三项大气污染物，而非 $PM_{2.5}$ 和 O_3 这两种对人体健康影响更大的污染物。为了保障广大人民生活的大气环境健康、舒适、安全，我国必须尽快转变大气污染控制思路，把大气质量达标作为管理工作的核心和最终目标，把 $PM_{2.5}$ 及其相关前体物的"总量减排"作为"质量改善"的重要手段。这样的空气质量管理模式需要以完善的管理机制和强大的管理能力作为支撑。与欧洲和美国相比，我国面临的空气污染形势更为复杂，管理任务更为艰巨，但是在管理人员数量、机构设施、经费支持和科技支撑等诸多方面都更为薄弱。为了适应空气质量达标和污染物减排对环境管理提出的要求，我国需要在以下方面强化机制和能力建设：

一是参考欧美等国家的大气管理体系，配置相应资源。我国的大气管理职能分散于环保部的多个业务部门，包括总量司、污防司、规划司、监测司、科技司等等。由于各业务部门间在管理职责方面存在交叉，对整个大气管理工作无法进行高效协调；同时，大气管理工作在各司中仅仅由一个处（或者更少）的人员负责，资源投入相当有限，即使是直接负责空气质量管理的污染防治司大气处，也仅有 4 人的编制。与之

相对，美国负责大气管理方面的"大气与辐射办公室"是美国联邦环保署的11个中央机构之一，由环保署助理署长直接领导，下辖4个司级机构，分别管理规划和标准、国家大气计划、移动源污染防治和室内污染防治，管理人员的数量高达1 400人。在这样的管理架构下，美国的大气管理工作既能够高效统一地进行协调，又能对每一项具体工作进行细化，明确分工，各司其职，为推动其大气管理的能力提高奠定了体制基础和人员基础。与美国类似，欧洲国家在大气管理方面，也大多是由一个机构进行统一协调，并针对具体的精细化管理工作配置人力。为了提高我国大气管理的能力，以达到定量化和精细化管理的要求，我国需要全面整合和大气管理相关的职能和资源，参考我国药品监督管理、水资源管理以及核安全管理的模式，在环保部下设立专门的大气管理机构，统筹大气质量管理工作；同时需要大幅增加直接进行管理和对管理提供技术支撑的人力资源，为实现大气质量定量化和精细化管理奠定基础。

二是在京津冀、长三角等区域空气污染严重的典型地区，完善区域大气污染联防联控管理机制，统筹区域内大气质量管理工作。当前，我国实行以属地管理为主的环境管理体制，导致环境行政主管部门只对本级政府负责，不利于解决区域空气污染问题；同时，与国家大气管理人员相比，地方从事大气污染防治的管理和技术人员更加缺乏。与此相对，美国联邦环保署下设的十个区域办公室都有专门负责大气污染项目的工作人员与所在管辖区的州政府部门合作，在统筹区域空气管理工作的同时，帮助地方培养了一批领导型人才和具有空气管理专业能力的专家型人才，加强了解决区域大气环境问题的能力。我国需要在京津冀、长三角、珠三角等区域空气污染严重的典型地区设立专门机构，负责统筹区域内的大气质量管理工作。通过组织联席会议，建立统一协调的区域联防联控工作机制；加强区域环境执法监管，建立区域大气环境联合执法监管机制；实施区域会商，建立重大项目环境影响评价会商机制；促进信息交流，建立区域环境信息共享机制；实施区域联动，建立区域大气污染预警应急机制。在实现区域大气污染防治工作"统一规划、统一监测、统一监管、统一评估、统一协调"的同时，加强城市机构能力建设，重点城市设立大气环境质量综合管理部门和机动车污染管理执法部门，形成国家、区域、城市三级大气污染管理体系。

三是增加在大气质量管理方面的资金投入，尽快开展和实施"国家清洁空气行动计划"，并纳入国家预算。我国"十一五"期间环保投资约占GDP的1.35%，低于发达国家水平；长期以来，相对于水环境保护、重金属污染控制、生态保护等领域，我国在大气污染防治方面的投入也偏少。这直接致使我国大气管理能力建设投入不足，支持定量化和精细化管理的数据和科学研究非常缺乏。在资金方面，中央应设立大气污染防治专项资金，加强大气污染防治专业管理人员和技术人员的引进，增强科研能力和基础管理能力建设；同时建立投资主体多元化和投资方式多样化的投入机制，采取"以奖代补"、"以奖促治"等方式，引导和鼓励地方政府与企业主动投资治理大气污染。在科学技术方面，应尽快开展一批国家级的专项研究，在我国不同区域大气污染的产生机理、来源解析、防治路径等重大科学问题上取得突破。

（三）加快经济发展方式转变，推动污染物持续大幅削减

美国和欧洲的经验表明，其空气质量的改善是伴随着经济发展模式的转变实现的。近30年来，欧洲和美国等后工业化地区的重化工业比重持续降低，使得工业过程的大气污染物排放量逐渐减少。而我国目前正处于工业化后期，经济发展严重依赖于高能耗、高污染的产业。虽然与1990年相比，我国多种大气污染物的单位GDP排放强度分别降低了40%～80%，但是由于在经济高速发展过程中，重化工业迅速增长，我国的SO_2和NO_x等大气污染物排放量仍然增加了1～3倍。尤其是2000年以来，我国粗钢产量增长了4倍，水泥产量增长了2倍（如表6—4所示）；到2010年，我国京津冀地区的粗钢产量和长三角地区的水泥产量分别为美国全国的1.9倍和4.3倍。为了在保持经济平稳高速增长的同时大幅削减大气污染物的排放量，必须使大气污染物的单位GDP排放强度以比过去20年更快的速度下降，以抵消GDP高速增长对污染减排的负效益。

表6—4　我国1990年、2000年和2010年的钢铁和水泥产量

	1990年	2000年	2010年	2010年占全球产量的百分比
粗钢	0.66	1.29	6.27	44%
水泥	2.10	5.97	18.68	60%

为达到这一目标，我国政府亟须利用社会经济发展转型这一契机，由发改委、工信部、环保部等部门联合制定积极的政策措施，推进产业结构调整，减少重化工业造成的大量排放；并调整产业布局，逐步疏散重化工业集中、大气污染严重地区的产能。这主要包括：

（1）在国家宏观经济结构层面，通过建立可持续的投资和消费模式，减少各地经济发展对重化工业的依赖。在提高第三产业和高附加值工业比重的同时，降低高耗能、高污染产业的发展速度。根据对我国经济发展的预测，未来15～20年，我国的国民经济还将保持平稳较快发展，城市化进程将进一步加快，产业的重化工业化特征仍将非常明显。我国需要大力推动战略性新兴产业的发展，通过有区别的经济政策引导投资和消费模式向可持续转变。同时充分利用行业性的污染物排放总量或能源消费总量控制制度形成倒逼机制，力争使钢铁、水泥等重化产业的产量在"十三五"达到峰值并开始下降。

（2）在污染产业自身发展层面，提高技术水平，在提升行业产值的同时降低

总体能耗和大气污染物排放量。一方面要提高产业门槛，强化节能、环保、安全等指标约束，依法严格实施节能评估审查和环境影响评价，并强化建设用地审查，严格贷款审批；另一方面，通过淘汰火电、钢铁、建材等重污染行业的落后产能，提高这些行业的整体技术水平，从而促进其产业优化，减少大气污染的排放。在提高准入门槛和推动落后产能淘汰的过程中，贯穿始终的是推动清洁生产技术和污染物排放控制的最佳可用技术在全行业中的普及和高效使用，如降低挥发性原辅料在涂装、清洗工艺中的使用等，同时延长产业链，通过增加精加工的高附加值产品比例，在重化工业企业自身发展的同时降低污染物排放量。

（3）在产业布局层面，要逐步疏散京津冀、长三角、珠三角等区域型复合大气污染严重地区的重化工业产能。京津冀、长三角、珠三角等区域的经济社会发展总体水平较高，其中部分城市和地区已经或者正在由工业化后期转入后工业化阶段。这些城市和地区有的已经或者正在形成条件，通过重化工业产能的疏散和能源结构的大幅调整，降低本地多种大气污染物排放量，为降低这些地区的大气污染物排放强度创造有利条件。在产能疏散时，需要对转移的产能提出严格的技术和环境要求，必须满足准入标准的限制条件，且不会影响产能承接地空气质量改善目标的实现。

（四）优化能源结构，实现煤炭的高效清洁可持续利用

煤炭是我国重要的基础能源。2000 年以后，我国煤炭消费量迅速增长，在 10 年间从 14 亿 t 增加到 31 亿 t；到 2010 年，中国的煤炭消费量已占全球煤炭消费总量的 48.2%。与天然气等清洁能源相比，煤炭使用过程中的 SO_2、颗粒物、重金属、CO_2 等各种大气污染物排放量都更高。而由于资源禀赋的限制，我国的能源结构以煤为主，从 20 世纪 80 年代以来，煤炭占我国一次能源消费量的比重一直在 70% 左右，远高于其他国家 20% 左右的比例。以煤为主的能源结构是我国大气污染物大量排放的重要原因，我国 SO_2 排放量的 90%、NO_X 排放量的 67%、烟尘排放量的 70% 和人为源大气汞排放量的 40% 都来自于燃煤；我国煤炭消费强度也与区域大气污染，尤其是 $PM_{2.5}$ 污染在空间分布上有很强的一致性。因此，大幅降低燃煤过程的大气污染物排放量，是改善我国，尤其是东部重污染区域环境空气质量的必要条件。

能源资源禀赋的特点决定了在未来相当长一段时期内，我国以煤为主的能源结构特点不会改变，只有实现煤炭的清洁高效可持续利用，才能为控制燃煤过程的大气污染物排放量提供先决条件。建议由发改委、环保部等部门共同出台相关政策，对我国的能源系统进行优化，在推动我国能源结构由煤向气等清洁能源转变的同时，实施煤炭清洁高效可持续利用战略，推动相关技术进步。主要政策包括：

195

（1）优化能源结构，降低煤炭占我国一次能源的比重。在近期大力增加天然气的供应量，发展核能；在中远期大力发展风能、太阳能、生物质能等可再生能源，

力争使煤炭占我国一次能源的比重每五年降低 3 ～ 5 个百分点。

（2）控制区域煤炭消费总量，优化煤炭消费的空间分布。在北京、上海等煤炭消费强度大、工业化基本完成的区域，减少煤炭消费量；在东部其他地区控制煤炭消费的增长速度。逐步降低京津冀、长三角、珠三角等空气污染严重区域的煤炭消费量。

（3）改善我国煤炭消费结构，促进煤炭消费向使用最佳可行技术的电力等大型燃煤设备转移，减少煤炭在工业和民用部门的终端消费。力争在 2020 年和 2030 年，使电力部门的煤炭消费在全社会煤炭消费量的比重增长至 60% 和 65%。

（4）强调煤炭生命周期全过程的污染控制，推进煤炭的洗选和输配。力争在 2030 年以前把我国的煤炭洗选比提高到 70% 以上，与国际水平接轨。

（5）大力推进民用部门燃料清洁化进程。减少民用部门的原煤和生物质直接燃烧，推广气体能源和型煤。

除此之外，我国作为世界上煤炭消费量最大的国家，必须开发并使用全球最佳的燃煤污染控制技术，在煤炭使用的清洁化水平上逐渐达到全球领先。通过严格的排放标准和准入措施，推进高效脱硫、脱硝、除尘等大气污染控制最佳可行技术的研发和使用，并保证这些技术在燃煤污染源上高效稳定运行，减少污染物排放量。

（五）全面强化移动源污染控制

移动源排放已成为导致中国环境空气质量问题的一个突出因素。在北京和上海等大城市以及东部人口密集区域，移动源对 $PM_{2.5}$ 污染的贡献可高达 20% ～ 25%；由于汽油车数量激增、二阶段油气回收推进缓慢且实施效果难以保证、汽油的夏季蒸气压规定相对宽松等因素，汽油车油气大量挥发成为导致大城市 O_3 超标的重要原因。移动源污染控制已经成为对中国大气质量管理最大的挑战之一，其控制效果在很大程度上决定了我国的区域空气质量是否能得到有效改善，也是关系到公众对政府相关政策和实施满意度提高的重大影响因素。目前，不管是发达国家还是发展中国家，移动源污染防治都正面临着前所未有的挑战，受到非常高度的重视。各国都在积极总结经验教训，探索更加科学合理和高效的移动源污染控制方案。我国已成为世界上最大的汽车市场，机动车数量迅速增加，导致拥堵趋于严重，污染物排放难以得到有效控制，对高度密集居住的城市居民的健康构成了长期危害。为有效控制移动源污染，我国需要从移动源管理、车用能源和城市规划等角度，对"油—车—路"系统制定综合政策。

针对"油"，要提前实现车用燃料的低硫化和无硫化。现代移动源排放高效净化处理技术的应用，对燃用的汽油和柴油类燃料的品质有严格要求，其中最基本的是燃料达到低硫（硫分低于 50ppm）要求，最好实现无硫（硫分低于 10ppm）。在车用汽柴油的低硫化和无硫化推进方面，我国在过去的 10 年中只有北京和上海等少数城市有所进展。低硫化和无硫化推进的迟缓直接导致了更加严格的机动车排放标准推迟实施，使得环境空气质量改善目标难以实现。研究表明，如果低硫化和无硫化正常推进，重型柴油车"国Ⅳ"排放标准按时（而非推迟 30 个月）实施，排放的颗粒物会比"国Ⅲ"标准降低约 80%，NO_x 会降低约 30%。这种排放的差异将会导致 5 至 10 年以上的长期环境空气污染影响。事实上，我国的大型炼厂已经具备了相当的生产低硫和无硫汽柴油的能力，适当的价格和经济鼓励政策将会在短期内有效地实现低硫和无硫燃料的市场供应，这将对我国移动源污染治理和环境空气质量改善起到实质性的作用。因此，建议中国政府特别给予车用燃料低硫和无硫化以高度注意，授予环境保护部在油品质量方面的管理权，明确时间和目标，迅速制定有效政策，快速实现车用燃料的低硫化和无硫化，同时推进非道路移动源油品的低硫化。

针对"车"，要加速制定和实施全方位的排放标准。国际经验表明，完善的排放标准是实现移动源污染防治的基本法规条件。目前，中国的机动车排放标准体系已经初步完善，并在过去的 10 余年中起到了较长期影响的作用，但与发达国家相比，在限值的严格程度、覆盖的范围和实施监管的合理性方面仍有差距，需要进一步完善。诸如铁路、水运、农用和工程机械、发电、小型通用机械等内燃机的排放标准，以及油气挥发的排放标准方面还存在许多需要完善的内容。因此，政府相关部门要加速制定和实施全方位的内燃机排放标准，应当组织各类相关人员参与这些排放标准的制定和完善，充分吸收包括内燃机工程、环保、汽车等各界的意见建议，尽可能考虑世界上最先进和合理的技术要求，并尽早发布实施。通过先进、严格的标准，积极推进近零排放（P-ZEV）直至零排放（ZEV）发动机和车辆技术的创新和发展，并对目前标准尚未涵盖的排放过程（如汽油加油过程的 VOCs 排放）提出控制要求。建议中国政府坚持在燃料条件许可的情况下尽早实施尽可能严格全面的排放标准，重点区域城市可在 2015 年前对城市行驶的柴油新车实施"国Ⅴ"排放标准，要求加装主动再生式柴油颗粒过滤器（DPF）；对轻型汽油新车强制实施"国Ⅴ"阶段的全部排放控制技术要求，包括控制加油过程挥发排放的车载油气回收系统（ORVR）；对具备治理条件的在用柴油车实施鼓励性的自愿改造项目。

针对"路"，要建立全新的城市可持续交通体系。发达国家的许多经验教训表明，建立城市可持续的交通体系对交通污染控制而言至关重要。需要在交通系统中，强调城市公共交通发展设计、自行车和步行道路设计、静态交通管理等理念，设计低排放区和零排放区、绿色客货运输、交通调峰等管理手段，建立有特点的全新城市交通发展体系。建议大气污染控制重点区域城市在 2013 年内划定低排放区、零排放区并制定相应管理措施，重点削减划定区内公交车和出租车的排放，并实行对

197

高排放私人汽车的错峰和限行管理。

此外，在上海、深圳、广州、南京、宁波等港口城市，船舶已成为影响空气质量的重要污染源，但在目前的管理体制下地方政府无法对其开展有效监管。环保部与交通部应建立船舶污染控制合作机制，明确地方环保与交通部门的管理职责，划定长三角及珠三角区域船舶硫排放控制区并实施严格管制，积极开展码头船舶岸电设施建设。对施工机械、农用机械、火车等其他非道路移动源，环保部门也要加速排放标准、油品标准、管理制度的制定和实施。

第七章
中国环境与发展国际合作委员会
2012 年年会给中国政府的政策建议

中国环境与发展国际合作委员会（以下简称"国合会"）2012 年年会（第五届国合会第一次年会）于 2012 年 12 月 12 日至 14 日在北京举行，会议主题是"区域平衡与绿色发展"。

国合会委员欣喜地看到，刚刚闭幕的中国共产党第十八次全国代表大会（以下简称"十八大"）为整个国家的绿色繁荣和美丽中国建设描绘了一幅宏伟而清晰可行的路线图。中国政府将科学发展观提升为中国现代化建设的最高指导思想；将生态文明建设与经济、政治、文化和社会建设作为现代化建设五个并重的有机组成部分；提出 2020 年在全面建成小康社会时，资源节约型和环境友好型社会建设要取得重大进展。国合会进一步认为，中国战略转型的方向是绿色转型，绿色"十二五"规划的制定与实施和探索中国环境保护新道路就是重要的标志。绿色转型不仅对中国至关重要，对世界的绿色发展也意义非凡。

绿色发展是科学发展观的内在要求，决定着中国绿色转型和生态文明建设的全局。委员们相信，中国的绿色转型已进入攻坚期，要完成 2020 年既定的战略目标，实现绿色发展，中国仍面临空前的挑战和压力。中国发展自身面临的不平衡、不协调、不可持续问题依然突出，资源环境约束继续加强。这些问题既反映在发展的各个领域，也体现在不同区域之间，如区域间的发展差距不断扩大，特别是基本公共服务差距较大；区域在环境和经济利益分配和享有上失衡加剧，经济与人口、资源、环境之间不协调问题突出；区域及各省市间在整体性的生态系统管理、流域和大气的环境污染防治方面缺乏有效的协调与合作机制等。生态脆弱和欠发达地区对粗放增长路径的依赖导致了这些地区环境与发展的潜在冲突。而在经济发达地区也出现了一些新兴环境问题，如灰霾、不可持续的消费模式带来的环境污染等。因为生态环境恶化与贫困形成恶性循环，委员们强调了保护脆弱生态系统和扶贫的重要性。

随着中国东部地区经济发展水平的不断提高、产业和技术升级以及环境保护力度的加大，其经济发展和资源环境约束的矛盾和紧张关系可能在未来一段时期趋于缓解。但是，中西部许多地区受片面追求"赶超式"、"跨越式"发展模式、脆弱的生态环境以及区域间落后产业梯度转移等因素的影响，其环境与经济关系的紧张程度可能会进一步加剧，面临环境污染和生态退化的双重压力，威胁整个国家绿色发展的基础和根本。

委员们还注意到，截至目前，中国落实科学发展观和建设生态文明在统一认识和局部实践上都取得重要成效，但全面实践情况远不能令人满意，并未完全主流化和制度化。其中一个重要的原因是制度和政策保障问题，这也是实现区域平衡协调和可持续发展的障碍，中国新一届政府需要关注和解决好这一重大问题。

基于年会期间的讨论，并综合政策研究项目的成果，国合会2012年年会向中国政府提出如下政策建议。

一、加大制度和政策创新及执行力度，全面推动生态文明建设的实践进程

中国政府已强烈地意识到，要不失时机深化重要领域改革，坚决破除一切妨碍科学发展的思想观念和体制机制弊端，明确提出生态文明建设制度创新的任务。因此，需要尽快建立适应生态文明建设要求的战略、制度、政策、体制和机制，开展综合试点示范，将生态文明建设落到实处。为此，建议：

（一）做好顶层设计，研究制定生态文明建设中长期远景规划

从过去30多年改革开放和本世纪10年来落实科学发展观的实践成果看，中国到2020年如期建成全面小康社会应该是确定的，资源节约型和环境友好型社会建设也会取得重要进展。然而，按照中国政府提出的到本世纪中叶建成富强民主文明和谐以及美丽的现代化国家的目标，2020年后的三十年对中国更为重要。为此，中国政府应着手研究2020年后中国环境与发展的趋势和特点，系统设计生态文明建设的中长期远景目标、优先领域和重点任务。

（二）以更大的政治勇气和智慧，改革和建立与生态文明建设相适应的体制机制

生态文明建设和绿色发展是一个新课题，又是一个错综复杂的大系统问题，需要统筹协调多方主体的利益。生态文明建设既要抓好生态系统和环境保护这个主体任务，又要对经济社会建设各领域提出遵循生态规律的要求。因此：

（1）在中央层面建立生态文明建设委员会，负责生态文明建设的战略、规划和制度的顶层设计以及实践活动的组织协调，确保生态文明建设真正融入和贯穿到经济、政治、文化和社会建设中；

（2）环境保护是生态文明建设的主阵地，环境保护部门应当在生态文明建设

中发挥引导者、推动者和实践者的作用，在国家协调生态文明建设体制中发挥主导作用。按照生态系统完整性的要求，建立职能有机统一、运行高效的生态环境保护大部门体制；

（3）协调好中央和地方政府在生态文明建设中的关系，明确权责，做好事权和财权划分。

（三）以绿色和生态化改造为指向，推动生态文明建设的整体性制度创新

确保生态文明建设深刻融入和全面贯穿到经济、政治、文化、社会建设的各方面和全过程，就需要从各个维度和领域进行以绿色为导向的整体性制度和政策创新，也就是生态化改造。制度和政策生态化改造的具体导向是：

在政治领域，以建立有利于生态文明建设的政府绩效评估、考核和问责机制为杠杆，确保各级政府建设生态文明的决策意愿和治理结构；

在经济领域，以遵循生态和自然规律为前提，对经济空间布局、产业结构、资源能源效率、循环利用和环境绩效提出要求，切实转变生产方式；

在文化领域，弘扬生态文明价值观，繁荣生态文化，提高全社会的生态文明意识；

在社会领域，倡导绿色消费模式，引导全社会的生态文明行为，转变生活方式；

在生态环境领域，生态系统和环境保护应成为生态文明建设的主体，以提供优良的生态服务和产品为导向，实现环境管理的转型，通过更加关注陆地、淡水、海洋和敏感海岸带等自然栖息地的保育和管理改善生物多样性。

（四）建立生态文明建设目标体系，推动全社会广泛参与生态文明建设

研究制定生态文明建设的目标体系及推进办法，这些目标和办法要考虑不同主体功能区划及区域的差异性。同时，研究制定针对不同区域和不同层级政府和领导干部的考核指标体系，根据考核结果，实施问责制。

合理界定政府、企业和社会在生态文明建设中的责任和义务。发挥政府在生态文明建设中的顶层设计、引领和表率作用；激励企业改善其环境行为，承担和履行更高的环境与社会责任；加强生态文明建设相关信息公开，推动公众和媒体有序、有效地参与到生态文明建设中，形成全社会生态文明建设的合力。

（五）分类指导，大力推进生态文明建设综合试点示范

从生态文明建设的复杂性、艰巨性和中国区域社会经济与资源环境的差异性看，开展生态文明综合试点和示范推广十分必要。通过试点，建立生态文明建设的有效

载体和模式，初步形成国家推进生态文明建设的框架。

我国环境保护等部门在省、市、县、乡、村、工业园区等不同层次开展了不少相关的试点工作。目前应总结相关经验、深化相关试点活动，研究制定统一的标准和指标体系，以现有工作为基础，建立生态文明建设综合试点体系，考虑区域的差异性，构建推进生态文明建设的总体格局。

二、以东部地区为引领、中西部地区为重点，构建中国区域绿色均衡发展战略

区域平衡发展问题是一个世界性难题，需要一个较长过程才能解决好。缩小经济社会发展水平的差距是区域平衡发展问题的一个方面，是不是可持续发展则是问题的另一个方面。中国应抓住实行科学发展和建设生态文明的历史机遇，在绿色发展的大背景下统筹解决好这一问题。为此，建议：

（一）构建国家区域平衡发展的总体思路和战略，形成区域绿色发展大格局

（1）从工业化阶段、城市化水平、经济实力、产业与技术升级趋势和公众对环境的要求看，东部的发展已具备率先实现绿色转型的基础条件，国家应积极引导和进行必要的支持；中西部地区的资源环境与经济社会发展矛盾在未来仍可能会加剧，国家必须以该区域为重点，通过不同途径加大支持力度，避免其走牺牲脆弱的生态环境为代价换取经济增长的老路。各区域之间应通过产业、市场、资源、基础设施和发展潜力优势互补、协同推动地区间的均衡发展。

（2）在目前的主体功能区划的基础上，将不同的发展目标、产业发展方向和空间布局细化落实到具体的行政管理区域上，增强可操作性。如建立针对不同主体功能区及其不同资源环境承载力的差别化产业政策；建立与不同主体功能区性质和发展目标相适应的土地和人口政策；建立按领域和主体功能区安排的投资政策；完善推进基本公共服务均等化和主体功能区建设的公共财政体系和政策；对限制开发区和禁止开发区中的重要生态功能区、自然保护区、陆地和海洋环境敏感区、生态脆弱区等划定生态红线，实行强制性保护措施。

（3）在中西部地区，政府要建立和加大综合性生态环境保护转移支付制度，实行东部地区向中西部省区生态环境保护直接转移支付模式，通过政府引导和支持，逐步走上绿色转型轨道。制定西部地区绿色发展总体战略，其内容涵盖基础设施建设、人力资本开发、城镇化发展、工业化发展、污染控制和生态服务供给等方面，减少西部地区贫困，提升区域绿色发展的速度和质量。

（4）在东部地区要建立政府引导、市场推动机制，促进环境与发展的优化与绿色转型。要制定更加严格的环境质量标准和减排目标，如对高能耗、高污染产业实行更加严格的污染物排放标准。提高技术创新和管理能力，提升绿色经济发展水平与产品市场竞争力。全面实施绿色税收体系（包括环境税和资源税）和其他市场激励机制，推进企业和消费者行为转变。倡导可持续消费，通过提高环保意识、生态标志和信息共享等志愿者行动来促进行为方式转变；加强公众监督，推动政府信息公开与公众参与力度，定期并广泛地发布环境信息。

（二）制定可持续发展城镇规划，建设符合区域差异化特征的可持续城镇化发展模式

建立可持续城镇化模式是东、中西部可持续发展进程中都面临的重大挑战之一。要分区域制定可持续城镇发展规划，按照循序渐进、节约土地、集约发展、合理布局的原则，努力形成资源节约、环境友好、经济高效、社会和谐的东、中西部城镇发展新格局。

东部地区应逐步打造更具国际竞争力的城市群，完善超大型城市、大型城市的服务功能，改善城市人居环境，促进特大与大型城市的绿色转型，并带动中小城市的绿色发展，构建可持续的城市基础设施一体化建设。中西部地区则应培育壮大生态城市，强化中小城市产业功能，增强小城镇公共服务和居住功能，优先发展区位优势明显、资源环境承载能力较强的中小城市，积极挖掘现有城市的绿色发展潜力。

（三）强化政策执行力度，建立区域绿色发展协调与合作机制

（1）考虑到东部与中西部地区经济发展与生态环境差异，建立固定的区域协调合作机制，协调地区间的环境与发展事务。应在中西部承接东部产业转移的大背景下，建立有效机制，防止东部向中西部地区转移污染。通过改革资源税收体系，提升地方政府绿色发展能力。提升中西部地方政府，特别是县级政府开展生态文明建设与绿色发展的领导能力，帮助建设可靠的环境监测体系等基础设施。建立东部环境污染综合防治基金与中西部绿色发展基金，有重点地支持区域绿色发展。

（2）加大生态补偿和相关经济措施力度。实施生态补偿等措施，生态补偿资金应结合东、中西部生态功能区划定，要根据生态系统服务功能，确立生态补偿标准，对长期承担生态系统保护义务的农村居民给予公正补偿。同时，将"污染者付费"原则延伸至中西部资源和矿产开发领域。

（3）严格环境准入制度，防止污染转移。严格实行环境准入机制，执行更加 203 严格的排放标准和污染治理技术要求，防止新型污染源和污染工业向中西部地区转移；加强环境评价机制，加大执行力度，提高公众参与水平。严格环境影响评价制度，

并对企业和地方政府执行情况进行监控和评估；对不符合环评有关要求的企业和管理部门，应该予以定期披露并通报。

三、加强大气污染联防联控，改善区域大气环境质量

细颗粒物（PM$_{2.5}$）和臭氧等二次大气污染问题日益突出，严重威胁公众身体健康。近年来，京津冀、长三角、珠三角等区域 PM$_{2.5}$ 浓度居高不下，灰霾天数占到全年总天数的 30% ～ 50%。仅靠相关省市难以独立解决区域大气污染问题，只有通过区域联合防控与联合治理、区域多污染物的协同控制与多污染源的综合治理、区域环境管理机制的创新与管理能力的提升，才能切实改善区域环境质量。为此，建议：

（一）统筹区域环境容量资源，优化经济结构与布局，建立区域联防联控新机制

（1）划分出京津冀、长三角、珠三角等对区域空气质量有重大影响的核心控制区。加强重点区域空气质量监测，建立区域环境信息共享平台，实施重大项目联合审批制度，建立区域性污染应急处理机制和跨界污染防治协调处理机制。建立区域大气污染联防联控协调的联席会议制度、健全会商机制和通报制度。对未按时完成规划任务且空气质量状况严重恶化的城市，严格控制新增大气污染物排放的建设项目。积极推进排污权交易等有利于区域空气质量改善的机制建设。

（2）深化工业污染防治，全面推进二氧化硫减排，建立以电力、水泥为重点的工业氮氧化物防治体系，深化工业烟粉尘污染防治，加强典型行业挥发性有机化合物污染防治。

（3）从资源环境角度，全面评估中国汽车产业发展政策。全面强化移动源污染控制，在机动车污染严重的城市试行机动车总量控制，建立全新的城市可持续交通体系，在大气污染控制重点区域城市划定低排放区和零排放区并制定相应的管理措施。在千万人口以上的城市，要探索机动车保有量调控的措施和方法。建立大气质量模拟与排放清单。

（4）大力推行天然气、低硫柴油、液化石油气、电等优质能源替代煤，实现优质能源供应和消费多元化。严格控制区域煤炭消费增长幅度，强化高污染燃料禁燃区划定工作，不断加大建成区高污染燃料禁燃区所占的比重。

（二）修订相关法律，为区域大气污染防治提供法律保障

目前实施的《大气污染防治法》已不能适应新形势下的大气污染防治要求，需要进行修订，以对有关新型污染物的相应政策措施提供法律支持。一是把对人体健

康有重要影响的 PM$_{2.5}$ 和臭氧作为中国大气污染防治的核心内容；二是把空气质量改善作为大气环境管理的核心内容，进一步明确城市政府在其辖区大气质量达标管理中的责任和义务；三是进一步强化对违法行为的处罚，提高大气环境违法成本。

（三）加大污染治理力度，实施多污染物协同控制

围绕当前突出的光化学烟雾、灰霾等污染问题，根据总量减排与质量改善之间的响应关系，建立以空气质量改善为核心的总量控制方法，实施二氧化硫、氮氧化物、颗粒物、挥发性有机物等多污染物协同减排，促进节能与污染减排、温室气体减排的协同控制。

（四）加大投入与科技支撑，尽快实施国家清洁空气行动计划

设立大气污染防治中央专项资金，增强大气污染防治科技支撑，尽快开展和实施国家清洁空气行动计划。建立投资主体多元化和投资方式多样化的投入机制，引导和鼓励地方政府与企业主动投资治理大气污染。在科学技术方面，应尽快开展专项研究，在我国不同区域大气污染的产生机理、来源解析、防治路径等重大科学问题上取得突破。

四、加强海洋区域环境保护，通过均衡途径建设海洋强国

中国海洋经济发展不断加速的同时，海洋环境压力也在不断加剧。以渤海为代表的海洋环境污染形势严峻，呈现复合型污染特征，尤其是随着海上石油开发规模不断扩大，溢油事故频发。河流携带大量污染物进入海洋，以及全面的、大规模、快速的围海造田活动，更加剧了问题的严重性。为提高海洋资源开发能力，有效保护海洋生态环境，实现海洋经济的可持续发展和建设海洋强国的战略目标，建议：

（一）尽快编制国家海洋开发与环境保护总体规划

制定国家海洋开发与环境保护总体规划，提出海洋开发与海洋环境保护关系的基本政策和策略。将近海海域空间整体规划与沿海省区规划统一考虑，形成围绕渤海、黄海、东海、南海的海洋经济发展与海洋环境保护区。

在整合已有陆地、海域功能区划中产业布局规划基础上，制订和修编主要海洋产业以及主要涉海产业的海岸带布局规划，关注具有重要生态价值且对人类活动高度敏感的海洋生态系统，使其纳入海岸带和海洋空间总体规划范畴。

（二）建立健全海洋环境管理立法、执法与管理体制

完善海上油田总体开发方案的编制审批与实施监督制度规范；完善信息公开制度，确立信息接收和发布机制，保障公众对国家海洋权益的知情权；建立和健全应急处置费用负担制度，在海洋环境损害赔偿制度中明确由事故责任者负担应急费用的责任。

明确规定海洋作业者编制应急计划的责任。制定一整套可操作的相关涉海企业准入、作业以及灾害应对规范。各地方海事法院和检察院，要明确涉海企业作业对海洋环境造成污染和破坏的法律责任。

加强国家海洋主管部门的海洋环境保护执法监督管理能力，组建统一的国家海上执法队伍，建立中国海洋环境行政督察制度和执法体系，加强海上能源开发活动环境影响评价制度执行情况的监督检查。

（三）建立国家海上重大环境事件应急预案体系

结合《全国海洋功能区划（2011—2020 年）》，建立"国家海上重大环境事件应急预案体系"，由有关部门共同编制国家海上特、重大环境事件应急预案，作为国家海洋专项应急预案。应规定参与不同区域开发的油气从业者投入和建立相应的区域海洋环境研究基金，并设立国家海洋环境研究专项基金。

五、以改善环境质量与保障公众健康为目标，推动环境管理战略转型

"十二五"、"十三五"时期，仍是遏制污染物排放新增量的阶段，治污减排将继续是今后较长时期内促进绿色发展、改善环境质量、保障公众健康的重要手段。为适应经济社会发展阶段的新要求，需要实施以环境质量改善为目标导向的行动方案和管理制度。为此，建议：

（一）及时出台和实施污染减排政策，确保"十二五"环境保护目标实现

（1）积极推进结构减排，建立落后产能退出长效机制。进一步完善环境质量标准，加快重点行业污染物排放标准评估修订，强化地方标准和特征污染物限值标准管理。加快实施环境税。引入"领跑者"标准。严格执行环境影响评价与"三同时"制度。

（2）完善节能减排协同政策，采用多污染物协同减排的技术途径。实施区域

煤炭消费总量控制。进一步完善排污权有偿取得和交易制度，在颁发排污许可与排放总量控制目标之间建立联系，确保达成环境质量标准。以环境功能区划、流域分区控制体系、城市环境总体规划、河流湖泊水质改善行动计划等为基础，加快建立以重点区域为平台的配套实施政策制度。

（二）提高环境管理水平，适应经济社会发展阶段的新要求

（1）加强能力建设，推动环境管理战略转型。积极推动国家层面的环境管理转型，将保障人体健康与维护生态系统健康作为环境管理体系的最高目标。在区域层面，加强六个环保区域督查中心能力建设。开展跨区域协调工作，重点关注大气区域管理与流域管理。与地区政府签订维持区域大气质量的约束性协议等。在流域层面，协调水资源供给与水质管理相关负责部门的工作，开展并加强跨部门协调。在地方层面，当地政府应制订并公布环境质量与污染减排中长期战略以及相应的实施计划。达到环境质量标准与实现总量控制目标应作为地方政府官员环境绩效评估的重要组成部分。

（2）建立以社会约束为重点的环境管治机制。提升公众对环境保护工作的推动作用和监督约束作用，在实施环评的过程中应充分开展公众参与，在政府发布环境法律、法规、政策或批准有重大环境影响的项目前应举行公开听证。修订现行环境法律法规，为环境公益诉讼提供支持。构建全民参与的社会行动体系，完善社会监督制衡机制。

（3）实施差异化的行业性和区域性总量控制政策。在钢铁、水泥、造纸、印染以及机动车和农业源等领域实施总量控制；建立污染物排放量控制与行业产品产能总量控制的联动机制，实施新建项目与污染减排、淘汰落后产能相衔接的审批机制。

（4）实施以环境质量改善，维护公众健康为目标导向的行动方案和管理制度。建立以环境质量基本要求为目标的中长期行动路线。分阶段公布清洁空气、水、土壤等达标实施方案，定期公布环境质量状况。建立、维护与更新科学的污染物排放清单，包括大气、水体、受污染场地、化学品与危险物质存放场地等信息。引入对政府和企业的第三方监督制衡机制。健全环境质量达标管理的政策制度。建立排放控制目标与环境质量目标的直接联系，建立常态化的限批制度。调整优化国家环境监测网络的运行机制。

（三）建立长效机制，推动制度创新，制定中长期污染减排目标与路线图

（1）制定中长期污染减排目标与路线图，建立完善长效机制。在"十二五"

环境质量作为预期性指标基础上，"十三五"需实施排放总量和质量改善双重约束性目标控制。"十三五"以后，要将环境质量改善作为核心目标，同时要实施更加严格的污染排放控制和环境风险防范，推动环境保护向环境质量、人体健康、生态系统保护综合方向转变。

（2）以绿色发展为长期目标，优化宏观经济政策。对国家有关发展战略、专项规划、产业政策以及投资、贸易、财政、价格和土地等政策进行系统梳理和评估，对其发展目标和政策措施是否满足绿色发展要求进行分析，并将其作为"十三五"有关战略、规划的约束条件。

（3）推动制度创新，完善环保法律法规和制度建设。加快推进《环境保护法》、《环境影响评价法》等法律的修订，进一步完善环境影响评价制度；要建立长效机制，积极推进资源性产品价格改革和环保收费改革，深化绿色投资、绿色信贷、绿色税收、绿色价格、绿色贸易、绿色证券、绿色保险等环境经济政策；健全污染者付费制度，逐步建立环境全成本价格机制，强化税收、排污权交易、自然资源定价等经济手段。建立环境污染暴露人群的损害评估、责任追诉及赔偿机制。建立并不断完善可持续消费制度，进一步深化政府绿色采购清单和绿色供应链实践与创新。

附件

中国环境与发展重要政策进展（2011—2012）
与国合会政策建议影响

前言

中国环境与发展国际合作委员会作为中国政府批准成立的高层政策咨询机构，主要任务是就环境与发展领域的重要问题提出政策建议，供决策者参考和采纳。每年召开的国合会年会上，中外委员在国合会政策研究工作基础上，就有关政策问题进行讨论，形成国合会年会的政策建议，提交中国国务院及中央政府有关部门。自2008年开始，国合会中外首席顾问专家支持组受国合会秘书处委托，负责起草"中国环境与发展重要政策进展与国合会政策建议影响"报告。报告的主要内容是，回顾一年来中国环境与发展领域的重大政策进展，追踪国合会重要政策建议所涉及问题的最新演变以及相关政策建议被中国政府有关部门的采纳情况。报告旨在通过总结和梳理这些信息，加强国合会委员对中国环境与发展政策进展的了解和把握，协助委员履行咨询职责，向中国政府提出更具体、更具针对性的政策建议。

报告有两条主线。一是回顾中国过去一年中出台的重大环境与发展政策，向国合会中外委员提供一幅展示中国在环境与发展领域最新进程的全面图景，以便于加强国合会委员对中国政策进展的认识和理解；二是将国合会近几年特别是过去一年中重点关注的问题和主要政策建议与中国环境与发展政策进程进行对照，梳理出国合会年度政策建议的采纳情况和关注问题的最新进展，帮助委员们了解政策建议的采纳情况。

在中国，环境与发展已经成为一个政府和民众关注的热点，也是学术与政策研究的焦点。该领域机构众多，专家云集，各种观点也层出不穷，已经形成了百家争鸣的局面。国合会在过去的二十多年里为中国政府提出了很多独到、有前瞻性的观点，并且也有大量的建议为中国政府所采纳，但同时我们也承认，国合会与众多的研究机构分享其中很多共同的主张。本报告对中国政府政策的制定与实施的梳理与总结，并无将其单独归功于国合会之意。任何一项政策都是会涉及利益的分配，政策的出台是往往是各种利益激辩、平衡、协调的结果，这个过程需要有不同的声音。国合会是环境与发展研究领域中重要但不是唯一成员，因此，我们在承认国合会的贡献的同时，也赞赏那些为中国环境与发展政策提出与我们相同或不同观点的主张。

本报告不是国合会的影响力评估报告。报告将中国的政策实践与国合会的政策建议进行梳理和对照，目的仅在于显示国合会政策研究主题的选择、建议的内容与政策进展的相关性，为国合会委员提供参考。对于有意了解国合会影响力的读者，本报告仅作为一个参考性文件，结论性观点可由读者自己做出。

本报告是首席顾问专家支持组提供的第五份报告。报告沿袭前四期报告的结构，分为两个部分，第一部分梳理了 2011 年 11 月至 2012 年 10 月期间中国环境与发展领域的重要事件和政策进展，并就国合会 2011 年政策建议涉及的政策实践做简要分析；同时，还归纳总结了第四届国合会五年来主要政策建议的采纳情况。第二部分列出了国合会 2011 年政策建议要点。

第一部分　中国环境与发展重要政策进展

一、环境与发展总体情况

（一）2011 年环境与发展进展

2011 年是"十二五"规划实施的第一年。面对复杂多变的国际政治经济环境和艰巨繁重的国内改革发展任务，中国政府以加快转变经济发展方式为主线，继续推进节能减排，大力发展绿色产业、循环经济，加强生态保护，着力解决人民群众关心的环境问题，积极参加并推动国际环境合作，基本实现了"十二五"环境与发展工作的良好开局。

节能减排继续艰难推进。2011 年，主要污染物排放总量继续下降。其中，化学需氧量排放总量为 2 499.9 万 t，比上年下降 2.04%；氨氮排放总量为 260.4 万 t，比上年下降 1.52%；二氧化硫排放总量为 2 217.9 万 t，比上年下降 2.21%。但是，节能减排的任务依然艰巨。单位 GDP 能耗实际只下降了 2.01%，没有达到预定的下降 3.5% 的目标；氮氧化物排放总量不降反升，全年排放量为 2 404.3 万 t，比 2010 年上升了 5.73%。温家宝总理在 2012 年《政府工作报告》中也坦承："政府工作存在一些缺点和不足，节能减排……目标没有完成。"这一方面反映出政府工作存在不足，另一方面也反映出节能减排工作的艰难性。随着"十一五"节能减排任务基本实现，进一步节能减排的潜力大大缩小，实现节能减排目标的难度也大大增加。但有了"十一五"的经验，相信中国政府一定会采取切实有效的措施确保节能减排目标的完全实现。

绿色发展取得重大成就。中国继续推动落后产能的淘汰工作，2011年全年共关停小火电机组346万kW、钢铁烧结机7 000m²，淘汰落后造纸产能710万t、印染23亿m、水泥4 200万t，取缔了一批涉铅等重金属企业。继续加大治污设施建设投入，治污能力进一步提升。新增城镇污水日处理能力1 100万t，5 000多万kW新增燃煤发电机组全部安装脱硫设施。清洁能源发电装机达到2.9亿kW，比上年增加3 356万kW。

环境监管力度进一步提升。按照中央统一部署，环境保护部会同有关部门开展了14个省（自治区、直辖市）加快转变经济发展方式监督检查。严格环境影响评价，对44个、总投资近2 500亿元涉及"两高一资"、低水平重复建设和产能过剩项目作出退回报告书、不予批复或暂缓审批处理。推进行业污染防治水平升级及产业结构调整，严格稀土等重点行业环保核查，稀土行业新增环保投入20多亿元。严格企业上市环保核查和后督察，申请上市环保核查企业核查时段内累计新增环保投入99.7亿元，完成916个污染治理项目。

重金属、危险化学品监管取得进展。国务院批复《重金属污染综合防治"十二五"规划》和《湘江流域重金属污染治理实施方案》。中央财政下达25亿元支持26个省份开展重金属污染治理。铅蓄电池企业引发血铅事件的高发态势基本得到遏制。进一步完善了化学品和危险废物环境管理规定，建立并实施了持久性有机污染物统计报表制度，建立危险废物规范化管理和督察考核机制。危险化学品的处置和废物回收能力也进一步提升。全国持危险品废物经营许可证单位利用处置废物超过900万t，回收处理废旧家电达5 300万台。

农村环境整治和生态保护得到加强。在农村环境整治方面，截至2011年年底，共安排80亿元农村环保专项资金，受益人口3 729.06万人。2011年全国共完成造林面积613.8万hm²，同比增长3.9%，新增湿地保护面积33万hm²。国家林业局提出，中国的林地红线目标定在46.8亿亩，将像守住耕地红线一样守住林地红线目标。截至2011年年底，全国（不含香港、澳门特别行政区和台湾地区）已建立各种类型、不同级别的自然保护区2 640个，总面积约14 971万hm²，其中陆域面积约14 333万hm²，占国土面积的14.9%。中国成立中国生物多样性保护国家委员会，时任副总理的李克强任主席。

环保标准体系进一步完善。2011年，环境保护部共发布73项国家环境保护标准，211包括13项国家污染物排放标准。其中《火电厂大气污染物排放标准》将为"十二五"污染减排目标实现提供重要支撑；《稀土工业污染物排放标准》对限制稀土行业无序发展、保护中国正当贸易权益有重要作用；《乘用车内空气质量评价指南》将有效引导车内空气污染防治和汽车制造业技术进步。2012 年版《环境空气质量标准》发布，增加了细颗粒物（PM$_{2.5}$）和臭氧（O$_3$）8 小时浓度限值监测指标，并分阶段在全国逐步开展监测工作。

（二）2012 年环境与发展工作重点

2011 年 12 月召开的中央经济工作会议和 2012 年 3 月 5 日温家宝总理两会期间的《政府工作报告》基本确立 2012 年环境保护工作的重点。2012 年，环境与发展工作的重点是加快推进经济发展方式转变和经济结构调整，着力扩大国内需求，着力加强自主创新和节能减排。

（1）调整经济结构，促进产业结构优化升级。培育发展战略性新兴产业，要注重推动重大技术突破，注重增强核心竞争力。同时，防止太阳能、风电设备制造能力的盲目扩张。改造提升传统产业，要严格产业政策导向，进一步淘汰落后产能，促进兼并重组，推动产业布局合理化。

（2）优化能源结构，推动节能减排。推动传统能源清洁高效利用，加快重点能源生产基地和输送通道建设，积极有序发展新能源。安全高效发展核电，积极发展水电，加快页岩气勘查、开发攻关，提高新能源和可再生能源比重。突出抓好工业、交通、建筑、公共机构、居民生活等重点领域和千家重点耗能企业节能减排，进一步淘汰落后产能。加强用能管理，制定控制能源消费总量工作方案，理顺能源价格体系，发展智能电网和分布式能源，实施节能发电调度、合同能源管理、政府节能采购等行之有效的管理方式。开展节能认证和能效标识监督检查。大力发展循环经济，鼓励节能、节水、节地、节材和资源综合利用。严格目标责任和管理，完善评价考核机制和奖惩制度，强化节能减排政策引导，加快建立节能减排市场机制。

（3）加强环境保护，着力解决关系民生的突出环境问题。重点抓好大气、水体、重金属、农业面源污染防治，解决重金属、饮用水源、大气、土壤、海洋污染等关系民生的环境问题。努力减少农业面源污染。严格监管危险化学品。在京津冀、长三角、珠三角等重点区域以及直辖市和省会城市开展细颗粒物（PM$_{2.5}$）等项目监测，2015 年覆盖所有地级以上城市。推进生态建设，建立健全生态补偿机制，促进生态保护和修复，巩固天然林保护、退耕还林还草、退牧还草成果，加强草原生态建设，大力开展植树造林，推进荒漠化、石漠化、坡耕地治理，严格保护江河源、湿地、湖泊等重要生态功能区。加强适应气候变化特别是应对极端气候事件能力建设，提高防灾减灾能力。坚持共同但有区别的责任原则和公平原则，建设性推动应对气候变化国际谈判进程。

212

二、未来五年及长远环境与发展蓝图

（一）"十八大"将生态文明建设列为社会主义现代化建设的重要内容

在 2012 年 11 月召开的中国共产党第十八次代表大会上，胡锦涛在报告中强调，在社会主义现代化建设和在全面建设小康社会取得重大成就的同时，环境资源的约束也在加剧。为实现 2020 年全面建成小康社会的目标，在新的时期必须要实现五个方面新的要求：经济健康持续发展、人民民主不断扩大、文化软实力显著增强、人民生活水平全面提高、资源节约、环境友好型社会建设取得新进展。这意味着，生态文明建设继经济建设、政治建设、环境建设、社会建设之后，成为社会主义现代化建设的重要组成部分。报告以独立的一章论述生态文明建设，这在历史上尚属首次。

报告指出，建设生态文明，是关系人民福祉、关乎民族未来的长远大计。面对资源约束趋紧、环境污染严重、生态系统退化的严峻形势，必须树立尊重自然、顺应自然、保护自然的生态文明理念，把生态文明建设放在突出地位，融入经济建设、政治建设、文化建设、社会建设各方面和全过程，努力建设美丽中国，实现中华民族永续发展。

坚持节约资源和保护环境的基本国策，坚持节约优先、保护优先、自然恢复为主的方针，着力推进绿色发展、循环发展、低碳发展，形成节约资源和保护环境的空间格局、产业结构、生产方式、生活方式，从源头上扭转生态环境恶化趋势，为人民创造良好生产生活环境，为全球生态安全作出贡献。

优化国土空间开发格局。国土是生态文明建设的空间载体，必须珍惜每一寸国土。要按照人口资源环境相均衡、经济社会生态效益相统一的原则，控制开发强度，调整空间结构，促进生产空间集约高效、生活空间宜居适度、生态空间山清水秀，给自然留下更多修复空间，给农业留下更多良田，给子孙后代留下天蓝、地绿、水净的美好家园。加快实施主体功能区战略，推动各地区严格按照主体功能定位发展，构建科学合理的城市化格局、农业发展格局、生态安全格局。提高海洋资源开发能力，发展海洋经济，保护海洋生态环境，坚决维护国家海洋权益，建设海洋强国。

全面促进资源节约。节约资源是保护生态环境的根本之策。要节约集约利用资源，推动资源利用方式根本转变，加强全过程节约管理，大幅降低能源、水、土地消耗强度，提高利用效率和效益。推动能源生产和消费革命，控制能源消费总量，加强节能降耗，支持节能低碳产业和新能源、可再生能源发展，确保国家能源安全。加强水源地保护和用水总量管理，推进水循环利用，建设节水型社会。严守耕地保护红线，严格土地用途管制。加强矿产资源勘查、保护、合理开发。发展循环经济，

213

促进生产、流通、消费过程的减量化、再利用、资源化。

加大自然生态系统和环境保护力度。良好的生态环境是人和社会持续发展的根本基础。要实施重大生态修复工程，增强生态产品生产能力，推进荒漠化、石漠化、水土流失综合治理，扩大森林、湖泊、湿地面积，保护生物多样性。加快水利建设，增强城乡防洪抗旱排涝能力。加强防灾减灾体系建设，提高气象、地质、地震灾害防御能力。坚持预防为主、综合治理，以解决损害群众健康突出环境问题为重点，强化水、大气、土壤等污染防治。坚持共同但有区别的责任原则、公平原则、各自能力原则，同国际社会一道积极应对全球气候变化。

加强生态文明制度建设。保护生态环境必须依靠制度。要把资源消耗、环境损害、生态效益纳入经济社会发展评价体系，建立体现生态文明要求的目标体系、考核办法、奖惩机制。建立国土空间开发保护制度，完善最严格的耕地保护制度、水资源管理制度、环境保护制度。深化资源性产品价格和税费改革，建立反映市场供求和资源稀缺程度、体现生态价值和代际补偿的资源有偿使用制度和生态补偿制度。积极开展节能量、碳排放权、排污权、水权交易试点。加强环境监管，健全生态环境保护责任追究制度和环境损害赔偿制度。加强生态文明宣传教育，增强全民节约意识、环保意识、生态意识，形成合理消费的社会风尚，营造爱护生态环境的良好风气。

（二）第七次全国环境保护大会确立"在发展中保护，在保护中发展"

斯德哥尔摩召开了第一次人类环境会议之后，中国政府于 1973 年召开了第一次全国环境保护会议，确立了中国的环境保护方针，制定了《关于保护和改善环境的若干意见》。这次会议开启了中国的环境保护事业，对于此后中国的环境保护工作产生了深远的影响。1983 年，中国召开了第二次全国环境保护会议，将环境保护确立为基本国策，并制定了"预防为主，防治结合"、"谁污染，谁治理"和"强化环境管理"等重大环境政策。此后的 30 年里，全国环境保护会议基本每隔 4～7 年召开一次，会议总结全国环境保护形势，制定未来环境保护的工作方针和政策。历次全国环境保护会议的召开成为中国环境保护事业发展的标志性事件，对于环境保护阶段性工作具有里程碑意义。

2011 年 12 月 20—21 日，第七次全国环境保护大会在北京召开。国务院副总理李克强出席会议并做了重要讲话。大会总结了环境保护"十一五"取得的成就和分析了新时期环境保护工作的良好基础：一是环境保护从认识到实践发生重要变化。

环境保护在经济社会全面协调可持续发展中的作用显著增强，市场机制在环境保护中的作用更加显现，制定或修订了《循环经济促进法》、《水污染防治法》、《规划环境影响评价条例》等法律法规，增强了环境保护的法律基础。二是环境保护投入和能力建设力度明显加大。中央到地方环保的财政资金支持力度加大，环保基础设施、科研、人才培养以及国际合作得到了加强。三是环境保护优化经济发展的作用逐步显现。在"三个转变"①的指导下，环保在促进产业结构调整和促进经济发展方式中发挥了重要作用。四是污染防治和主要污染物减排成效明显。超额完成减排目标，部分地区环境质量有所改善，解决了 2.15 亿农村人口饮水不安全问题，全国城市污水处理率由 52% 提高到 77%，火电脱硫比例从 14% 提高到 86%，完成了北京奥运会、上海世博会、广州亚运会期间环境质量保障任务。

李克强副总理在大会上提出，中国仍处于并将长期处于社会主义初级阶段，发展不足的问题依然十分突出，发展仍是中国的第一要务，同时，发展还面临着不平衡、不协调、不可持续的矛盾，环境已成为制约进一步发展的突出问题。因此，发展必须转型，要坚持以人为本，促进全面协调可持续发展，加强生态环保，实现科学发展。转型也是发展，通过推进环保，可以培育新的增长领域、提高发展的质量和效益。李克强副总理提出，要处理好发展经济与创新转型、节约环保的关系，即在发展中保护、在保护中发展，把改革创新贯穿于环境保护的各领域各环节，积极探索代价小、效益好、排放低、可持续的环境保护新道路，实现经济效益、社会效益、资源环境效益的多赢，促进经济长期平稳较快发展与社会和谐进步。

对于未来环境保护工作的改革创新，李克强副总理提出了六个方面的要求：一是落实目标责任。制定生态文明建设的目标指标体系，纳入地方各级政府绩效考核，对未完成目标任务的地方，追究有关领导的责任。二是完善经济政策，完善脱硝电价和城镇污水处理收费政策，在农村环境综合整治中继续推行"以奖促治、以奖代补"，开征环境税。三是推进改革创新。探索实施排污权交易、生态补偿、资源阶梯定价等制度。四是强化环境法治，加快修订环境保护法，加大对违法行为的处罚力度，增强执法的威慑力；健全环境损害赔偿机制，推动环境公益诉讼和法律援助，强化环境司法保障。五是加强科技支撑。加快实施水体污染控制与治理、区域性大气污染综合防治、土壤污染修复与治理、重金属污染综合防控等重大环境科技专项。六是动员全民参与。要畅通公众参与环境保护的渠道，对涉及群众利益的环保规划、决策和项目，充分听取群众意见，鼓励检举、揭发环境违法行为，自觉接受社会监督。

全国环境保护大会会议期间，受国务院委托，环境保护部部长周生贤与各省（区、市）、新疆生产建设兵团和部分中央企业负责人签订了"十二五"污染减排目标责任书。这标志着"十二五"减排任务层层分解并落实到地方政府、各有关企业集团。

---

① "三个转变"是指从重经济增长轻环境保护转变为保护环境与经济增长并重；从环境保护滞后于经济发展转变为环境保护和经济发展同步；从主要用行政办法保护环境转变为综合运用法律、经济、技术和必要的行政办法解决环境问题。

（三）《环境保护"十二五"规划》描绘环境保护新蓝图

2011年12月20日，国务院发布了《国家环境保护"十二五"规划》（以下简称《环保规划》）。《环保规划》立足于全面建设小康社会的关键历史阶段，由注重环保本身向助力经济发展绿色转型转变，由以污染防治为主向总量、质量、安全、服务管理转变，由以生产领域为主向全领域、全过程环境管理转变，是对未来5年环保工作的总体设计，指引着未来5年甚至更长时期环保工作的方向。

《环保规划》将污染物减排、风险控制、能力建设、基础设施投入等方面列入工作重点，具体有7项工作目标：主要污染物排放总量显著减少；城乡饮用水水源地环境安全得到有效保障，水质大幅提高；重金属污染得到有效控制，持久性有机污染物、危险化学品、危险废物等污染防治成效显著；城镇环境基础设施建设和运行水平得到提升；生态环境恶化趋势得到扭转；核与辐射安全监管能力明显增强，核与辐射安全水平进一步提高；环境监管体系得到健全。

《环保规划》还针对水和大气污染设定了相应的排放总量指标与环境质量指标，共6项（见附表1）。与"十一五"相比，"十二五"指标控制范围更大、标准更严。实施约束性指标控制的污染物增加了两项：氨氮和氮氧化物两种污染物；地表水环境质量指标国控监测点位增加，由759个增加到970个，评价因子由9项增加到21项；大气环境质量指标对实施范围也做了调整，由113个环保重点城市扩大到333个地级以上城市，并加严了评价标准。

附表1 "十二五"环境保护主要指标

序号	指标	2010年	2015年	2015年比2010年增长
1	化学需氧量排放总量 / 万 t	2 551.7	2 347.6	− 8%
2	氨氮排放总量 / 万 t	264.4	238.0	− 10%
3	二氧化硫排放总量 / 万 t	2 267.8	2 086.4	− 8%
4	氮氧化物排放总量 / 万 t	2 273.6	2 046.2	− 10%
5	地表水国控断面劣 V 类水质的比例 /%	17.7	<15	− 2.7 个百分点
	七大水系国控断面水质好于Ⅲ类的比例 /%	55	>60	5 个百分点
6	地级以上城市空气质量达到二级标准以上的比例 /%	72	≥ 80	8 个百分点

《环保规划》确立了四大重点工作任务，即削减总量、改善质量、防范风险、均衡发展。

216

（1）继续削减主要污染物的排放问题，并针对不同的领域、行业、产品、区域等设计差异化的污染物总量控制策略。主要特点包括：扩展污染物控制范围和控制领域。在污染物控制范围上，在二氧化硫、化学需氧量两种污染物的基础上，新增氮氧化物、氨氮两种污染物；在污染控制的领域上，由工业源、生活源拓展为工业源、生活源、农业源和交通源；注重源头控制和过程控制，提出加大淘汰落后产能，合理调控能源消费总量，探索调控城市机动车保有总量；突出区域特色，进一步完善区域性总量控制要求，在已富营养化的湖泊水库和东海、渤海等易发生赤潮的沿海地区实施总氮或总磷排放总量控制，在重金属污染综合防治重点区域实施重金属污染物排放总量控制。

在工业领域，实施行业污染物总量控制，对造纸、印染、化工、电力、钢铁、水泥等重点行业分别提出了总量控制要求，推进造纸、印染和化工等行业化学需氧量和氨氮排放总量控制，钢铁行业二氧化硫排放总量控制；实施单位产品污染物产生强度评价制度；为解决经济发展用能带来的新增排放，加强能源结构的调整和发展环保节能战略新兴产业，并在大气联防联控重点区域开展煤炭消费总量控制试点。对生活源，城市污水处理率达到85%。对农业源，加强规模化畜禽养殖污染治理，到2015年，全国规模化畜禽养殖场和养殖小区配套建设固体废物和污水贮存处理设施的比例达到50%以上。在交通领域，加强机动车环保标志管理，提高燃油品质，鼓励使用新型清洁燃料，在全国范围供应符合国家第四阶段标准的车用燃油，积极发展城市公共交通。

（2）改善环境质量，切实解决突出环境问题。解决饮用水不安全和空气、土壤污染等损害群众健康的突出环境问题为重点，加强综合治理，强化生态保护和监管，明显改善生态环境质量。

在水环境保护方面，严格保护饮用水水源，全面完成保护区划分；综合防控海洋环境污染和生态破坏，到2015年，近岸海域水质总体保持稳定；推进地下水污染防控，探索开展修复试点。

在大气污染防治方面，多种污染物综合控制，逐步开展臭氧、细颗粒物（$PM_{2.5}$）的监测，加强颗粒物、挥发性有机物、有毒废气控制；健全大气污染联防联控机制，完善联合执法检查，明显减少酸雨、灰霾和光化学烟雾现象。

在土壤环境保护方面，要加强土壤环境保护制度建设，强化土壤环境监管，制定农产品产地土壤环境保护监督管理办法和技术规范；研究建立建设项目用地土壤环境质量评估与备案制度及污染土壤调查、评估和修复制度，明确治理、修复的责任主体和要求。启动污染场地、土壤污染治理与修复试点示范。将场地环境风险评估纳入建设项目环境影响评价。禁止未经评估和无害化治理的污染场地进行土地流转和开发利用；经评估认定对人体健康有严重影响的污染场地，应采取措施防止污染扩散，且不得用于住宅开发。

在生态保护和监管方面，要加强国家重点生态功能区保护和建设工作，同时加强自然保护区建设与监管、生物多样性保护、资源开发生态环境监管工作，到 2015年，陆地自然保护区面积占国土面积的比重比例稳定在 15%，90% 的国家重点保护物种和典型生态系统得到保护。实施矿山环境治理和生态恢复保证金制度。

（3）重点领域环境风险防控。环境风险防控在五年规划中首次被提出。《规划》将核与辐射、重金属、危险废物、持久性有机污染物、危险化学品等作为防范环境风险的重点，完善风险管理制度，建立环境事故处置和损害赔偿恢复机制。

（4）完善环境基本公共服务体系，促进区域、城区均衡发展。"十二五"首次提出环境是一种公共产品，将环境基本公共服务纳入公共服务均等化范畴。"十二五"公共服务基本公共服务均等化的重点是环境基础设施建设和环境监管能力建设。合理确定环境保护基本公共服务的范围和标准，加强城乡和区域统筹，健全环境保护基本公共服务体系。中央财政通过一般性转移支付和生态补偿等措施，加大对西部地区、禁止开发区域和限制开发区域、特殊困难地区的支持力度，提高环境保护基本公共服务供给水平。通过促进区域间环境保护协调发展、提高农村环境保护水平、加强环境监管能力，努力缩小区域、城乡和不同群体之间污水、垃圾无害化处理能力和环境监测评估能力等基本环境公共服务水平的差距，切实保障城乡饮用水水源地安全，使全体公民不论地域、民族、性别、收入及身份差异如何，都能获得与经济社会发展水平相适应、结果大致均等的环境基本公共服务。

（四）《节能减排"十二五"规划》确立新的节能减排路线图

2012 年 8 月 6 日，国务院发布《节能减排"十二五"规划》（以下简称《节能减排规划》）。《节能减排规划》总结了"十一五"期间节能减排取得的成就，分析了"十二五"节能减排的基础与面临的挑战，提出了节能减排的总体目标与具体目标，并制定了确保实现的具体工作任务和措施。

"十一五"期间，节能减排工作取得显著成效。用年均能源消费 6.6% 的增长率支撑了平均 GDP 11.2% 的增长率，单位国内生产总值能耗下降 19.1%，节约能源 6.3亿 t 标准煤，通过节能降耗减少二氧化碳排放 14.6 亿 t。能效水平大幅度提高。2010年与 2005 年相比，火电供电煤耗由 370g 标准煤 /kWh 降到 333g 标准煤 /kWh，下降 10.0%；吨钢综合能耗由 688kg 标准煤降到 605kg 标准煤，下降 12.1%；水泥综合能耗下降 28.6%；乙烯综合能耗下降 11.3%；合成氨综合能耗下降 14.3%。但同时也面临着一系列的问题，突出表现在：第一，产业结构调整进展缓慢。"十一五"期间，第三产业增加值占国内生产总值的比重低于预期目标，重工业占工业总产值比重由 68.1% 上升到 70.9%，高耗能、高排放产业增长过快，结构节能目标没有实现。第二，能源利用效率总体偏低。中国国内生产总值约占世界的 8.6%，但能源消耗占世界的 19.3%，单位国内生产总值能耗仍是世界平均水平的 2 倍以上。

根据《节能减排规划》，到 2015 年，全国万元国内生产总值能耗下降到 0.869t 标准煤（按 2005 年价格计算），比 2010 年的 1.034t 标准煤下降 16%（比 2005 年的 1.276t 标准煤下降 32%）。"十二五"期间，实现节约能源 6.7 亿 t 标准煤。具体的节能与减排指标如下：

附表 2   "十二五"时期主要节能指标

指标	单位	2010 年	2015 年	变化幅度 / 变化率
工业				
单位工业增加值（规模以上）能耗	%			[－21% 左右]
火电供电煤耗	g 标准煤 /kWh	333	325	－8
火电厂厂用电率	%	6.33	6.2	－0.13
电网综合线损率	%	6.53	6.3	－0.23
吨钢综合能耗	kg 标准煤	605	580	－25
铝锭综合交流电耗	kWh/t	14 013	13 300	－713
铜冶炼综合能耗	kg 标准煤 /t	350	300	－50
原油加工综合能耗	kg 标准煤 /t	99	86	－13
乙烯综合能耗	kg 标准煤 /t	886	857	－29
合成氨综合能耗	kg 标准煤 /t	1 402	1 350	－52
烧碱（离子膜）综合能耗	kg 标准煤 /t	351	330	－21
水泥熟料综合能耗	kg 标准煤 /t	115	112	－3
平板玻璃综合能耗	kg 标准煤 / 重量箱	17	15	－2
纸及纸板综合能耗	kg 标准煤 /t	680	530	－150
纸浆综合能耗	kg 标准煤 /t	450	370	－80
日用陶瓷综合能耗	kg 标准煤 /t	1 190	1 110	－80
建筑				
北方采暖地区既有居住建筑改造面积	亿 m²	1.8	5.8	4
城镇新建绿色建筑标准执行率	%	1	15	14
交通运输				
铁路单位运输工作量综合能耗	t 标准煤 / 百万换算 t km	5.01	4.76	[－5%]
营运车辆单位运输周转量能耗	kg 标准煤 / 百 t km	7.9	7.5	[－5%]
营运船舶单位运输周转量能耗	kg 标准煤 / 千 t km	6.99	6.29	[－10%]
民航业单位运输周转量能耗	kg 标准煤 /t km	0.450	0.428	[－5%]
公共机构				
公共机构单位建筑面积能耗	kg 标准煤 /m²	23.9	21	[－12%]
公共机构人均能耗	kg 标准煤 / 人	447.4	380	[15%]
终端用能设备能效				
燃煤工业锅炉（运行）	%	65	70 ～ 75	5 ～ 10
三相异步电动机（设计）	%	90	92 ～ 94	2 ～ 4
容积式空气压缩机输入比功率	kW/（m³/min）	10.7	8.5 ～ 9.3	－1.4 ～－2.2
电力变压器损耗	kW	空载：43 负载：170	空载：30 ～ 33 负载：151 ～ 153	－10 ～－13 －17 ～－19
汽车（乘用车）平均油耗	L/100km	8	6.9	－1.1
房间空调器（能效比）	—	3.3	3.5 ～ 4.5	0.2 ～ 1.2
电冰箱（能效指数）	%	49	40 ～ 46	－3 ～－9
家用燃气热水器（热效率）	%	87 ～ 90	93 ～ 97	3 ～ 10

注：[ ] 内为变化率。

附表3 "十二五"时期主要减排指标

指　标	单　位	2010 年	2015 年	变化幅度 / 变化率
工业				
工业化学需氧量排放量	万 t	355	319	[－10%]
工业二氧化硫排放量	万 t	2 073	1 866	[－10%]
工业氨氮排放量	万 t	28.5	24.2	[－15%]
工业氮氧化物排放量	万 t	1 637	1 391	[－15%]
火电行业二氧化硫排放量	万 t	956	800	[－16%]
火电行业氮氧化物排放量	万 t	1 055	750	[－29%]
钢铁行业二氧化硫排放量	万 t	248	180	[－27%]
水泥行业氮氧化物排放量	万 t	170	150	[－12%]
造纸行业化学需氧量排放量	万 t	72	64.8	[－10%]
造纸行业氨氮排放量	万 t	2.14	1.93	[－10%]
纺织印染行业化学需氧量排放量	万 t	29.9	26.9	[－10%]
纺织印染行业氨氮排放量	万 t	1.99	1.75	[－12%]
农业				
农业化学需氧量排放量	万 t	1 204	1 108	[－8%]
农业氨氮排放量	万 t	82.9	74.6	[－10%]
城市				
城市污水处理率	%	77	85	8

注：[ ] 内为变化率。

为实现上述目标，《规划》提出了在优化产业结构、提高能效和促进主要污染物减排的主要工作任务。

优化产业结构方面。一是，限制高能耗、高排放产业的过快增长。提高高能耗、高排放产业的节能、环保、土地和安全的准入门槛，控制高耗能、高排放和资源性产品出口，优化电力、钢铁、水泥、玻璃、陶瓷、造纸等重点行业区域空间布局，防止向中西部转移。二是，淘汰落后产能。严格落实《产业结构调整指导目录（2011年本）》和《部分工业行业淘汰落后生产工艺装备和产品指导目录（2010年本）》，鼓励各地区制定更严格的能耗和排放标准，加大淘汰落后产能力度。三是，促进传统产业优化升级。高新技术和先进适用技术改造提升传统产业。提升产品节能环保性能，打造绿色低碳品牌。四是，调整能源消费结构。积极发展水电，在确保安全的基础上有序发展核电。加快风能、太阳能、地热能、生物质能、煤层气等清洁能源商业化利用，加快分布式能源发展，提高电网对非化石能源和清洁能源发电的接纳能力。到 2015 年，非化石能源消费总量占一次能源消费比重达到 11.4%。五是，推动服务业和战略性新兴产业发展。到 2015 年，服务业增加值占国内生产总值比重比 2010 年提高 4 个百分点。到 2015 年，战略性新兴产业增加值占国内生产总值比重达到 8% 左右。

推动能效水平提高方面。一是，加强工业节能，特别是电力、煤炭、钢铁、建材、石油石化、化工、有色金属等行业的节能。二是，强化建设节能，从规划、法规、技术、标准、设计等方面全面推进建筑节能，提高建筑能效水平。对于城镇新建建筑，设计阶段 100% 达到节能标准要求。对于既有建筑加大节能改造，特别是住宅和公共大型建设的改造。三是，推进交通运输节能。加快构建便捷、安全、高效的综合交通运输体系，不断优化运输结构，推进科技和管理创新，进一步提升运输工具能源效率。四是，推进农业和农村节能，从农业机械节能、农村住宅、灌溉、灶具等方面进行节能改造，发展小水电、风能、太阳能和秸秆综合利用。五是，强化商用和民用节能。开展能源审计，鼓励消费者购买节能环保型汽车和节能型住宅，推广高效节能家用电器、办公设备和高效照明产品。六是，实施公共机构节能。健全公共机构能源管理、统计监测考核和培训体系。

强化主要污染物减排方面。加强城镇生活污水处理设施建设，加强重点行业污染物减排，开展农业源污染防治，控制机动车污染物排放，推进大气中细颗粒污染物（$PM_{2.5}$）治理。

三、一年来与国合会政策建议相关的重要环境与发展政策进展

《中国国民经济和社会发展"十二五"规划》提出，未来五年的发展主题是科学发展，主线是转变经济发展方式。在"十二五"的开局之年，中国环境与发展国际合作委员会将年会的主题确立为"经济发展方式的绿色转型"，明确指出绿色转

型是经济发展方式转变的方向和重要内容，也是全球潮流所向。绿色转型将为中国"参与未来20年全球范围内的绿色竞争找到准确的定位，中国可以通过绿色转型来创造未来的社会福利与财富。"在第七次全国环保大会上，国务院副总理李克强阐述了对发展与转型的关系认识，"发展必须转型，要坚持以人为本，促进全面协调可持续发展，加强生态环保，实现科学发展。转型也是发展，是一种有促有控、调优调强的发展，通过推进环保，可以培育新的增长领域、提高发展的质量和效益。环境问题本质上是发展方式、经济结构和消费模式问题；从根本上解决环境问题，必须在转变发展方式上下功夫，在调整经济结构上求突破，在改进消费模式上促变革。"李克强对于转型的意义、转型方向与国合会提出的绿色转型的理念是完全一致的。

围绕"绿色转型"，2011年国合会以创新绿色经济发展机制与政策、探索低碳工业化道路、以投资与贸易促进绿色发展三个课题组，以及绿色供应链、汞污染问题与防治政策两个专题政策研究为基础，向中国政府提出了具体的政策建议。这些政策建议在过去的一年里有很多为中国政府所采纳，或者已经成为一项重要的政策与社会议题。

（一）持续推进经济发展方式的绿色转型

国合会在2011年的政策建议中指出：绿色经济是以环境保护与资源的可持续利用为核心的经济发展模式，是包含低碳经济、循环经济等模式在内的，集资源高效利用、低污染排放、低碳排放以及社会公平发展等核心理念于一体的经济活动，是最具活力和发展前景的包容性经济发展方式。从中国的实践看，绿色经济的实质是要在发展经济与保护环境之间建立良性互动关系，使之相互平衡、相互协调、相互促进，发展绿色经济是实现绿色转型的核心动力和重要途径。为此，国合会建议，构建中国绿色经济发展体系，全面推动经济发展方式的绿色转型。

1. 经济结构调整推动绿色转型

国合会在2011年政策建议中提出，发展绿色经济、推动经济绿色转型制定相应的战略目标和框架，从工业、农业和服务业三大产业全面推动，调整产业结构，加速经济向劳动力密集型和技术密集型转变。其中，工业领域要加强对传统工业的绿色转型，推动能源、资源的可持续利用，构建清洁、稳定、安全、多元的能源产业体系，引导和规范高能耗行业剩余能源利用，实现节能减排的协同控制。

"十二五"以来，为推动绿色经济发展，中国在新能源、节能环保等战略新兴产业和循环经济的发展方面出台了一系列新举措。

促进节能环保产业发展。在年度政策建议中，国合会提出要加大对战略新兴产业的支持力度，进一步放宽战略新兴产业的准入条件，尽快制定和实施七大战略新兴产业的发展规划。2012 年 6 月，国务院发布了《"十二五"节能环保产业发展规划》，提出了"十二五"节能环保产业发展的四大目标：一是节能环保产业产值年均增长 15% 以上，到 2015 年，节能环保产业总产值达到 4.5 万亿元，增加值占国内生产总值的比重为 2% 左右。二是到 2015 年，节能环保装备和产品质量、性能大幅度提高，形成一批拥有自主知识产权和国际品牌，具有核心竞争力的节能环保装备和产品，部分关键共性技术达到国际先进水平。三是到 2015 年，高效节能产品市场占有率由目前的 10% 左右提高到 30% 以上，资源循环利用产品和环保产品市场占有率大幅提高。四是发展节能环保服务业，采用合同能源管理机制的节能服务业销售额年均增速保持 30%，到 2015 年，分别形成 20 个和 50 个左右年产值在 10 亿元以上的专业化合同能源管理公司和环保服务公司。城镇污水、垃圾和脱硫、脱硝处理设施运营基本实现专业化、市场化。

制定资源回收利用目标。2011 年 12 月，国家发展改革委发布了《"十二五"资源综合利用指导意见和大宗固体废物综合利用实施方案》，提出到 2015 年，矿产资源总回收率与共伴生矿产综合利用率提高到 40% 和 45%；大宗固体废物综合利用率达到 50%；工业固体废物综合利用率达到 72%；主要再生资源回收利用率提高到 70%，再生铜、铝、铅占当年总产量的比例分别达到 40%、30%、40%；农作物秸秆综合利用率力争超过 80%。资源综合利用政策措施进一步完善，技术装备水平显著提升，综合利用企业竞争力普遍提高，产品市场份额逐步扩大，产业发展长效机制基本形成。2012 年 4 月，国务院办公厅发布了《建立完整的先进的废旧商品回收体系重点工作部门分工方案》。2012 年 6 月，国家发展改革委、环境保护部、科技部、工业和信息化部联合发布了《国家鼓励的循环经济技术、工艺和设备名录（第一批）》。

开放新能源领域的投资。2012 年 6 月，国家能源局发布了《鼓励和引导民间资本进一步扩大能源领域投资的实施意见》，继续支持民间资本全面进入新能源和可再生能源产业，鼓励民营资本扩大风能、太阳能、地热能、生物质能领域投资，开发储能技术、材料和装备，参与新能源汽车供能设施建设，参与新能源示范城市、绿色能源示范县和太阳能示范村建设。

推进城市和工业园新能源示范。2012 年 5 月，国家能源局发布了《关于申报新能源示范城市和产业园区的通知》。新能源示范城市建设的主要内容是：促进各类可再生能源及技术在城市推广应用，重点推进太阳能热利用和分布式太阳能光伏发电系统、分布式风力发电、生物质清洁燃料利用、城市生活垃圾能源化利用、地热能及地表水和空气能量利用、新能源动力交通等。促进适应新能源利用的技术进步，建立适应城市新能源发展的管理体系和政策机制等。

223

在过去的一年中，除国家层面的规划、政策和标准措施之外，一些地方也出台了相关法规发展循环经济、推动清洁能源、可再生能源的发展。甘肃省和山西省都制定了《循环经济促进条例》，浙江省制定了《可再生能源开发利用促进条例》，大同市制定了《再生资源回收利用管理条例》。

2. 以节能减排倒逼经济发展方式转变

"十一五"的经验表明，中国的节能减排工作对于促进经济的绿色转型发挥了重要作用。节能减排成为经济发展方式转型的硬抓手和助推器。中国的节能减排的目标与政策措施与国际上"绿色增长"和"绿色发展"的理念是吻合的。

2011年，节能减排指标已经分解到地方政府和重点排污单位，这标志着目标责任也得到了落实。随着《"十二五"节能减排规划》的相继出台，新一轮的节能减排工作已经全面启动。为了推动节能减排，一些地方政府也制定了地方性法规或规章。例如，天津市、昆明市和汕头经济特区都制定了《节约能源条例》，天津市、内蒙古自治区、新疆维吾尔自治区都制定了公共机构节能管理办法。

在2011年的政策建议中，国合会提出"推动可持续消费"，需要改变人们的行为和生活方式，需要政府、企业、公众的共同参与。政府通过绿色采购和自身的节能减排引导示范绿色消费；公众要从家庭做起，从节约水电、减少垃圾入手，树立可持续消费观念；企业要建立绿色供应链。这种全民参入节能减排和推动绿色转型的局面在"十二五"开局之年已经初步展露。

开展全民节能减排。"十一五"期间，节能减排工作主要在企业层面展开。为了充分调动全社会参与节能减排的积极性，2012年2月，国家发展改革委会同中宣部、教育部、科技部、农业部、国管局、全国总工会、共青团中央、全国妇联、中国科协、解放军总后勤部、全国人大常委会办公厅、全国政协办公厅、财政部、环境保护部、国资委、中直管理局共同制定了《节能减排全民行动方案》，组织开展家庭社区、青少年、企业、学校、军营、农村、政府机构、科技、科普和媒体等十个节能减排专项行动，通过典型示范、专题活动、展览展示、岗位创建、合理化建议多种形式，广泛动员全社会参与节能减排，倡导文明、节约、绿色、低碳的生产方式、消费模式和生活习惯。中央各部委也纷纷下发通知，要求在本部门领域加强节能减排工作。例如2011年11月和12月，农业部相继发布了《关于进一步加强农业和农村节能减排工作的意见》和《关于推进渔业节能减排工作的指导意见》；2012年1月，卫生部发布了《关于进一步加强医疗卫生机构节能减排工作的通知》。

建筑节能全面推进。建筑耗能总量在中国能源消费总量中的份额已经接近三成。降低建筑能源是国合会多年来关注的一个重要领域。2011年的政策建议中，国合会提出要设立建筑行业的能效准入标准，对于新建大型公共建筑和商品化住房进行建筑能将专项测评，达不到强制标准的，不得办理竣工手续。同时建立建筑能效标准核查制度和许可证制度。在过去的一年里，财政部、住建部和科技部发布了建筑节能规划和建筑节能科技规划，全面推动建筑节能工作。2012 年 4 月，财政部和住建部联合发布了《关于加快推动中国绿色建筑发展的实施意见》，提出到 2020 年，绿色建筑占新建建筑比重超过 30%，建筑建造和使用过程的能源资源消耗水平接近或达到现阶段发达国家水平。"十二五"期间，建立有利于绿色建筑发展的体制机制，推广新建单体建筑评价标识，到 2014 年政府投资的公益性建筑和直辖市、计划单列市及省会城市的保障性住房全面执行绿色建筑标准。紧随其后，住房和城乡建设部颁布了《"十二五"建筑节能专项规划》，提出到"十二五"期末，通过发展绿色建筑、改革供热体制、加强公共建筑节能监管等方式形成 1.16 亿 t 标准煤节能能力，推动可再生能源与建筑一体化应用，形成常规能源替代能力 3 000 万 t 标准煤。科技部在《"十二五"绿色建筑科技发展专项规划》中提出，要在"十二五"期间，依靠科技进步，推进绿色建筑规模化建设，显著提升中国绿色建筑技术自主创新能力，加速提升绿色建筑规划设计能力、技术整装能力、工程实施能力、运营管理能力，提升产业核心竞争力，改变建筑业发展方式。地方层面上，天津市制定了《建筑节约能源条例》，银川市制定了《建筑节能条例》。

加强节能减排工作的落实。节能减排的目标已经制定，未来目标能否实现关键是要落实。"十一五"的经验表明，加强节能减排的监测、报告、评估、考核与执法监督对于实现节能减排目标发挥关键作用。国合会在 2011 年的政策建议中提出，应当加大对节能减排监测、指标和考核体系建设，强化节能目标责任考核，健全奖惩制度。为了规范"十二五"主要污染物排放量核算工作，环境保护部相继制定了《"十二五"主要污染物总量减排核算细则》和《"十二五"主要污染物总量减排监察系数核算办法》，要求地方各级环保部门应按照监管权限和规定频次，对减排监察系数核算范围内的企业进行监督检查，对国家重点监控企业的监管频次不低于"每月监察一次、每季度监督性监测一次"。地方层面上，为了加强节能管理，规范节能监察工作，保障节能法律、法规、规章的实施，浙江省、宁夏回族自治区、武汉市、南京市都制定了节能监察办法。

3. 绿色经济政策稳步推进

国合会在 2011 年的政策建议中提出，要不断完善市场机制，加强对发展绿色经济的政策引导和支持，通过综合与平衡运用税收、金融、绿色采购和转移支付等政策手段，引导和推动产业结构"绿化"与升级。

2011 年以来，中国继续加快制定和实施一系列环境经济政策，通过有效运用经济手段，促进环境保护和产业结构调整，取得积极成效。

绿色信贷政策继续深化。《国务院关于加强环境保护重点工作的意见》指出要"加大对符合环保要求和信贷原则的企业和项目的信贷支持。"2012 年 2 月，银监会制定了《绿色信贷指引》，对银行业金融机构实施绿色信贷提出了具体操作规范。要求银行业金融机构应当从战略高度推进绿色信贷，加大对绿色经济、低碳经济、循环经济的支持，防范环境和社会风险，提升自身的环境和社会表现，并以此优化信贷结构，提高服务水平，促进发展方式转变。并要求银行业金融机构董事会或理事会树立并推行节约、环保、可持续发展等绿色信贷理念，重视发挥银行业金融机构在促进经济社会全面、协调、可持续发展中的作用，建立与社会共赢的可持续发展模式。

环境污染责任保险取得积极进展。《国务院关于加强环境保护重点工作的意见》提出"健全环境污染责任保险制度，开展环境污染强制责任保险试点。"《国家环境保护"十二五"规划》提出"健全环境污染责任保险制度，研究建立重金属排放等高环境风险企业强制保险制度。"环境保护部也制定了环境污染责任保险的配套技术规范。继氯碱企业环境风险划分方法后，环境保护部发布了《环境风险评估技术指南－硫酸企业环境风险等级划分方法（试行）》、《关于开展环境污染损害鉴定评估工作的若干意见》和《环境污染损害数额计算推荐方法（第 I 版）》。地方环境污染责任保险试点继续深入推进。2011 年，四川、河北和内蒙古已启动试点工作，开展试点工作的省份已达 13 个。

制定和完善环境经济政策配套综合名录。《国务院关于加强环境保护重点工作的意见》要求"制定和完善环境保护综合名录。对'高污染、高环境风险'产品，研究调整进出口关税政策"。环境保护部会同行业协会制定了环境经济政策配套综合名录（2011 年版），包括 514 种"高污染、高环境风险"产品和重污染工艺、42种环境友好工艺和 15 种污染减排重点环保设备。该名录将为制定出口退税、加工贸易、税收优惠、安全监管和信贷监管等方面的政策提供环保依据。截至 2011 年底，近 300 种"高污染、高环境风险"产品已经被取消出口退税，并被禁止加工贸易，体现了环境保护优化经济增长的重要作用。

排放权交易制度开始试点。《国务院关于加强环境保护重点工作的意见》提出要"开展排污权有偿使用和交易试点，建立国家排污权交易中心，发展排污权交易市场。国务院副总理李克强在第七次全国环境保护大会上阐述了排放交易的经济、环境与技术效益，提出要在总结国内外经验的基础上，逐步推广排放交易。国合会在 2011 年的政策建议中提出："充分引入市场机制，发挥市场机制在节能减排中的潜力和作用。推行排放权交易制度，建立包括常规污染物和碳排放交易市场与平台。"在过去的一年里，中国无论是在碳排放交易还是常规污染物排放交易领域，都取得了重大进展。 2011 年 10 月，国家发改委办公厅发布了《关于开展碳排放权交易试点工作的通知》，决定在北京市、天津市、上海市、重庆市、湖北省、广东省及深圳市七个省市开展碳排放权交易试点。为规范基于项目的自愿减排交易活动，2012年6月，国家发改委颁布了《温室气体自愿减排交易管理暂行办法》。《国家环境保护"十二五"规划》提出了常规污染物和重金属污染的排放权交易计划，"鼓励各省（区、市）在其非重点区域内探索重金属排放量置换、交易试点。"目前，江苏、浙江、天津、湖北、湖南、山西、内蒙古、重庆、陕西、河北10个省（自治区、直辖市）已被列为国家排污交易试点省份。

资源价格机制改革取得进展。国合会多年来倡导的阶梯电价终得以在居民用电领域得到实施。自2012年7月1日起，全国大部分省市开始实施阶梯电价。在全国范围内实施原油、天然气资源税从价计征改革。国合会在2011年的政策建议中提出："积极建立有利于绿色发展的税收体系，加快推进资源税改革……适当提高现行成品油及其他高耗能产品的税率。"2011年9月，国务院修改了《中华人民共和国资源税暂行条例》，原油、天然气的资源税将从现行的从量计征改为从价计征。原油、天然气的资源税税率为5%。这标志着中国资源税改革迈出了核心的一步，更能发挥税收的级差调节作用，抑制资源浪费。

以政府绿色采购带动绿色消费。政府采购对于绿色经济不仅具有带动作用，还具有示范效应。国合会在2011年政策建议中，有两项涉及绿色消费的建议，都强调了政府绿色采购在其中的重要作用。提出通过政府公共采购平台，以环境标志产品标准为切入点，推行绿色产品采购指标，制定政府绿色采购通用原则及指南。建立政府绿色采购产品的环境信息系统网络和公开制度。《国家环境保护"十二五"规划》提出逐步提高环保产品在绿色采购中的比重，研究推行环保服务政府采购。制定和完善环境保护综合名录。2012年7月发布的《"十二五"国家战略性新兴产业发展规划》也提出"大力推进环境标志产品认证和政府绿色采购制度，积极倡导绿色消费"。 2012年1月和7月，财政部先后公布了调整后的第十一和十二期"节能产品政府采购清单"、九期和十期"环境标志产品政府采购清单"。2012年5月，财政部提出要完善节能环保产品"优先采购和强制采购"制度。

4. 绿色投资与绿色贸易取得进展

国合会在2011年的政策建议中提出应当调整和完善中国的引资政策，引导外商直接投资流向战略性部门，如高科技、环保和其他战略性新兴产业。对现有的《外商投资产业指导目录》进行修改和更新，根据外商直接投资出资国特别是那些环保标准较高的出资国先进经验，进一步修订和完善中国吸引外资的法律框架，鼓励绿色投资。

2011年12月，中国修改了《外商投资产业指导目录》。本次修订是1995年首次颁布《外商投资产业指导目录》以来第5次修订。与2007年修订的《外商投资产业指导目录》相比，新目录进一步鼓励外资在节能环保等领域的投资。新能源汽车制造，包括研究和制造新能源汽车及关键零部件和配件，建设经营充电站被纳入为鼓励类；节能技术、各种产品回收（包括塑料制品、电子产品、汽车、机电设备、橡胶、金属和电池）的开发被纳入为鼓励类；战略性新兴产业，如信息技术、生物技术、高端装备制造、新能源、新材料等被纳入鼓励类。同时，为抑制部分行业产能过剩和盲目重复建设，将多晶硅、煤化工等条目从鼓励类删除。新目录充分体现了中国政府加快推动经济发展绿色转型的思路。

坚持绿色贸易是促进中国产业结构调整，发展绿色经济的重要手段。为此，国合会在2011年政策及建议中提出：通过降低关税等措施鼓励高能耗产品的进口，减少国内高耗能产品产量，推动国内产业结构升级。鼓励和扩大低能耗和低环境损害产品出口，完全取消"两高一资"产品的出口退税，征收"两高一资"产品的出口关税。

2012年，中国继续坚持绿色贸易政策，一方面鼓励能源资源性产品的进口，另一方面限制"两高一资"产品的出口，以减轻中国的环境资源压力。为促进经济结构调整和经济发展方式转变，自2012年1月1日起，中国将对730多种商品实施较低的进口暂定税率，平均税率为4.4%，比最惠国税率低50%以上，以鼓励这些产品的进口。这些商品中，一类是能源资源性产品，包括煤炭、焦炭、成品油、大理石、花岗岩、天然橡胶、稀土、铜、铝、镍等；另一类是发展高端装备制造、新一代信息技术、新能源汽车等战略性新兴产业所需的关键设备和零部件，包括喷气织机、涡轮轴航空发动机、高压输电线、手机用摄像组件、高清摄像头、小轿车车身冲压件用关键模具等。与此同时，财政部表示，2012年继续以暂定税率的形式对煤炭、原油、化肥、铁合金等"两高一资"产品征收出口关税。2012年上半年，"两高一资"产品出口下降3.8%。

（二）环境污染防治取得新进展

1. 重金属污染防治进一步加强

鉴于近年来中国重金属污染尤其是汞污染事件高发，对生态环境和人民健康构成了严重威胁，国合会在2011年政策建议中提出应当重视汞污染问题，全面防治严重危害公众健康的重金属污染。

2011年12月4日，工业和信息化部发布了《有色金属工业"十二五"发展规划》，按照《重金属污染综合防治"十二五"规划》（2011年2月发布）和《重点区域大气污染联防联控"十二五"规划》要求，遵循源头预防、过程阻断、清洁生产、末端治理的全过程综合防控原则，加快重点区域重金属污染防治。《有色金属工业"十二五"发展规划》要求严格准入条件，优化产业布局，禁止在自然保护区、饮用水水源保护区等需要特殊保护的地区，大中城市及其近郊，居民集中区等对环境条件要求高的区域内新建、改建、扩建增加重金属污染物排放的项目。在汞污染防治方面，《规划》提出到"十二五"末，仅保留陕西汞锑科技有限公司一家原生汞冶炼企业，取缔其他原生汞冶炼企业。汞触媒回收企业应配套有汞蒸汽回收装置，除贵州万山地区外，严格控制其他地区新建的汞触媒回收企业。

2. 实施新的《环境空气质量标准》

长期以来，中国的大气污染十分严重。由于中国的《环境空气质量标准》太过宽松，致使环保部门公布的空气质量结果与人民群众的切身感受存在巨大差距。原有的《环境空气质量标准》已经无法满足公众对于清洁空气的实际需求。

2012 年 2 月，环境保护部发布了新的《环境空气质量标准》（GB3095—2012），对原有的《环境空气质量标准》（GB3095—1996）进行了重大修订：增设了细微颗粒物（$PM_{2.5}$）浓度限值和臭氧 8 小时平均浓度限值，调整了颗粒物（PM_{10}）、二氧化氮、铅和苯并 [a] 芘等的浓度限值。

考虑到中国不同地区的空气污染特征、经济发展水平和环境管理要求差异较大，新修订的《环境空气质量标准》将分期实施，具体实施期限如下：2012 年，京津冀、长三角、珠三角等重点区域以及直辖市和省会城市；2013 年，113 个环境保护重点城市和国家环保模范城市；2015 年，所有地级以上城市；2016 年 1 月 1 日，全国实施新标准。环境保护部鼓励各省、自治区、直辖市人民政府根据实际情况和当地环境保护的需要，在上述规定的期限之前实施新标准。

贯彻实施新的《环境空气质量标准》的前提是地方需要具备相应的监测能力。环境保护部发布了《关于加强环境空气质量监测能力建设的意见》，提出"十二五"期间环境空气质量监测能力建设的总体目标是：以建设先进的环境空气质量监测预警体系为目标，整合国家大气背景监测网、农村监测网、酸沉降监测网、沙尘天气对大气环境影响监测网、温室气体试验监测等信息资源，增加监测指标，建立健全统一的质量管理体系和点位管理制度，完善空气质量评价技术方法与信息发布机制。到 2015 年，建成布局合理、覆盖全面、功能齐全、指标完整、运行高效的国家环境空气质量监测网络。2012 年 5 月，环保部审议并原则通过《重点区域大气污染防治规划 (2011—2015 年)》。该规划明确了重点区域大气污染防治的指导思想、基本原则、规划范围、目标指标、工作任务，以及重点工程项目和保障措施。

3. 实施最严格的水资源保护措施

水污染防治和水资源保护工作进一步深化。在过去一年里，密集出台了《全国地下水污染防治规划（2011—2020 年）》、《重点流域水污染防治规划（2011—2015 年）》、《关于实行最严格水资源管理制度的意见》、《全国重要江河湖泊水功能区划（2011—2030 年）》四项涉及水污染防治和水资源保护的重要文件。

2011 年 10 月，国务院批复了《全国地下水污染防治规划（2011—2020 年）》，到 2015 年，基本掌握地下水污染状况，全面启动地下水污染修复试点，逐步整治影响地下水环境安全的土壤，初步控制地下水污染源，全面建立地下水环境监管体系，城镇集中式地下水饮用水水源水质状况有所改善，初步遏制地下水水质恶化趋势。到 2020 年，全面监控典型地下水污染源，有效控制影响地下水环境安全的土壤，科学开展地下水修复工作，重要地下水饮用水水源水质安全得到基本保障，地下水环境监管能力全面提升，重点地区地下水水质明显改善，地下水污染风险得到有效防范，建成地下水污染防治体系。

2012 年 1 月，国务院发布了《关于实行最严格水资源管理制度的意见》，要求确立水资源开发利用控制红线，到 2030 年全国用水总量控制在 7 000 亿 m^3 以内；确立用水效率控制红线，到 2030 年用水效率达到或接近世界先进水平。2015 年，全国用水总量力争控制在 6 350 亿 m^3 以内，重要江河湖泊水功能区水质达标率提高到 60% 以上；到 2020 年，全国用水总量力争控制在 6 700 亿 m^3 以内，重要江河湖泊水功能区水质达标率提高到 80% 以上，城镇供水水源地水质全面达标。

2012 年 2 月，国务院批复水利部会同发展改革委、环保部拟定的《全国重要江河湖泊水功能区划（2011—2030 年）》。水功能区划采用两级体系。一级区划分为保护区、保留区、开发利用区、缓冲区四类，主要协调地区间用水关系，同时考虑区域可持续发展对水资源的需求。保护区内禁止进行影响水资源保护、自然生态系统及珍稀濒危物种保护的开发利用活动；保留区作为今后水资源可持续利用预留的水域，原则上应维持现状水质；在缓冲区内进行开发利用活动，原则上不得影响相邻水功能区的使用功能。二级区划将一级区划中的开发利用区细化，将其分为饮用水源区、工业用水区、农业用水区、渔业用水区、景观娱乐用水区、过渡区、排污控制区七类，主要协调不同用水行业间的关系。全国一、二级水功能区总计 4 493 个，81% 的水功能区水质目标确定为 III 类或优于 III 类。

2012 年 5 月，环境保护部发布了经国务院批复的《重点流域水污染防治规划（2011—2015 年）》。2015 年的水质目标是：到按照《地表水环境质量标准》（GB 3838—2002）评价，重点流域总体水质由中度污染改善到轻度污染，I~III 类水质断面比例提高 5 个百分点，劣 V 类水质断面比例降低 8 个百分点。松花江流域总体水质由轻度污染改善到良好；淮河流域总体水质在轻度污染基础上有所改善；海河流域重度污染程度有所缓解；辽河流域、黄河中上游流域总体水质由中度污染改善到轻度污染；太湖湖体维持轻度富营养化水平并有所减轻；巢湖湖体维持轻度富营养水平并有所减轻；滇池重度富营养化水平改善到中度富营养化水平，力争达到轻度富营养化水平；三峡库区及其上游流域总体水质保持良好；丹江口库区及上游流域总体水质保持为优。

为进一步加强集中式饮用水水源环境保护，指导和推进《全国城市集中式饮用水水源地环境保护规划（2008—2020 年）》的落实，提升饮用水安全保障水平，2012 年 3 月，环境保护部发布了《集中式饮用水水源环境保护指南（试行）》。

地方政府也加大了水资源保护力度，福建省、南京市、合肥市、长沙市、厦门市、淄博市等制定了水环境（水资源）保护（管理）条例，浙江省、青海省、四川省、包头市等制定了饮用水源地保护条例。

（三）环境法制的新进展

1. 资源、能源与环境法律法规

一年来，中国继续进一步完善相关环境、资源保护法律法规。《清洁生产促进法》的修订、《环境保护法》修正案都进一步加强了企业的环保责任；尽管目前的《环境保护法》修正案并未提及一直以来呼声很高的环境公益诉讼，但新修订的《民事诉讼法》写入了公益诉讼条款，从另一条路径实现了环境公益诉讼的突破。完善的法律法规体系是建设绿色经济的保障。国合会在给中国政府的建议中指出，要以环保法修订为契机，强化政府责任、强化环境民事责任和明确企业的环保责任。这三部已经修订和正在修订的法律无一不是遵循这样的原则。

2012 年 2 月，全国人大通过了修改后的《清洁生产促进法》。修改后的《清洁生产促进法》扩大了实施强制性清洁生产审核的企业范围，将超过单位产品能源消耗限额标准的高耗能的企业列入强制性审核范围。同时明确规定，实施强制性清洁生产审核的企业应当将审核结果向所在地县级以上地方人民政府有关部门报告，并在当地主要媒体上公布，接受社会监督。此外，新法也强化了政府对企业实施强制性审核的监督和评估验收。规定了县级以上地方人民政府有关部门应当对企业实施强制性清洁生产审核的情况进行监督，必要时可以组织对企业实施清洁生产的效果进行评估验收，所需费用纳入同级政府预算，承担评估验收工作的部门或者单位不得向被评估验收企业收取费用。

2012 年 8 月，《民事诉讼法》修正案获得通过。新修订的民事诉讼法增加了公益诉讼条款，即"对污染环境、侵害众多消费者合法权益等损害社会公共利益的行为，法律规定的机关和有关组织可以向人民法院提起诉讼。"这标志着中国正式确立了环境民事公益诉讼制度。 231

2012 年 9 月，全国人大常委会审议《环境保护法》修正案。这是 1979 年，中国颁布《环境保护法（试行）》三十三年后的首次修订。在过去的三十多年里，中国经济社会发生了巨大变化，环境保护面临着前面未有的挑战，环境保护法在保护环境、保障公民健康与环境权益方面已经明显落后于形势的发展。多年来，修改环保法的呼声从未中断过，在万众期待中，环保法的修订终于列入日程。因此，社会各界对环保法的期望非常高。全国人大在修订说明中提出，本次修订的主要在四个方面实现突破：明确新世纪环境保护工作的指导思想，加强政府责任和责任监督，衔接和规范法律制度，推进环境保护法及其相关法律的实施。针对地方政府、环保部门以及一些政府工作人员环保不作为、环境违法现象层生的问题，本次环保法加强了对于环境执法监督方面的立法，突出了公众对政府、立法部门对政府部门、上级政府对下级政府的监督。针对在过去很长一段时间里，节能减排工作推进过程一些重要的政策措施，比如总量控制、区域限批，缺乏有力的法律依据，修订案也做出规定。此外，环境监测、环境影响评价、环保规划、区域污染防治等一些重要的环境管理基本制度，修订案与相关的法律做了衔接。此外，加强企业的环境保护责任也是本次修订案的一个亮点。

除了修订重要的环境保护法律之外，国务院相关政府部门也按照分工负责的要求制定相应的环境保护法规。这些法律、法规为绿色经济、节能减排、保障人民群众生命财产安全将发挥重要作用。一年来，国务院以及各相关行政主管部发布的法规、规章以及其他规范性文件包括：《放射性废物安全管理条例》、《中华人民共和国资源税暂行条例实施细则(2011)》，由国家发展改革委、环境保护部联合颁布的《河流水电规划报告及规划环境影响报告书审查暂行办法》，由交通运输部颁布的《中华人民共和国海上船舶污染事故调查处理规定》、《生产建设项目水土保持监测资质管理办法》，由国家安全生产监督管理总局颁布的《危险化学品输送管道安全管理规定》、《危险化学品建设项目安全监督管理办法》和《危险化学品登记管理办法（2012）》，由中国银监会颁布的《绿色信贷指引》，由环境保护部颁布的《污染源自动监控设施现场监督检查办法》和《环境污染治理设施运营资质许可管理办法（2012）》，由国家发展改革委颁布的《温室气体自愿减排交易管理暂行办法》，由财政部、环境保护部、国家发展改革委、工业和信息化部、海关总署、国家税务总局联合颁布的《废弃电器电子产品处理基金征收使用管理办法》。

2. 司法促进环境保护

司法部门也积极推动环境保护工作。2011年，最高人民法院重点开展了水资源司法保护专项工作，贯彻实施《关于审理船舶油污损害赔偿纠纷案件若干问题的规定》，完善统一油污损害赔偿纠纷审理规则。加强对油污案件的调处力度和审判指导，处理了杰斯航运"NOBEL"轮、"希尔瓦保罗"轮、"塔斯曼海"轮等一批油污损害赔偿案件。最高法院与环保、海洋等行政执法相协调，探索建立跨行政区域水资源司法保护机制。

设立环保法庭，推动环境公益诉讼制度。截止 2011 年 12 月 16 日，中国已有 12 个省（市）成立了各种类型环保法庭 42 家。从法院的级别来看，基层法院设立的环保法庭有 32 家，还有 9 家中级法院和 1 家高级法院也设立了环保法庭。这些环保法庭有力地促进了环境保护案件的解决，推动了各地环境公益诉讼的开展。2011 年 10 月，曲靖市中级人民法院受理北京市自然之友环境研究所、重庆市绿色志愿者联合会和曲靖市环保局联合提起的针对云南陆良化工实业有限公司铬渣污染的环境公益诉讼。这是中国第一起由草根 NGO 提起的环境公益诉讼。

（四）公众参与与信息公开推动社会管理创新

在过去的一年中，几起重要事件的发生彰显了民间环境保护的巨大力量，也预示着，公民环境意识已经崛起，中国的公民参与发展到了一个新的水平。公民参与的扩大，参与水平的提高，以及民间力量的崛起将会改变整个环境治理的格局。

第一个是关于《环境空气质量标准》加入 $PM_{2.5}$ 指标的社会关注与讨论。2011 年 10 月，北京连日遭遇灰霾，而官方公布的监测数据却只是"轻度污染"，引发民众强烈不满。由于灰霾天气主要由 $PM_{2.5}$ 引发，而当时中国的《环境空气质量标准》中并没有 $PM_{2.5}$ 指标，因此导致了官方数据与民众感受之间出现了差异，公众对空气质量及其标准的讨论引起了国家决策层的关注。温家宝总理 2011 年 11 月 15 日在会见国合会外方委员时指出，要重视完善环境监测标准，逐步与国际接轨，使监测结果与人民群众对青山绿水蓝天白云的切实感受更加接近。李克强副总理在第七次环保大会讲话中要求，要抓紧修订和发布环境空气质量标准，改进空气质量评价方法，依据各地空气污染特征、经济发展水平和空气质量要求分期实施，逐步与国际标准接轨，使评价结果与人民群众切身感受相一致。环保部门之前也已经做了充分的研究准备工作。最终在新修订《环境空气质量标准》（GB3095—2012）指标中将 $PM_{2.5}$ 的监测纳入其中，并在在全国分阶段实施。

另两起事件是由于两个建设项目引发的群体冲突事件。2012 年 7 月 2 日，因担心四川省什邡市宏达钼铜多金属资源深加工综合利用项目引发环境污染问题，当地部分群众到什邡市委、市政府聚集，并逐步演变为群体性事件。7 月 3 日下午，什邡市委、市政府宣布：决定停止该项目建设，什邡今后不再建设这个项目。同样是 7 月，在中国的东部发达省份江苏的启东市，由于市民担心日本王子纸业集团污染排污设施影响生活与健康，市民集体抗议并冲击市政府。随后，市政府宣布永远取消该污水排海项目。

尽管在此之前，中国有很多地方也发生由于环境问题引发的群体性事件，但是这两起事件的特别之处在于，引发这民众抗议的项目并没有开始建设，也没有造成事实上的环境与健康损害，民众的不满在于政府决策的不透明和对于政府环境问题上的不信任。环境问题已经由过去的民众与污染者之间冲突转移为民众与政府管理者之间的冲突。这一个月内发生在中国一东一西的相似事件表明，中国公众的环境意识和权利意识正得到普遍的提升，在这样的背景下，环境与发展的矛盾将更为激烈。正如，《人民日报》的评论指出："中国社会发展正进入一个特殊的环保敏感期，一方面，"发展中"这一现实国情还绕不开产业的梯度转移，一些工业项目也不可能做到"零污染"；另一方面，民众的环境意识与权利意识在迅速提升。环境利益冲突既是社会进步的体现，也成为发展转型的一种折射"。

纵观这三起事件，尽管公众的参与方式有很大的不同，引发事件的原因也不尽相同，但是它们却揭示了在经济快速发展、社会结构剧变的当下中国，存在着大量的问题在阻碍环境良治局面的形成。

一是，公众对良好环境质量的期待不断增强，对政府的环境公共服务提出更高要求。

二是，公众对依法参与环境保护的要求不断增强。目前一些地方政府在决策过程中，以牺牲环境换取经济增长的现象依然存在，把公众参与决策的要求，看成一个形式化的过程。然而，环境法律赋予公众的参与权在政府那里还是一个形式的时候，公众已经把它当成一项实质性的权利，要求有渠道有途径参与环境保护。

三是，公众决策所需要的认知水平与政府掌握的信息之间的存在不对称问题，普通公众不可能掌握科学决策的全面的信息，由于缺乏与政府之间的沟通，其信息诉求得不到满足，只能靠零散的信息决策，难免做出非理性的举动，更为严重的问题是，由于政府诚信的下降绑架了决策信息，致使民众对于原本科学的内容持否定态度。

四是，政府与民众之间急需形成良性互动的模式。三起事件都以民众的诉求得到满足而平息，但是事实的原委并没有理清，是决策程序上存在问题还是决策内容上出现问题，是事前缺乏沟通和信息的公开还是项目本身就有很大的污染，这些问题并没有梳理清楚，如果仅仅是程序上存在问题，地方政府的让步将会让民众把所有类似项目等同视之，这类项目以后再很难发展，以后不仅仅是事件当事政府而且其他地方政府也将面临很大的决策压力。

由于一些地方政府发展方式上没有转变，加之缺乏法治观念、管理方式粗暴，政府与公众之间的信任下降，可以预见，在环境问题的处理上，如果政府不能尽快做出相应的调整，未来政府与公众之间还可能出现激烈冲突。

234

信息公开是环境公众参与的基本保障。环境保护信息公开是中国政府确定的政府信息公开工作的八个重点领域之一。环保领域的环境信息公开一直以来都走在各政府部门的前列，2007 年《环境信息公开办法》是依据《国务院信息公开条例》第一个发布的部门信息公开办法。2012 年 8 月，环保部召开全国环境信息公开大会，周生贤部长总结了环保部门环境信息公开的取得的成绩：制定了系列环境信息公开规范性文件，主动公开信息范围扩大，及时公开环境突发事件，便利化依申请信息公开，多渠道公开信息；并梳理了未来环境信息公开的重点：环境核查与审批信息公开，环境监测信息公开，重特大突发环境事件信息公开，依申请信息公开和加强信息公开的基础工作与队伍建设。

（五）积极推动国际环境合作

作为负责任的大国，中国一直以来积极推动国际环境合作，应对全球环境挑战。在 2011 年 10 月以来国际社会召开的三次重大国际环境会议——德班气候变化会议、首尔核安全峰会、"里约 +20"峰会中，中国发挥了建设性的作用。正如温家宝总理在"里约 +20"峰会中说的那样："中国是负责任、有担当的发展中大国，中国越发展，给世界带来的机遇和做出的贡献就越大"。

中国积极推动全球气候谈判。在联合国德班气候会议前，中国为推动会议取得成果，按照"共同但有区别的责任"的原则，提出了一套兼顾各方利益的公平解决方案：按照《巴厘行动计划》的要求，坚持《京都议定书》要有第二承诺期，同时要将没有参加《京都议定书》的发达国家囊括进来，并做出有可比性的减排承诺。在《联合国气候变化框架公约》下，发展中国家开展自主减排的行动，纳入最后的整体方案。

在 2012 年 3 月举行的首尔核安全峰会上，中国提交了《中国在核安全领域的进展报告》。中国国家主席胡锦涛作了重要讲话，提出了新形势下增进核安全的四点主张：第一，坚持科学理性的核安全理念，增强核能发展信心 , 推动核能的安全、可持续发展。第二，强化核安全能力建设，承担核安全国家责任。第三，深化国际交流合作，提升全球核安全水平。第四，消除核扩散及核恐怖主义根源。坚持联合国宪章宗旨和原则，坚持互信、互利、平等、协作的新安全观，坚持以和平方式解决热点问题和国际争端，为加强核安全营造有利的国际环境。

在 2012 年 6 月召开的"里约 +20"峰会（联合国可持续发展大会）上，中国国务院总理温家宝出席会议并发表重要演讲，全面阐述中国对可持续发展国际合作的原则立场，并就推进可持续发展提出三点建议。一是应当坚持公平公正、开放包容的发展理念。发扬伙伴精神，坚持里约原则，特别是"共同但有区别的责任"原则，确保实现全球可持续发展，确保在这一过程中各国获得公平的发展权利。二是应当积极探索发展绿色经济的有效模式。支持各国自主决定绿色经济转型的路径和进程。三是应当完善全球治理机制。充分发挥联合国的领导作用，形成有效的可持续发展

235

机制框架，提高指导、协调、执行能力，以更好地统筹经济发展、社会进步和环境保护这三大支柱，提高发展中国家的发言权和决策权，解决发展中国家资金、技术和能力建设等实际困难。建立包括相关国际机构、各国政府和社会公众共同参与的可持续发展新型伙伴关系。温家宝总理宣布，为推动发展中国家可持续发展，中国将向联合国环境规划署信托基金捐款 600 万美元，用于帮助发展中国家提高环境保护能力的项目和活动；帮助发展中国家培训加强生态保护和荒漠化治理等领域的管理和技术人员，向有关国家援助自动气象观测站、高空观测雷达站设施和森林保护设备；基于各国开展的地方试点经验，建设地方可持续发展最佳实践全球科技合作网络；安排 2 亿元人民币开展为期 3 年的国际合作，帮助小岛屿国家、最不发达国家、非洲国家等应对气候变化。

国际社会普遍认为，温总理在开幕式后率先发言，发出中国致力于可持续发展的明确、积极信息，为大会讨论奠定了基调。在世界经济前景暗淡、欧债危机持续发酵背景下，温总理在会上宣布的有关举措，引起广泛、积极反响，提振了国际社会促进可持续发展的信心，鼓舞了可持续发展国际合作的势头，为大会取得积极成果发挥了重要作用。巴西主流媒体报道称，温家宝总理的讲话，既勇于承担保护地球环境的共同责任，又正视各国发展水平不同的客观现实，牢牢把握了"共同但有区别的责任"原则，维护了广大发展中国家的利益，为实现可持续发展指明了方向。尤其是温总理在大会上宣布帮助小岛屿国家、最不发达国家、非洲国家应对气候变化等一系列切实举措，赢得了现场代表的高度赞赏和热烈掌声，与发达国家说的多做的少的消极立场形成鲜明对比。温总理发言不仅展示了中国负责任大国的良好形象，也提振了整个发展中国家阵营的士气，对大会成功举行发挥了重要而积极的引导作用。

四、第四届国合会主要政策建议回顾

第四届国合会（2007—2011）围绕环境与经济的关系，积极推动环境优化经济发展，为中国发展绿色经济，实现绿色增长、绿色转型、建设环境友好型社会建言献策。国合会从传统的污染防治，将关注的重点转移到生态系统管理、机制创新，从一个更为宏观的视角审视中国的环境保护。2011 年，随着第四届国合会五次会议的圆满结束，标志着第四届国合会五年的工作也画上了句号。

纵观国合会这五年工作，国合会紧扣中国发展的脉搏，针对环境与发展中的重大命题，以其独特的运作机制，汇集国内外环发领域中的专家学者，为中国献计献策。这些政策建议通过多种渠道影响中国环境政策实践，有些政策建议或者被直接采纳，或者引发国内对某项政策议题讨论，以间接的方式加速或改变了政策进程；有些政策建议是在当年就引起决策者的注意，而且有些建议则是在几年后逐步变成政策现实。因此，如果从一个更长的时间跨度来回看国合会的政策建议，可以以一个更为全面的视角来了解国合会的政策建议与中国环境与发展走向的切合，理解国合会在其中发展的作用和评估其影响。

国合会 2011 年发布的《国合会二十年：环境、影响与前景》[①] 报告对于评估国合会政策建议的影响所要面临的困难做出了全面的思考，认为作为提供咨询的机构，国合会的产出面临着成果归属性识别、时间差、期望与现实的差距等困难。因此，在评估国合会政策建议的影响时，报告采用了将中国环境与政策的发展方向与国合会的工作内容是否一致作为评估的一个重要标准，并且采用了系统回顾和案例的方法。

《国合会二十年：环境、影响与前景》回顾了二十年来，国合会设立课题研究的背景，以及与中国最紧迫环境与发展问题的切合度、核心建议对于中国环境与发展的潜在重大影响做了深入的分析。其中包括第四届国合会五年间的课题研究相关背景、建议的分析。由于本报告定位于回顾国合会历年政策建议采纳，其关注点是国合会年度政策建议被采纳情况以及与中国政策的切合情况，这与《国合会二十年：环境、影响与前景》的目的是吻合的，只是两者的分析时间跨度不同而已，所以这里就不再对《国合会二十年：环境、影响与前景》涉及的第四届课题的设立背景进行系统的评述，而只是就这些建议过去五年中被采纳的情况做以回顾。

四届国合会共设立了围绕"创新与环境友好型社会"（2007）、"机制创新与和谐社会"（2008）、"能源、环境与发展"（2009）、"生态系统管理与绿色发展"（2010）、"经济发展方式的绿色转型"五个主题，共 13 个课题组、7 个专题研究，基于这些研究向中国政府提出了 5 份政策建议报告。这些政策建议对于第二年的政策实践的影响在历年的《中国环境与发展重要政策进展与国合会政策建议影响》中都做过详细的阐述。但是，如果放大时间跨度来看这些政策建议，我们会发现，国合会的政策建议的影响是持久的，尽管有些建议并未在当年采纳，但是在随后的几年里这些建议已经悄然列入了政策议程或体现在相关政策、立法中，例如，2007 年，国合会的建议中提出要实施基于市场的建议，实施环境税、资源能源税、绿色信贷、环境保险、生态补偿、排污交易等，在随后几年里中国政府陆续出台了绿色信贷、环境责任保险、碳交易试点，并启动了《生态补偿条例》的起草工作。

2012 年，"里约 +20 峰会"期间，中国环境与发展国际合作委员会设立题为"里约 20 年，国合会 20 年"主题边会。国务院总理温家宝出席并主持会议，与国合会委员和部长们共同探讨中国和世界可持续发展之路。温总理对国合会给予充分肯定和高度评价。他指出：国合会之所以有这样旺盛的生命力，是因为它确立了一个永恒的主题，那就是可持续发展。国合会是一个重要的平台，它不仅表现在各国与中

237

---

① 报告由国合会中外首席顾问沈国舫院士、Arthur J. Hanson 博士在首席顾问专家支持组、秘书处和国际支持办公室的协助下撰写。报告全文参见国合会网站 www.cciced.net.

国环境的合作上，而且表现在对世界环境发展中的重要影响。国合会每年都有一个主题，这些主题的确定完全符合中国实际。委员们为此做了大量调查研究，提出中肯意见，成为中国政府决策参考。温总理还特别表示："我有幸在过去 20 年出席了 15 次国合会活动。我相信，国合会一定会继续办下去，而且越办越好。"

如果说，在过去的 20 年里，国合会的主要工作是将国际经验引入中国、融入中国政策实践，那么，"里约 +20 峰会"边会国合会主题边会则标志着，国合会开启了与世界分享中国经验和与世界一起共同应对人类发展过程中面临的环境难题的新征程。

附专栏 1　第四届国合会以来主要政策建议及其影响

2007 年

• 加强国家环境管理能力，建立更具规模、属内阁成员的环境部。（2008 年 3 月，十一届全国人大一次会议决定组建环境保护部。）

• 改革地方政府官员的政绩考核体系，将各项环保目标和相关政策目标的责任纳入考核体系。（2007 年 11 月，国务院转发了由环保总局制定、经中央组织部和相关部委会签的《主要污染物总量减排考核办法》，对完不成任务的地方政府主要负责人，将实行问责制和一票否决制。）

• 提高公众的相关意识和参与行为，使社会各界在战略转型中都能发挥作用，包括生产、生活消费与环境健康，监督地方发展，以及直接参与环境改善工作。（"十一五"以来，中国提高公众的环境意识方面作了大量的宣传工作；在修改相关法律时都加大了公众参与的力度；通过绿色、节能产品补贴等手段，刺激公众购买节能环保的产品。2010 年 11 月，国务院发布了《关于加强法治政府建设的意见》，第四部分"坚持依法科学民主决策"提到"要把公众参与、专家论证、风险评估、合法性审查和集体讨论决定作为重大决策的必经程序。作出重大决策前，要广泛听取、充分吸收各方面意见，意见采纳情况及其理由要以适当形式反馈或者公布。完善重大决策听证制度，扩大听证范围，规范听证程序，听证参加人要有广泛的代表性，听证意见要作为决策的重要参考"。）

• 加速改善中国现有环境法律框架、管理手段和技术，包括修订关键法规，如《环境保护法》，适当严格标准，并确保严格执行和遵守。（全国人大常委会从 2008 年到 2010 年开展了《环境保护法》及其相关法律的后评估工作；2011 年 1 月，全国人大环资委启动了《环境保护法》修改工作；2012 年 9 月，《环境保护法》公开征求修改意见。）

• 充分利用以市场机制为基础的经济政策，推动环境与发展战略转型，包括环境税、资源能源税、绿色信贷、环境保险、生态补偿、排污交易等。（2007 年 7 月，环保总局和银监会联合发布了《关于落实环保政策法规防范信贷风险的意见》，绿色信贷政策开始逐步建立。2007年12月，环保总局与保监会联合发布了《关于环境污染责任保险工作的指导意见》，环境保险制度开始建立。2010年5月，国务院批转了国家发改委制定的《关于2010年深化经济体制改革重点工作的意见》，提出深化财税体制改革。出台资源税改革方案，研究开征环境税的方案。2010年8月，国家发改委正式开始《生态补偿条例》的起草工作。2011年10月，国家发改委办公厅发布了《关于开展碳排放权交易试点工作的通知》，决定在北京市、天津市、上海市、重庆市、湖北省、广东省及深圳市七个省市开展碳排放权交易试点。）

- 充分利用中国的贸易顺差，进口高能源、资源含量的产品和技术，减少出口类似产品。（2010年6月，财政部发出通知，自2010年7月15日起，取消部分钢材、化工产品、有色金属加工材等商品的出口退税，总数达406种。2011年、2012年，中国继续以暂定税率的形式对煤炭、原油、化肥、有色金属等"两高一资"产品征收出口关税。与此同时，对于能源、资源性产品的进口实行优惠税率。）

- 中国应富有建设性的参与双边或多边环境合作，坚持共同但有区别的责任原则；维持包括中国在内的发展中国家的发展权，树立中国在环境问题上负责任的国家形象。（以气候变化领域的国际合作为例，中国积极参加历次联合国气候变化会议，以实际行动展示了中国在环境问题上负责任的大国形象。）

2008年

- 中国发展低碳经济，一方面可以帮助解决国内的资源环境问题，另一方面也可以增强应对气候变化的能力，提高国际竞争力。（2009年9月22日，在联合国气候变化峰会上，国家主席胡锦涛指出，中国将大力发展绿色经济，积极发展低碳经济和循环经济，研发和推广气候友好技术。）

- 利用由金融危机引发的产业结构大调整的机遇，加快转变经济增长方式的步伐，加大清洁能源和生产技术创新的力度，培育和壮大清洁产业，发展低碳经济，增强解决环境污染和应对气候变化的能力。（2008年8月，全国人大常委会制定了《循环经济促进法》；2009年8月，全国人大常委会通过了《关于积极应对气候变化的决议》；2009年12月，全国人大常委会修改了《可再生能源法》；2012年2月，全国人大常委会修改了《清洁生产促进法》。）

- 在第十二个五年规划中考虑制定发展低碳经济的目标，将低碳经济发展融入当前的战略和行动中。（"十二五"规划规定："十二五"期间单位GDP能耗要降低16%，单位GDP二氧化碳排放要降低17%。）

- 加强农村环境管理，整体推进中国的环境保护事业。（2008年7月，国务院召开全国农村环境保护工作电视电话会议，作出了"以奖促治"重大决策。2009年2月27日，国务院办公厅转发了环境保护部、财政部、国家发改委《关于实行"以奖促治"加快解决突出的农村环境问题的实施方案》，方案中明确了"以奖促治"政策的工作目标：到2015年，环境问题突出、严重危害群众健康的村镇基本得到治理，环境监管能力明显加强，环境意识明显增强。）

- 以健康风险评价为基础，通过完善环境标准体系、制定污染物优先控制名录、建立和实施严格的环境准入制度等措施建立预防体系。（2011年9月，环保部发布了《国家环境保护"十二五"环境与健康工作规划》。）

- 政府要以公众易于获得和理解的形式在政府网站及各种新闻媒体中及时发布公众关注的环境与健康信息。（自从2007年《政府信息公开条例》和《环境保护信息公开办法（试行）》颁布以来，中国在环境信息公开领域取得了明显的进展。）

2009年

- 中国政府"按照到2020年单位国民生产总值的碳排放强度比2005年有明显下降的总体要求，建立明确的低碳经济发展量化目标，力争单位国内生产总值碳排放年均降低4～5%，并按照地区和行业特征对目标进行分解"。（在2009年12月哥本哈根会议前，中国公布碳减排目标——到2020年，中国单位国内生产总值二氧化碳排放比2005年下降40%~45%，将作为约束性指标纳入国民经济和社会发展中长期规划，并制定相应的国内统计、监测、考核办法。）

- 中国从本世纪初开始了国家发展观念和战略的重大转型，以人为本、全面、协调和可持续为标志，奋力走向科学发展，凸现绿色与和谐。中国政府持之以恒，努力促进国家环境与发展的战略转型，实现中国未来的绿色繁荣。（国务院总理温家宝2012年6月20日在里约热内卢出席联合国可持续发展大会上发表《共同谱写人类可持续发展新篇章》讲话，再提绿色繁荣，指出：展望未来，我们期待一个绿色繁荣的世界，这个世界没有贫困和愚昧，没有歧视和压迫，没有对自然的过度索取和人为破坏，而是达到经济发展、社会公平、环境友好的平衡和谐，让现代文明成果惠及全人类、泽被子孙后代。）

- 中国政府应把发展绿色经济作为推动经济发展方式转变的重要途径，并尽快制定发展绿色经济的国家战略。加大推动循环经济发展的力度，提高经济发展的资源环境效率。（"十二五"规划纲要中，首次提出了"绿色发展"的概念，并且独立成篇。）

- 中国应抓紧研究制定包括战略目标、任务和具体措施的国家低碳经济发展规划，以重点工业行业、部分城市和农村地区为先导，启动低碳经济发展的试点示范工作，推动低碳生活模式。积极探索新型城市化道路，建设低碳城市。（2010年7月，国家发改委发布了《关于开展低碳省区和低碳城市试点工作的通知》。）

- 根据建筑能耗评估建筑节能技术与措施的效果，推广建筑节能技术与措施，建设节能、低碳建筑。（2012年4月，财政部和住建部联合发布了《关于加快推动

中国绿色建筑发展的实施意见》；住房和城乡建设部颁布了《"十二五"建筑节能专项规划》）

· 将公共交通和非机动车交通系统作为国家优先战略领域之一。（"十二五"规划纲要第十二章"构建综合交通运输体系"第三节"优先发展公共交通"。）

· 实施以建立和完善环境税收为核心的环境税制改革。（国务院发布的《关于加强环境保护重点工作的意见》提出"积极推进环境税费改革，研究开征环境保护税。"）

· 完善和强化绿色信贷政策，充分发挥金融机构在节能环保中的重要作用。（2012年2月，银监会制定了《绿色信贷指引》，对银行业金融机构实施绿色信贷提出了具体操作规范。）

· 建立健全环境污染责任保险的法律法规和政策体系。（国务院发布的《关于加强环境保护重点工作的意见》提出"健全环境污染责任保险制度，开展环境污染强制责任保险试点。"《国家环境保护"十二五"规划》提出"健全环境污染责任保险制度，研究建立重金属排放等高环境风险企业强制保险制度。"环境保护部也制定了环境污染责任保险的配套技术规范。继氯碱企业环境风险划分方法后，环境保护部发布了《环境风险评估技术指南——硫酸企业环境风险等级划分方法（试行）》、《关于开展环境污染损害鉴定评估工作的若干意见》和《环境污染损害数额计算推荐方法（第I版）》。）

· 制定绿色"十二五"国民经济和社会发展规划。（2011年3月全国人大通过的"十二五"规划纲要规定了七项资源环境类约束性指标，被誉为新中国成立以来最"绿色"的五年规划。）

2010 年

· 大力加强生态保护与修复，让重要陆地生态系统及相关水生态系统休养生息。（2010年9月，环境保护部发布了《中国生物多样性保护战略与行动计划》（2011—2030年）。2010年12月，国务院发布了《全国主体功能区规划》，将国土空间分为优化开发区域、重点开发区域、限制开发区域和禁止开发区域。限制开发区域中的一类就是重点生态功能区，禁止开发区域是依法设立的各级各类自然文化资源保护区域，以及其他禁止进行工业化城镇化开发、需要特殊保护的重点生态功能区。2011年3月全国人大通过的《中华人民共和国国民经济和社会发展第十二个五年规划纲要》第二十五章"促进生态保护和修复"提出，坚持保护优先和自然修复为主，加大生态保护和建设力度，从源头上扭转生态环境恶化趋势。）

· 全面推进土壤环境保护，保障公众健康和生态环境安全。（《国家环境保护"十二五"规划》"四、切实解决突出环境问题"包括了"加强土壤环境保护"。）

· 加快生态补偿的立法进程，健全相关政策和机制。（中国目前正在制定《生态补偿条例》。）

2011 年

· 建立有利于发展方式绿色转型的领导干部政绩考核体系。（2012 年 8 月国务院发布的《节能减排"十二五"规划》明确规定，国务院每年组织开展省级人民政府节能减排目标责任评价考核，考核结果作为领导班子和领导干部综合考核评价的重要内容，纳入政府绩效管理，实行问责制。）

· 全方位推动财税金融政策的生态化调整，尽早开展碳税试点，建立排放交易平台。（2011 年 10 月，国家发改委办公厅发布了《关于开展碳排放权交易试点工作的通知》，决定在北京市、天津市、上海市、重庆市、湖北省、广东省及深圳市七个省市开展碳排放权交易试点。为规范基于项目的自愿减排交易活动，2012 年 6 月，国家发改委颁布了《温室气体自愿减排交易管理暂行办法》。）

· 制定低碳工业化发展规划，设立主要重化工业的碳强度减排目标。（2012 年 8 月，国务院发布《节能减排"十二五"规划》，提出了包括工业在内的各行业"十二五"期间的节能指标。）

· 推动环境友好的外商直接投资战略，服务绿色转型。（2011 年 12 月，中国修改了《外商投资产业指导目录》。新目录进一步鼓励外资在节能环保等领域的投资。）

· 建立和完善中国绿色供应链体系，以绿色消费和绿色市场带动整个生产体系绿色转型。（在政府采购方面，《国家环境保护"十二五"规划》提出逐步提高环保产品在绿色采购中的比重，研究推行环保服务政府采购。制定和完善环境保护综合名录。2012 年 7 月发布的《"十二五"国家战略性新兴产业发展规划》也提出"大力推进环境标志产品认证和政府绿色采购制度，积极倡导绿色消费。"2012 年 1月和 7 月，财政部先后公布了调整后的第十一和十二期"节能产品政府采购清单"、九期和十期"环境标志产品政府采购清单"。2012 年 5 月，财政部提出要完善节能环保产品"优先采购和强制采购"制度。在民间消费方面，中国政府持续推行节能产品补贴制度，以促进节能产品的消费。）

· 加强技术支撑与环境风险控制与监管，加强涉汞行业的污染减排。（2011 年 12 月，工业和信息化部发布了《有色金属工业"十二五"发展规划》，在汞污染防治方面，规划提出到"十二五"末，仅保留陕西汞锑科技有限公司一家原生汞冶炼企业，取缔其他原生汞冶炼企业。汞触媒回收企业应配套有汞蒸汽回收装置，除贵州万山地区外，严格控制其他地区新建的汞触媒回收企业。）

注：专栏中（ ）中的内容系指政策建议产生的影响。

五、结语

回顾过去五年，中国虽然遭受了众多自然灾害和经受了金融危机、债务危机的冲击，但在经济上依然取得了巨大的成就，以年均 11.2% 的速度增长，大大超出了"十五"期间 9% 的增长率。进入"十二五"，中国经济已显放缓迹象，展望"十二五"或者未来更长的 10 年乃至 20 年，面临着不仅仅是经济发展方式转变和经济增长速度的挑战，还要解决资源与环境约束的"瓶颈"问题。

"十一五"期间，中国国内生产总值已经跃居世界第二位，中国对于世界的经济影响力已大大提升。与此同时，中国在环境领域，主要污染物的排放也位居前位，二氧化碳排放总量已经居世界第一，中国对于世界环境问题发挥着重要作用。随着"十二五"规划大幕的拉开，国际社会对于中国未来五年、十年乃至更远的发展前景也给予极大的关注。

2012 年，亚洲开发银行发布报告[1]指出，"十一五"期间中国经济取得了重大成就同时也应看到，在四大因素的驱动下未来中国将面临极大的挑战：经济的快速增长；经济结构的不合理；快速的城市化；大量能源消耗和低水平的能源效率。世界银行在 2012 年发布的一项报告，对分析了中国未来经济绿色转型的优势和问题[2]。报告指出：中国具有多方面的优势——庞大的市场规模可以放大成功技术的效果，取得规模效应并减少单位成本；高投资率能够及时替换老旧的、低效的、破坏环境的资产；只要能够获得充分的财政支持，迅速发展、充满活力的民营经济可以迅速对政府信号作出反应；良好的研发基础设施可以让中国接近并赶超"绿色"技术前沿——这些政策很可能取得成功。但同时，在绿色发展之路上，中国也面临着一些障碍。首先以及最重要的是，能源、水、原材料以及自然资源的价格都存在不同程度的扭曲，既无法反映出使用这些资源的负外部性，也无法反映出这些资源真实的稀缺性价值。其次，中国政府过于依赖行政机制来解决环境和自然资源的管理问题。与此同时，其他用于环境保护的财政和管制激励要么太弱，要么执行得太差。最后，绿色发展战略可能会在政府内部遇到执行和激励限制，也可能会遭到从现有的增长、出口和投资模式中获益的工人和企业的反对。可以说，在世界上，没有哪一个国家如中国一样，面临着如此大的绿色转型的机遇，也没有哪一个国家如中国一样，面临着如此多样复杂资源和制度上的制约。已经进入改革深水期的中国，需要在改革的路上迈出更大的步伐，需要有更大的创新勇气。中国的在环境与发展领域的转型经验为世界其他国家提供一笔宝贵的财富，中国转型的成功将是又一个新的世界奇迹。

243

---

[1]Toward an Environmentally Sustainable Future: Country Environmental Analysis of the People's Republic of China.

[2]China 2030:Building a Modern, Harmonious, and Creative High-Income Society.

　　国合会在过去二十年里，在环境与发展领域为中国政府献计献策，做出了巨大的贡献。在回顾国合会贡献、肯定国合会的成果的同时，也需要清楚地认识到，作为中国政府的高层咨询机构，中国发展面临的困难和挑战越大，国合会需要承担的责任也就越大。新一届国合会需要不断的努力，持续的创新以保持其活力，为中国环境与发展做出新的贡献。

　　2012年是"十二五"的第二年。为了实现"加快转变经济发展方式"的目标，中国政府出台了一系列的政策，努力提高生态文明水平，切实解决影响科学发展和损害群众健康的突出环境问题，加强体制机制创新和能力建设，深化主要污染物总量减排，努力改善环境质量，防范环境风险，全面推进环境保护历史性转变。中国开始更加注重平衡经济发展与环境保护、城市环境保护和农村环境保护、污染防治和生态保护之间的关系，更加注重从宏观上、源头上预防和解决环境问题，更加注重通过绿色经济政策来解决环境问题，更加注重在国际环境合作中发挥建设性作用。

　　回顾过去一年中国政府的环境与发展政策，我们需要特别重视一些重要的政策发展迹象：

　　第一，首次提出基本的环境质量、不损害群众健康的环境质量是一种公共产品，是一条底线，是政府应当提供的基本公共服务。《"十二五"规划》在第六章提出要完善环境保护基本公共服务体系、保障区域城乡均衡发展。明确了环境物品的公共属性和政府提供职责，使全体公民不论地域、民族、性别、收入及身份差异如何，都能获得与经济社会发展水平相适应、结果大致均等的环境基本公共服务。国务院副总理李克强在第七次全国环境保护大会上再次强调了这一点。这表明，中国政府已经把环境质量与公民的基本权利联系起来，环境保护的重要性和正当性获得进一步提升。

　　第二，首次将全面防范环境风险列为重要的规划任务。《"十二五"规划》首次将全面防范环境风险列为重要的规划任务，着手建立风险评估—风险预警—风险管理基本制度，实施全过程技术管理，建立环境风险防范技术政策、标准、工程建设规范，加强针对性和目的性。识别中国环境风险的高发区域和敏感行业，较多地关注微量有毒有害物质影响，将环境管理延伸到生产生活过程，实施全防全控。充分考虑人体健康因素，对核与辐射环境安全、重金属、持久性有机污染物、土壤污染以及危险废物、化学品等环境风险重点防范，为"十三五"乃至更长时期全面控制奠定基础。这表明，"十二五"期间，中国的环境保护工作将越来越倚重源头治理，通过全面、有效地防范环境风险，避免末端治理给环境和公众造成更大的损害。

244

　　第三，公众参与环境保护达到一个新的层次。一年来，公众推动$PM_{2.5}$治理、全民节能减排、环保团体揭露著名跨国公司的供应商污染问题等，反映出公众在参与政府环境决策、践行环境友好的生活方式、监督企业的环境保护绩效等方面发挥着日益重要的作用。正如国合会在 2011 年的政策建议中提出的那样，发展方式的绿色转型不仅仅是政策、制度和技术问题，也是社会文化价值观问题。环境保护不仅要担负起改善民生和优化经济的使命，还要担负起重建社会道德和环境伦理的历史重大责任。应当大力倡导生态文明，弘扬环境文化，尊重自然与社会发展客观规律，传承和发扬中国优秀的传统文化，构建有利于发展方式绿色转型的社会道德、责任、诚信与环境伦理体系，为中国发展方式绿色转型提供强大的思想和精神支撑。一年来中国公众参与环境保护的实践证明，生态文明的理念已经被越来越多的公众所认同，越来越多的公众开始挺身而出维护公益。

第四，提高生态文明建设水平对环境保护法修订提出更高要求。尽管此次环保法的修订与之前的法律相比有了很大的进步，但是此次修订定位于"有限修改"，还是与人们的期望存在着很大的差距，诸多公众期待的环境权益、公益诉讼、规划与政策环评、加强违法处罚等内容未能纳入。修订案加强了企业的环保责任，但是对于企业颇具约束力的信息公开、报告制度并未实现突破。为实现中国共产党第十八次代表大会报告中提出的提高生态文明建设水平，实现五位一体的战略布局和美丽中国的战略目标，修订环境保护法承担着重要的法律保障和制度创新的使命，可以预见环境保护法的修订将会按照十八大的总体要求，进一步解放思想，破解制度障碍，加强制度创新，真正成为指导环境保护工作的基本法。

2012 年是实施"十二五"规划承上启下的重要一年，中国共产党召开了举世瞩目的第十八次全国代表大会。由于 2011 年节能减排的任务未能全部完成，2012 年的节能减排工作将面临更大的压力。但我们相信，随着中国政府一系列有利于加快经济发展绿色转型的政策的出台，中国的绿色转型正在一步一步实现。正如温家宝总理在 2012 年政府工作报告中指出的那样："我们要用行动昭告世界，中国绝不靠牺牲生态环境和人民健康来换取经济增长，我们一定能走出一条生产发展、生活富裕、生态良好的文明发展道路。"

第二部分　2011 年向中国政府提交的政策建议（摘要）

中国环境与发展国际合作委员会（以下简称"国合会"）2011 年年会于 2011 年 11 月 15 至 17 日在北京举行，会议主题是"经济发展方式的绿色转型"。

国合会委员注意到，刚刚结束的党的十七届六中全会以及国务院发布的《关于加强环境保护重点工作的意见》，提出了"以改革创新为动力，积极探索代价小、效益好、排放低、可持续的环境保护新道路"，表明了中国彻底转变发展方式、走新的绿色发展道路的决心与行动，体现了加强环境保护的国家意志。在发展方式绿色转型的过程中，文化建设领域需要不断弘扬环境文化和生态文明，重建社会的环境伦理道德。在改革创新环境保护体制机制、探索环境保护新道路的进程中，环境保护不仅要担负起改善民生和优化经济的使命，还要担负起重建社会道德和环境伦理的历史重大责任。

为此，围绕年会的主题，国合会设立了创新绿色经济发展机制与政策、探索低碳工业化道路、以投资与贸易促进绿色发展三个课题组，围绕构建绿色供应链、汞污染问题与防治政策等开展了专题研究，以为中国构建绿色发展路线图提供支持。基于国合会年会期间的讨论，并综合有关研究成果，国合会 2011 年年会向中国政府提出如下政策建议。

一、坚持推动发展方式绿色转型的国家意志不动摇，形成有利于转型的社会价值、政府职能和人力资源等支撑体系

（一）建立长期推动发展方式绿色转型的坚定的国家意志

当前，在国际金融形势复杂多变、世界经济复苏乏力的严峻形势下，中国政府要防止出现为应对暂时经济困难而放松环境政策、降低环境目标和标准的现象。要特别加强对地方政府的指导和监督，避免地方政府为了单纯保经济强劲增长而忽视和懈怠推动发展方式的绿色转型。这种情况在推动绿色转型的进程中可能会反复出现，需要建立持之以恒的国家决心和意志。

（二）将树立生态文明观念纳入社会文化体系建设，塑造健康安全的社会道德和环境伦理价值观

大力倡导生态文明，弘扬环境文化，尊重自然与社会发展客观规律，传承和发扬中国优秀的传统文化，构建有利于发展方式绿色转型的社会道德、责任、诚信与环境伦理体系，为中国发展方式绿色转型提供强大的思想和精神支撑。

（三）切实转变政府职能，强化政府在发展绿色经济中的公共管理和社会服务作用

中国经济发展需要从金融危机后依靠政策刺激尽快向自主增长转变。不断完善市场机制，加强对发展绿色经济政策引导和支持，通过综合与平衡运用税收、金融、绿色采购和转移支付等政策手段，引导和推动产业结构"绿化"与升级。加强突发性事件应急预警体系建设、生产与生活安全体系建设、社会诚信体系建设。

（四）建立有利于发展方式绿色转型的领导干部政绩考核体系

不断提高各级政府决策者对发展方式绿色转型的认识和理解，从中央和地方各个层面改革领导干部考核评价机制，建立科学的兼具约束力和激励作用的推动发展方式绿色转型的领导干部政绩考核评价机制和指标体系，进一步完善对落实环保法规的可衡量、可汇报、可核查的制度。构建绿色国民经济核算体系是建立有利于绿色转型的领导干部政绩考核体系的根本性改革措施，中央政府应组织继续推动相关研究，加快示范和应用进程。

（五）强化企业在发展方式绿色转型中的责任

明确企业在绿色转型中的主体地位和重要作用，使其能够自觉践行绿色转型。通过建立企业环境信息披露机制、环境绩效审计机制以及奖惩机制等，推动企业不断提高环境社会责任意识，提高环境污染治理的透明度，在微观企业层面落实绿色转型的各项政策和要求。鼓励企业积极参与国际合作，在全面参与国际化进程中履行企业社会责任，提升绿色形象和可持续的竞争力。

（六）培养推动绿色发展的人力资源

有针对性地培养一批具有科学发展理念和领导力的领导者，一批绿色经济意识强、富有环境社会责任的企业家，一批服务于绿色发展的科技创新人才，一批推动农村发展方式绿色转型的带头人和一批从事绿色发展具体工作的高级技能人才和社会工作人才。

二、构建中国绿色经济发展体系，全面推动经济发展方式的绿色转型

（一）构建中国绿色经济发展的战略目标与框架

中国要力争用 10~15 年的时间，初步建成以绿色生产、绿色消费、绿色贸易和投资等为主要内容的绿色经济体系。绿色经济发展的总体框架应以"绿色"为主题，强调经济结构优化调整和政府管理职能转变；强调体制机制创新和科技创新；着重培育战略性新兴产业，推进工业、农业和服务业的低碳与生态化改造，提倡建立绿色消费模式，促进区域均衡发展。同时，开展绿色经济试点，发挥示范作用。

（二）实施"差异化"的区域均衡绿色发展战略

要基于对绿色经济内涵的认识和对各地优劣势的把握，推动国家政策和地方政

247

策的相互协调以及政策法规与市场机制的紧密结合，充分发挥各地绿色经济的发展特色和潜力。

1. 发挥比较优势，防止污染转移，促进区域均衡绿色发展

防止落后技术及生产设备在地区间转移，严格项目准入的环境标准，防止污染从发达地区向欠发达地区转移。

鼓励各地根据实际情况实施绿色区域发展战略。充分发挥东部地区在产业集群、研发创新、环境保护以及金融服务领域的能力和潜力，全面提升产业技术水平，大力发展战略新兴产业；充分发挥中西部地区交通基础完善、人力资源丰富的优势，建设中国新的制造业基地；充分发挥西部地区人力、土地和自然资源丰富的优势，大力发展可持续采矿业、设备制造业以及新能源产业。

2. 坚持城乡绿色均衡发展，推动高效、集中式绿色城市化

资源型城市要用发展的办法解决发展中的问题，认真处理资源的绿色使用及主导产业的绿色选择，强调转型过程中的可持续发展。走节约资源的道路，使节约优先成为实现现代化资源保障的长期战略选择。发展土地资源附加值高的项目，关注生态系统服务和土地资源价值。

（三）以培育战略性新兴产业为引领，以构建三大绿色产业为重点任务，全面促进绿色经济发展

1. 采取协调和综合的方法推动传统工业领域的绿色经济转型

国家通过淘汰落后产能中央财政奖励资金、中央财政关闭小企业专项补助资金、主要污染物减排专项资金，给予符合相关规定的重污染企业资金补贴，并给予税收、土地、信贷等方面的支持，鼓励重污染企业实施技术改造和更新。对不符合环境管理要求，应该退出但尚未退出的重污染企业要适当提高用电电价，实施惩罚性水价，停止新增信贷，收回已发放的贷款。进一步强化节能减排的目标约束，完善节能技术标准和相关法律规范，采取污染防治与资源利用的综合方法，实现节能减排的协同控制。

2. 加强绿色农业布局和结构调整，保障粮食与农产品安全

合理进行产业布局，明确绿色农业分区和主导产品，加强绿色农产品生产基地建设。加强面源污染防治，推进农村环境综合整治；积极推进绿色农业社会化服务和专业化合作；推动畜禽养殖业污染集中处理；提高生物质废弃物的利用效率，发

展第二代生物质能;大力发展林业等生态绿色产业,增强森林碳汇功能。

3. 构建绿色服务业,扩大绿色就业

加快绿色金融、绿色物流与节能环保服务业的发展,发展强有力的生产性服务业,推动"生产性服务业"绿色技能的能力建设。加强规范和引导,实现传统服务业绿色化。

4. 推动可持续消费,带动绿色经济发展

可持续消费是绿色经济的推动力,是决定中国绿色转型能否成功的重要终端环节。

可持续消费模式的建立需要人们改变行为和生活方式,需要政府、企业、公众共同参与形成可持续消费的社会。政府要率先垂范,通过政府绿色采购为日常消费作示范,引导安全消费、适度消费、节约消费。公众要从我做起,从家庭做起,从节约水电、减少垃圾、倡导可持续消费入手,全面树立节约减污的社会观念。企业要建立绿色供应链体系,通过市场机制,促进建立可持续生产与消费体系,带动整个经济体系绿色转型。

(四)构建绿色经济发展的法律法规与政策保障体系

1. 建立和完善有利于绿色经济发展的法律保障体系

构建绿色经济的法律体系属于长期任务,应根据近期、中期和长期的原则合理配置法律资源。以《环境保护法》修订为契机,以"强化政府责任"为主线,重点制定有关约束和规范各级政府环境行为的法律制度。以"强化环境民事责任"为主线,研究制定环境污染损害赔偿法等完善保障公众环境权益的法律制度。需要进一步用法律明确企业的环保责任,严格落实环保法律法规,提高对当地公众的污染赔偿标准。加快制定和修改能源生产和转换、节能、资源节约和利用等有利于碳减排的各种法律法规。把加强应对气候变化的相关立法纳入立法工作议程,尽快制定和颁布实施《能源法》,并对《煤炭法》、《电力法》、《节约能源法》、《可再生能源法》等法律法规进行相应的修订,进一步鼓励清洁、低碳能源开发和利用。制定和完善《循环经济促进法》的相关配套法规,促进循环经济的发展。完善和健全有关农业和农村、土地、水、海洋、森林、草原、矿产等法律制度,切实加强资源的合理开发利用和生态保护以及农村的综合环境保护。

建立健全各种行政法规相配合的、能够改善农、林业生产力和增加农、林业生态系统碳储量的法律法规体系,修订森林、农田、草原保护建设规划,严格控制在

249

生态环境脆弱的地区开垦土地，禁止以任何借口毁坏天然林、草地和破坏耕地以及海洋环境。

建立对相关战略新兴产业的监管框架，加大绿色经济发展相关法律法规的执法力度。

2. 建立政府决策综合评估制度

在综合区域发展、流域管理、区域交通等领域建立科学的评估体系，综合评估政府内部分散的决策，使政策之间有机协调。建立对节能减排重大政策和重大项目综合评估制度。政府制定并实施节能减排重大政策、直接投资或者支持节能减排重大项目时，要从决策之初到实施之后的全过程，将政策、项目的预期效果或者实际效果，与发展绿色经济的总体目标进行对照。

3. 全方位推动财税金融政策的生态化调整，尽早开展碳税试点，建立排放交易平台

强化政府在财税、金融与价格政策方面的引领作用，全面进行财税政策改革。建立财政支持绿色经济发展的资金稳定增长机制，综合运用财政预算投入、设立基金、补贴、奖励、贴息、担保等多种形式，最大限度地发挥财政投入的效益，并建立中央和地方多级共同投入的机制。积极建立有利于绿色发展的税收体系，加快推进资源税改革，配合节能环保政策实施消费税政策的调整，并开征环境税（包括碳税）。将目前尚未纳入消费税征收范围、不符合节能技术标准的高能耗产品、资源消耗品纳入消费税征税范围。适当提高现行成品油及其他高耗能产品的税率，对符合一定节能标准的节能产品给予一定程度的消费税优惠。

建立促进绿色发展的金融政策，包括利用恰当的信贷政策和金融产品工具支持环保、节能项目和企业的节能减排投资与创新。强化资源价格改革，建立能够反映资源稀缺程度和环境成本的价格形成机制，深化和推进水资源、电价、煤炭、石油、天然气等关键性资源性产品的定价机制改革，将目前通过交叉补贴保护弱势群体的方法改变为通过财政资金对弱势群体的基本能源消耗进行直接补贴。充分引入市场机制，发挥市场机制在节能减排中的潜力和作用。推行排放权交易制度，建立包括常规污染物和碳排放交易市场与平台，尽早开展碳税试点。

（五）大力推动绿色创新

推动以基础研究、技术研发和人力资源发展体系现代化为基础的"绿色创新"战略。推动跨学科和跨产业的绿色技术研发和创新，强化前沿基础研究和大规模技术商业化之间的联系。通过调整制订标准、推行政府绿色采购以及创新激励等环境

政策工具，强化制度引导创新机制。建立国际化的绿色技能创新和投资平台，为中小企业提供技术转让、市场与技术发展等方面的支持。

（六）积极开展绿色经济的国际合作

推动中国绿色经济发展的国际合作将有利于中国参与完善经济全球化机制，借鉴国际社会发展绿色经济的先进理念和经验，推动绿色经济的信息共享与技术交流与转让，加强能力建设。开展绿色经济国际合作。

三、以建立低碳工业体系为抓手，引领经济发展方式的绿色转型

（一）制定低碳工业化发展规划，设立主要重化工业的碳强度减排目标

制定低碳工业化发展规划，协调低碳工业化发展规划与其他规划之间的关系，从全局角度部署低碳工业化的发展战略。根据 2020 年碳强度减排的约束性指标，对电力、钢铁、化工、建材、有色等重化工业设立行业减排目标，充分发挥行业在制定行业政策标准和推进研发的能力。

（二）加大对战略性新兴产业的支持力度，引领低碳化转型

将发展战略性新兴产业作为加快工业绿色、低碳转型的突破口，进一步放宽战略性新兴产业的准入条件，创造适合新兴产业发展的商业模式。尽快制定、发布和实施七大战略性新兴行业的发展规划。设立战略性新兴产业发展专项资金，中央和地方配合重点支持新兴产业基地内的基础设施、重点项目、科研开发、公共服务平台和创新能力建设。利用税收、金融等手段加速战略性新兴产业的商业化应用，鼓励政府通过出资参股的方式，发展创业投资和股权投资基金，引导和带动社会资金投向战略性新兴产业中处于创业早中期阶段的创新型企业。完善和落实相关政策，引导和鼓励民间资本、外资等投资战略性新兴产业。在政策试点地区，需要确保电力、能源与产品的价格要以充分的监管数据为基础，充分反映出绿色税收的影响与低碳工业的发展计划相适应。

（三）促进技术创新与应用，为低碳化提供支撑

要增加低碳研究开发的预算投入，提高其在研究开发总投入的比重。根据低碳工业化的发展，争取在碳捕获和碳封存技术、替代技术、减量化技术、再利用技术、资源化技术、能源利用技术、生物技术、新材料技术、生态恢复技术、环境与气候

251

的共赢技术等领域取得新突破。在中国建立国家能源实验室，支持从事基础性、共性技术研发，并对企业、大学和其他研究机构开放。加快建立以企业为主体的技术创新体系，加大政府科技资源对企业的支持力度，通过政府投入引导社会各界资金投入，重点引导和支持创新要素向企业集聚，并加大对知识产权的保护力度。建立跨行业的技术联盟，促进行业融合创新。加强低碳技术创新的国际合作，充分利用国际资源，努力在国际低碳技术创新中占有有利位置。

（四）针对低碳生产体系和产品建立完善的强制和自愿性标准体系

一是修订建筑、交通设备、主要工业耗能设备、家用电器、照明设备等主要耗能产品的能效标准。二是完善能效标识、节能产品认证，扩大强制性能效标识实施范围。探索建立"碳足迹"标识和低碳产品认证制度，逐步分批实施"碳足迹"标识制度，引导消费行为向低碳模式转变。三是严格执行能效标准，提升高能耗行业的准入门槛。对新建、改建、扩建的工业投资项目进行碳减排评估和审查，新建大型公共建筑和商品化住房建成后应进行建筑能效专项测评，凡达不到强制性标准的，不得办理竣工手续，从源头上实现减排。同时，建立建筑行业的能效标准核查和许可证制度。四是加大对节能减排监测、指标和考核体系建设，强化节能目标责任考核，健全奖惩制度。

四、构建绿色贸易体系、绿色投资体系，以及绿色供应链，引导和倒推发展方式的绿色转型

（一）推动环境友好的外商直接投资战略，服务绿色转型

调整和完善中国的引资政策，引导外商直接投资流向战略性部门，如高科技、环保和其他战略性新兴产业。落实国务院《关于加快培育和发展战略性新兴产业的决定》，引导外商直接投资有序、可持续的向中西部地区和内陆城市加大投资力度。对现有的《外商投资产业指导目录》进行修改和更新，根据外商直接投资出资国特别是那些环保标准较高的出资国先进经验，进一步修订和完善中国吸引外资的法律框架，鼓励绿色投资。

（二）促进中国海外可持续投资，共享绿色发展的成果

利用中非首脑峰会、中国—东盟领导人峰会等机制，通过可持续投资的政策对话与合作，推动中国投资的可持续化和可保障性。建立起一整套评估、许可和监管体系，使政府可以对其在海外投资的国有企业和中小企业在国外的经营活动进行适

当监督。通过可持续投资能力平台建设，增进中国海外投资企业与东道国公共机构、商业机构、非政府组织和公众之间的互信。建立新的"企业社会责任指南"，建立"可持续发展基金"，缓和过度开采自然资源带来的外部压力，尤其是在不可再生的矿产、油气资源、原始森林等方面。

（三）坚持绿色贸易政策，积极参与国际规则制定

鼓励和扩大进口，促进贸易平衡，通过降低关税等措施鼓励高能耗产品的进口，减少国内高耗能产品产量，推动国内产业结构升级。鼓励和扩大低能耗和低环境损害产品出口，完全取消"两高一资"产品的出口退税，征收"两高一资"产品的出口关税。

中国在国际、区域和双边贸易投资规则的制定中应发挥更为积极的作用，促进中国和世界绿色转型。促进在国内外执行中国已签署的国际环境条约。在进行双边和地区贸易投资协议谈判中，加入环境和社会条款。鼓励企业和机构研究绿色转型的国际最佳实践与应用推广。

（四）建立和完善中国绿色供应链体系，以绿色消费和绿色市场带动整个生产体系绿色转型

强化政府绿色采购，完善《政府采购法》，补充绿色采购内容。建立政府绿色采购产品的环境信息系统网络和公开制度。制定《绿色供应链管理规范》与《绿色供应链行业评价标准》。结合现有环境认证体系，建立并发展绿色供应链认证体系。构建政府引导、企业践行、市场评判、公众监督与参与的绿色供应链管理制度体系，促进可持续生产与消费体系的建立。

五、重视汞污染问题，全面防治严重危害公众健康的重金属污染

（一）制订国家汞管理战略和行动计划

国家汞管理战略和行动计划应与《重金属污染综合防治规划 (2011—2015)》相衔接，制定 2011—2015 年和 2015 年以后的汞减排目标。采取更有力的措施降低和防止汞对人体健康和环境造成的影响。逐步建立公开、透明、动态的国家汞排放和转移清单，为环境决策提供支持。通过支持重点涉汞行业和社区改善环境绩效，促进清洁生产，实现绿色转型。

（二）加强技术支撑与环境风险控制与监管，加强涉汞行业的污染减排

加强汞管理的法律法规体系和执法能力建设，建立完善的责任分级管理体系，推进全国范围有效统一实施。逐步建立基于市场的综合性汞管理机制。明确技术需求，为实施汞风险管理和控制提供决策支持。推进实现涉汞行业产业结构调整，实现产业结构调整与需求结构、城乡结构、区域结构和要素投入结构等相衔接。

在涉汞行业汞减排方面，推进在燃煤、有色冶炼、水泥、化工（含 PVC 塑料产品）、照明、电池、医疗和药品等行业禁汞限汞，优先实现无汞化 PVC 生产。加强来自工业污染源和汞高附加值产品的回收利用，创建闭环系统，减少汞的开采需求。大力推广清洁生产工艺技术和示范工程，探索最佳可行技术和最佳环境管理实践。积极推进汞污染防治技术引进和成果转化，实现汞污染防治技术国产化和产业化。引导和扶持低汞和无汞化替代产品和技术研发，逐步实现低汞无汞化产业发展目标，实现源头控制。

重点关注汞暴露人群，加强职业健康和安全程序管理，对汞污染场地、废弃物和尾矿库加强管理，加强食品的汞污染检测，推动汞污染的信息公开。

第五届（2012—2016）
中国环境与发展国际合作委员会组成人员
（截至 2012 年 12 月）

李克强	国务院副总理	主席
周生贤	环境保护部部长	执行副主席
肯　特	加拿大环境部部长	执行副主席
解振华	国家发展和改革委员会副主任	副主席
施泰纳	联合国环境规划署执行主任	副主席
布兰德	世界经济论坛执行董事	副主席
李干杰	环境保护部副部长	秘书长
徐庆华	环境保护部核安全总工程师	副秘书长
唐丁丁	环境保护部国际合作司司长	副秘书长
蔡　昉	中国社会科学院学部委员、人口与劳动经济所所长	
丁一汇	中国气象局气候变化特别顾问	
	国家气候变化专业委员会副主任	
	中国工程院院士	
丁仲礼	中国科学院副院长、院士	
冯　飞	国务院发展研究中心产业经济部部长	
郝吉明	清华大学环境学院教授	
	中国工程院院士	
何建坤	清华大学原副校长	
胡鞍钢	清华大学国情研究院院长，清华大学公共管理学院教授	
廖秀冬（女）	香港大学校长可持续发展资深顾问	
	香港特区政府环境运输及工务局原局长	
李晓江	中国城市规划设计研究院院长	
李晓西	北京师范大学经济与资源管理研究院名誉院长	

255

刘　旭	中国农业科学院副院长
	中国工程院院士
马朝旭	外交部部长助理
马　中	中国人民大学环境学院院长
孟　伟	中国环境科学研究院院长
	中国工程院院士
宁吉喆	国务院研究室副主任
沈国舫	中国工程院院士、原中国工程院副院长
	国合会中方首席顾问
苏纪兰	国家海洋局第二海洋研究所名誉所长
	中国科学院院士
汤　敏	国务院参事，友成企业家扶贫基金会常务副理事长
王　浩	中国水利水电科学院水资源所所长
	中国工程院院士
汪　劲	北京大学法学院资源、能源与环境法研究中心主任
徐东群（女）	中国疾控中心环境与健康相关产品安全所副所长
俞建华	商务部部长助理
张洪涛	国务院参事
张少春	财政部副部长
张守攻	中国林业科学研究院院长
张玉卓	中国神华集团总经理，中国工程院院士
周大地	国家发改委能源研究所原所长
周　伟	交通部公路科学研究院院长
贝德凯	世界可持续发展工商理事会主席
比　尔	澳大利亚环境与遗产部原副部长
克里尼	意大利环境、领土与海洋部部长
杜丹德	美国环保协会副总裁、首席经济学家
福格齐	英国森林再保险公司董事会主席
乔治艾娃（女）	欧盟国际合作、人道救援与危机处理委员
汉　森	加拿大可持续发展研究院特邀高级顾问、原院长
	国合会外方首席顾问
斯科拉	新型发展集团主席，世界自然保护联盟原主席
里　普	世界自然基金会总干事

里杰兰德　　　　瑞典战略环境研究基金会执行董事
林浩光　　　　　壳牌中国集团主席
罗哈尼　　　　　亚洲开发银行副行长
梅森纳　　　　　德国可持续发展研究院院长
里兹拉　　　　　荷兰基础设施及环境部秘书长
斯特恩　　　　　伦敦经济学院经济与政府研究教授
谢孝旌　　　　　非洲开发银行执行董事
图比娅娜（女）　法国可持续发展与国际关系研究院院长
西　　蒙　　　　经济合作与发展组织环境司司长
威　　乐（女）　联合国开发计划署能源与环境研究组主任
额　　娜（女）　联合国亚太千年发展目标前特使
　　　　　　　　印度尼西亚区域发展与人居部原部长
云盖拉　　　　　联合国工业发展组织总干事
特鲁特涅夫　　　俄罗斯总统助理

致 谢

中国环境与发展国际合作委员会（简称"国合会"）在 2012 年开展了"中国实现'十二五'环境目标机制与政策、中国西部环境与发展战略等系列政策研究，得到了中外相关专家（包括国合会中外委员）和各合作伙伴的大力支持。国合会 2012 年度政策报告是以 2012 年开展的各项政策研究取得的成果为基础编辑而成。在此，特别感谢参与这些研究工作的主要中外专家以及为政策研究付出大量协调工作人员，他们是：

第一章 / Arthur Hanson，沈国舫，任勇，周国梅，张建宇，张世秋，Knut Alfsen，俞海，陈刚，秦虎，李霞。

第二章 / 汪纪戎，Dan Dudek，吴舜泽，王金南，郝吉明，张庆杰，冯飞，Brendan Gillispie，Laurence Tubiana，Mary Gade，Martin Jaenicke，Norm Brandson，万军，葛察忠，贾杰林，张菲菲，于雷，许嘉钰，曾思育，董欣，赵斌，石耀东，梁仰椿，王金照，宋紫峰，宋建军，李忠，刘洋，卢伟，杨罕玲，王鑫，刘嘉，王蕾，赵小鹭等。

第三章 / 丁仲礼，Robyn Kruk，刘纪远，欧阳志云，刘卫东，张惠远，周宏春，邓祥征，Xuemei Bai，Stein Hansen，Derek Thompson，苏明，韩凤芹，沈镭，甄霖，Peishen Wang 等。

第四章 / 廖秀冬，Peter Hills，唐孝炎，Andrew Gouldson，张世秋，栾胜基，陆书玉，吴承坚，余小萱，张振钿，任洪岩，梁子谦，杨晓恩，甄威麟，周韵芝，罗惠仪，魏永杰等。

第五章 / Lim Haw Kuang，史培军，Olof Soren Linden，于君宝，刘曙光，Peter K. Velez，Per W. Schive，顾卫，许映军，过杰，张宇庆。

第六章 / 郝吉明，迈克尔·沃尔什，贺克斌，杨金田，汤大钢，梅诺夫·德里克，凯瑟琳·威瑟斯彭，马库斯·阿曼，李培，伏晴艳，王书肖，雷宇，刘欢等。

第七章 / 任勇，周国梅，俞海，张建宇，陈刚，秦虎，李霞，沈国舫，Arthur Hanson，Knut Alfsen。

与此同时，我们还要特别感谢国合会的合作伙伴们，包括加拿大、挪威、瑞典、德国、荷兰、意大利、澳大利亚、法国等国家政府；欧盟、联合国环境规划署、联合国发展计划署、联合国工业发展组织、世界自然基金会、美国环保协会等国际组织及壳牌公司等，他们提供的资金及其他方式的支持是政策研究工作顺利开展的坚实基础。

另外，我们还要感谢以下及其他未列出名字但做出贡献的人员，包括周雨宝、黄颖等，他们都为本报告的编辑和最终出版付出了大量辛劳。

258